The Genus *Arisaema* in Japan

日本産テンナンショウ属図鑑

邑田　仁
大野順一
小林禧樹
東馬哲雄

Established in 1891
北隆館

The Genus *Arisaema* in Japan

by

JIN MURATA Dr.
JUNICHI OHNO
TOMIKI KOBAYASHI
TETSUO OHI-TOMA Dr.

© THE HOKURYUKAN CO., LTD. TOKYO, JAPAN 2018

はじめに

　本書は，邑田が定年を迎える区切りとして，これまでの研究成果を改めて総括したらどうかと北隆館より声をかけていただき，2011 年に刊行した「日本のテンナンショウ」を拡大・発展させたものである。長年にわたり協力して研究を進めてきた大野順一氏，小林禧樹氏，東馬哲雄氏を共著者にお願いして内容の一層の充実を目指した。また，図版の説明に英語を加え，日本人以外の利用に最低限の便宜を図った。

　第 I 章「テンナンショウ属の特徴」では，新たにサトイモ科およびテンナンショウ属の分子系統樹を収載してテンナンショウ属の進化を示したうえで，テンナンショウ属植物が示す生活史と生態，および形態と構造についてまとめた。この中には性転換という，植物には珍しい性質がある。また，土の中にあって目立たないが，著者がもっとも注目して研究してきた地下茎の特徴について詳しく述べた。共著者小林が主導してきた，発芽第 1 葉の形状，果実の成熟時期と種子散布などの研究成果も追加し，生活史に関する情報を充実させた。

　第 II 章「世界のテンナンショウ属・節の分類」では第 I 章の基礎知識をもとにして，アフリカからアジアを経て北米まで，世界に 180 種ほどがあるテンナンショウ属の系統分類について紹介する。ここでは Gusman & Gusman（2006）やその後に加えられた情報と，東馬が完成させた最新の分子系統解析の結果を踏まえた分類を行っている。これにより，テンナンショウ属の多様性の全貌を捉えていただくと同時に，とても多様に見える日本産テンナンショウ属のほとんどが，属内の 15 のグループ（節という）のうちの一つのグループにまとまるということが理解されることを期待している。

　第 III 章「日本産テンナンショウ属の図鑑」は，同定のための検索表と「環境省レッドリスト2017」に絶滅危惧種として収載される種類の一覧に続いて，日本産の全種類をまとめ，生態写真と記載をつけた。前書の刊行以後に発表された新分類群を含め，分子系統解析の進展に従って幾つかの分類群のランクの変更を行った結果，53 種 8 亜種 3 変種を認め，配列順序も改めている。生態写真は大野が撮影した写真を新たに取り入れて大幅に充実し，生育環境や地域変異などを示した。記載においては，性転換に際しての形態変化など生活史にかかわる特徴を積極的にとりあげる一方で，開花個体が示すサイズの変化がきわめて大きいことから，数値的な記述は最小限にとどめた。果実の熟期を新たに加えたが，同一種でも分布域によるずれや，年変動があることから，「夏」「秋」「秋遅く」の 3 つに区分するにとどめた。

　第 IV 章「テンナンショウ属の仲間」は，テンナンショウ属について得た知識を発展させ，近縁な他の属についても，テンナンショウ属と統一的な見方で特徴を捉えて紹介する。日本にはカラスビシャク，オオハンゲ（ハンゲ属）およびリュウキュウハンゲ（リュウキュウハンゲ属）しか自生していないが，園芸植物として外国産の植物を見る機会，あるいは海外旅行の際に現地で見かける機会も増えていると思われるので，予備知識としても役立てていただきたい。

謝辞：写真図版の撮影データについてはカッコ内に（出典／撮影地／撮影日）の順に記した。撮影者の記入がないものは邑田が，苗字のみ記入した写真は邑田以外の著者が撮影したもので，著者以

外の撮影者については姓名を記入した。大西憲太郎氏，大橋広好博士，遠藤泰彦博士，久保徹太氏，長澤淳一氏，松本哲也氏，邑田裕子氏，山口幸恵氏，渡邉加奈博士にはこれらの写真を提供していただいた。東京書籍株式会社には，浦嶋健次氏が撮影されたフォトコンテスト入選作品の使用を許可していただいた。日本産テンナンショウ属の大部分を占める日本固有種の分布図は，国立科学博物館から出版された「日本の固有植物」のために海老原淳博士が中心となって作成したものを改変して使わせていただいた。また，本書を飾るヒメウラシマソウの図は，前書のシマテンナンショウに引き続き，石川美枝子氏が描かれたものを使用させていただいた。

東京大学大学院の指導教員であり，テンナンショウ属研究のきっかけを与えてくださった大橋広好博士，およびその研究室で研究を共にした大場秀章博士，立石庸一博士，門田裕一博士には現在に至るまで様々にお世話になった。また，東京大学植物園に就職して以後，岩槻邦男博士，加藤雅啓博士には研究環境に特に配慮していただき，研究の幅を広げることができた。

共同研究者・研究協力者として，海外では中国科学院昆明植物研究所の故武素功教授，楊永平博士，李恒博士，成暁氏，孫航博士，鄧涛博士，浙江大学の傅承新博士，李攀博士，国立台湾大学の黄増泉博士，謝長冨博士，胡哲明博士，インドネシア生物研究センターの Dedy Darnaedi 博士，韓国全南大学の任炯卓博士，インド Shivaji 大学の S.R.Yadav 博士，ハーバード大学の David E. Boufford 博士，ミズーリ植物園 Thomas B. Croat 博士，キュー植物園 Simon J. Mayo 博士，ミュンヘン植物園 Josef Bogner 博士，ミュンヘン・カールマクシミリアン大学の Susanne Renner 博士，国内では飯嶋美代子氏，河原孝行博士，菅原敬博士，高橋正道博士，高橋英樹博士，田中伸幸博士，藤本武博士，邑田裕子氏，渡邊邦秋博士など，多くの方々に長年にわたりご協力とご支援をいただいた。柿嶋聡博士，笹村和幸氏，山口幸恵氏は大学院においてテンナンショウ属研究を推進された。国内での調査では故中島邦雄氏（沖縄県），田畑満大氏（鹿児島県），南谷忠志氏（宮崎県），荒金正憲氏，平野修生氏（大分県），兵藤正治氏，大西憲太郎氏（愛媛県），松本修二氏（兵庫県），若杉孝生氏（福井県），故今井建樹氏（長野県），里見哲夫氏（群馬県），木村啓氏（青森県）など多くの方々に特段のご助力をいただいた。また，植物資料の栽培管理について東京大学大学院理学系研究科附属植物園および摂南大学薬学部附属薬用植物園の関係者の方々のお世話になった。本書の刊行は前書に引き続き，北隆館社長福田久子氏のご理解と編集担当者角谷裕通氏の熱意により実現したものである。

この場を借りて，皆様に厚くお礼申し上げます。

2018 年 2 月

著者を代表して

邑田　仁

目　次

はじめに Preface ……………………………………………………………………… 1 〜 2

目　次 Contents …………………………………………………………………… 3 〜 6

Ⅰ. テンナンショウ属の特徴 Phylogeny, life history and morphology of *Arisaema* ………… 7 〜 62

テンナンショウ属の概要 ………………………………………………………… 8

テンナンショウ属の生活史と生態 …………………………………………… 13

（季節性 13 ／ 花序と葉の展開時期のずれ 13 ／ 性表現 15 ／ 性転換は個体レベルでおこるのか 15 ／ ポリネーション 16 ／ フェノロジー 19 ／ 種子散布 20 ／ 雑種形成 22 ／ 分子系統解析 27 ／ 日本産種の種分化と遺伝的多様性 27 ／ 生育場所と集団の動態 29）

テンナンショウ属の形態・構造の多様性 …………………………………… 33

（外部形態の概要 33 ／ 地下茎の形状と性質 35 ／ 葉の種類とその位置 35 ／ 腋芽 39 ／ 葉序 39 ／ 花序形成後の分枝 42 ／ 葉の形成過程と分裂パターン 44 ／ 発芽第 1 葉の形状 49 ／ 花序柄 49 ／ 花序の構成 51 ／ 仏炎苞の形状 52 ／ 雄花の形状 55 ／ 雌花の形状 55 ／ 退化花 57 ／ 花序付属体の形状 59 ／ 花粉形態 59 ／ 染色体数 59）

Ⅱ. 世界のテンナンショウ属・節の分類 Infrageneric classification of *Arisaema* ………… 63 〜 96

テンナンショウ属・節の検索と解説 ………………………………………… 64

（節の検索表 64 ／ Key to the sections of *Arisaema* 66 ／ 1. ムカシマムシグサ節 *A.* sect. *Tenuipistillata* 68 ／ 2. キバナテンナンショウ節 *A.* sect. *Dochafa* 69 ／ 3. インドマムシグサ節 *A.* sect. *Tortuosa* 70 ／ 4. ヒマラヤテンナンショウ節 *A.* sect. *Arisaema* 72 ／ 5. ナガボテンナンショウ節 *A.* sect. *Fimbriata* 76 ／ 6. ニオイマムシグサ節 *A.* sect. *Odorata* 76 ／ 7. ミナミマムシグサ節 *A.* sect. *Attenuata* 78 ／ 8. フデボテンナンショウ節 *A.* sect. *Anomala* 80 ／ 9. ウラシマソウ節 *A.* sect. *Flagellarisaema* 83 ／ 10. アマミテンナンショウ節 *A.* sect. *Clavata* 84 ／ 11. テンナンショウ節 *A.* sect. *Nepenthoidea* 85 ／ 12. ユキミテンナンショウ節 *A.* sect. *Decipientia* 87 ／ 13. ウンナンマムシグサ節 *A.* sect. *Franchetiana* 87 ／ 14. クルマバテンナンショウ節 *A.* sect. *Sinarisaema* 89 ／ 15. マムシグサ節 *A.* sect. *Pistillata* 92）

Ⅲ. 日本産テンナンショウ属の図鑑 Enumeration of *Arisaema* in Japan ·············· 97 〜 310

日本産テンナンショウ属全種の検索表 ······················· 98

Key to the species of *Arisaema* in Japan ······················· 105

環境省レッドリスト 2017 に記載のテンナンショウ属 ······················· 111

（ウラシマソウ節 *A*. sect. *Flagellarisaema*）
1. マイヅルテンナンショウ *A. heterophyllum* ······················· 112
2a. ナンゴクウラシマソウ *A. thunbergii* subsp. *thunbergii* ······················· 116
2b. ウラシマソウ *A. thunbergii* subsp. *urashima* ······················· 119
3. ヒメウラシマソウ *A. kiushianum* ······················· 123
（アマミテンナンショウ節 *A*. sect. *Clavata*）
4. シマテンナンショウ *A. negishii* ······················· 126
5a. アマミテンナンショウ *A. heterocephalum* subsp. *heterocephalum* ······················· 129
5b. オキナワテンナンショウ *A. heterocephalum* subsp. *okinawaense* ······················· 132
5c. オオアマミテンナンショウ *A. heterocephalum* subsp. *majus* ······················· 134
（マムシグサ節 *A*. sect. *Pistillata*）
6. ミツバテンナンショウ *A. ternatipartitum* ······················· 137
7. ムサシアブミ *A. ringens* ······················· 141
8. カラフトヒロハテンナンショウ *A. sachalinense* ······················· 145
9. ヒロハテンナンショウ *A. ovale* ······················· 149
10. イナヒロハテンナンショウ *A. inaense* ······················· 153
11. ナギヒロハテンナンショウ *A. nagiense* ······················· 155
12a. ユモトマムシグサ *A. nikoense* subsp. *nikoense* var. *nikoense* ······················· 158
12b. ヤマナシテンナンショウ *A. nikoense* subsp. *nikoense* var. *kaimontanum* ······················· 162
12c. オオミネテンナンショウ *A. nikoense* subsp. *australe* ······················· 164
12d. カミコウチテンナンショウ *A. nikoense* subsp. *brevicollum* ······················· 167
12e. ハリノキテンナンショウ *A. nikoense* subsp. *alpicola* ······················· 169
13. シコクヒロハテンナンショウ *A. longipedunculatum* ······················· 172
14. イシヅチテンナンショウ *A. ishizuchiense* ······················· 176
15. オガタテンナンショウ *A. ogatae* ······················· 178
16. オドリコテンナンショウ *A. aprile* ······················· 181
17. アマギテンナンショウ *A. kuratae* ······················· 185
18. ユキモチソウ *A. sikokianum* ······················· 188
19. キリシマテンナンショウ *A. sazensoo* ······················· 191
20. ヒュウガヒロハテンナンショウ *A. minamitanii* ······················· 194

21. キシダマムシグサ *A. kishidae* ································ 196

22. セッピコテンナンショウ *A. seppikoense* ························ 199

23. ホロテンナンショウ *A. cucullatum* ························ 202

24. タカハシテンナンショウ *A. nambae* ························ 204

25. ハリママムシグサ *A. minus* ································ 207

26a. ナガバマムシグサ *A. undulatifolium* subsp. *undulatifolium* ········ 210

26b. ウワジマテンナンショウ *A. undulatifolium* subsp. *uwajimense* ···· 213

27. ヒガンマムシグサ *A. aequinoctiale* ························ 215

28. ミミガタテンナンショウ *A. limbatum* ························ 219

29. ハチジョウテンナンショウ *A. hatizyoense* ················ 223

30. トクノシマテンナンショウ *A. kawashimae* ················ 226

31. ツクシマムシグサ *A. maximowiczii* ························ 228

32. タシロテンナンショウ *A. tashiroi* ························ 231

33a. ミヤママムシグサ *A. pseudoangustatum* var. *pseudoangustatum* ···· 234

33b. スズカマムシグサ *A. pseudoangustatum* var. *suzukaense* ········ 238

33c. アマギミヤママムシグサ *A. pseudoangustatum* var. *amagiense* ···· 240

34. ムロウテンナンショウ *A. yamatense* ························ 242

35. ホソバテンナンショウ *A. angustatum* ························ 245

36. ウメガシマテンナンショウ *A. maekawae* ················ 248

37a. オモゴウテンナンショウ *A. iyoanum* subsp. *iyoanum* ········ 252

37b. シコクテンナンショウ *A. iyoanum* subsp. *nakaianum* ········ 255

38. アオテンナンショウ *A. tosaense* ························ 257

39. ツルギテンナンショウ *A. abei* ································ 260

40. マムシグサ *A. japonicum* ································ 263

41. ヒトヨシテンナンショウ *A. mayebarae* ················ 267

42. ヒトツバテンナンショウ *A. monophyllum* ················ 270

43. スルガテンナンショウ *A. sugimotoi* ························ 273

44. カントウマムシグサ *A. serratum* ························ 276

45. ヤマジノテンナンショウ *A. solenochlamys* ················ 282

46. ミクニテンナンショウ *A. planilaminum* ················ 285

47. オオマムシグサ *A. takedae* ································ 288

48. ヤマトテンナンショウ *A. longilaminum* ················ 291

49. ヤマグチテンナンショウ *A. suwoense* ················ 294

50. ヤマザトマムシグサ *A. galeiforme* ························ 296

51. エヒメテンナンショウ *A. ehimense* ························ 299

52. コウライテンナンショウ *A. peninsulae* ················ 303

53. ウンゼンマムシグサ *A. unzenense* ························ 309

Ⅳ. テンナンショウ属の仲間 Allied genera ……………………………………… 311 〜 330

近縁属の分類 ……………………………………………………………………… 312

（テンナンショウ属に近縁な属の検索表 315 ／ Key to the genera allied to *Arisaema* 316）

近縁属の特徴 ……………………………………………………………………… 318

（1. ハンゲ属 *Pinellia* 318 ／ 2. エミニウム属 *Eminium* 318 ／ 3. リュウキュウハンゲ属 *Typhonium* 318 ／ 4. セリオフォヌム属 *Theriophonum* 323 ／ 5. ヒルスティアルム属 *Hirsutiarum* 323 ／ 6. サウロマツム属 *Sauromatum* 323 ／ 7. ヘリコディケロス属 *Helicodiceros* 325 ／ 8. ドラクンクルス属 *Dracunculus* 325 ／ 9. ビアルム属 *Biarum* 325 ／ 10. アルム属 *Arum* 328 ／ 11. ディベルシアルム属 *Diversiarum* 330 ／ 12. ペダティフォニウム属 *Pedatyphonium* 330）

文献 References ……………………………………………………………………… 331 〜 344

欧文文献 …………………………………………………………………… 332 〜 341
和文文献 …………………………………………………………………… 342 〜 344

索引 Index …………………………………………………………………………… 345 〜 360

和名索引 …………………………………………………………………… 346 〜 350
学名索引 Index to scientific names …………………………………………… 351 〜 360

〔表紙イラスト：ヒメウラシマソウ（石川美枝子 作）〕

　本州の中国地方西部および九州の林下の斜面などに生える多年草。球茎には子球（小イモ）が発達する。鳥足状葉の小葉は外側に向けて急に小さくなり，花序は葉に隠れて地面近くに立ち上がる。紫褐色を帯びる仏炎苞の内面に明瞭な T 字斑があり，花序付属体はウラシマソウと同様に苞外にのび出す。

I. テンナンショウ属の特徴
Phylogeny, life history and morphology of *Arisaema*

テンナンショウ属の概要

テンナンショウ属 *Arisaema*（図1）は地下茎を持つサトイモ科 Araceae の多年草で，アジアを中心に，西はアフリカ東北部，東はマレシアから日本まで，さらに合衆国東海岸からメキシコにかけて分布しており，約180種がある（図3）。日本はテンナンショウ属が最も多様化している地域のひとつで，この本では，日本国内に53種8亜種3変種（合計64分類群）を認める。熱帯地域には常緑のものもあるが，日本では基本的に春植物であり，落葉樹林の下やその周辺に生えることが多く，春に芽を出して花を咲かせ，林冠が緑に覆われるまでに成長の大部分を終了し，その後果実をつける。多くは低山地から山地に分布し，ウラ

図1　テンナンショウ属（キリシマテンナンショウ *A. sazensoo*）の全体像．根は球状の地下茎（球茎）の上部に多数つく．花序は赤紫色の仏炎苞に囲まれており，その中に白い花序付属体の先が見えている．花序の下にある枯れかかっているものが鞘状葉で，緑色の普通葉（ふつうよう）の葉身は鳥足状に分裂している．*Arisaema. sazensoo*, showing the morphological structure of the plants of the genus.

図2　「花彙」に登場する「蛇頭艸」．An illustration of *Arisaema* in "Kwai" by Ranzan Ono (1763).

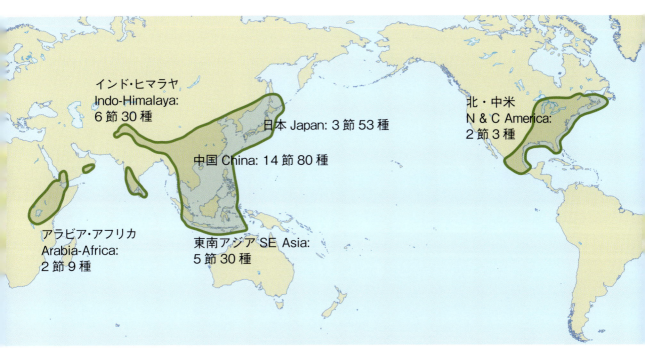

図3 世界のテンナンショウ属の分布：地域別の節数，種数を付した．The distribution of *Arisaema* in the world: Approximate numbers of the sections and species in six regions are indicated.

シマソウやムサシアブミのように低地に普通に見られるものもある．

　テンナンショウは中国の古名「天南星」に由来する名前である．これに対し，マムシグサは日本の名前であり，「花彙」（小野蘭山 1763）に登場する「蛇頭草」（図2）という名前（中国の本草書「本草綱目」（李時珍 1596）にある「五月開花似蛇頭」から由来しているかもしれない）に対する別名と思われるマムシソウから由来している．この名前のように，植物体にある斑や仏炎苞の形状がヘビを連想させることから，見る者に強い印象を与える植物である．

　サトイモ科では，ミズバショウ属 *Lysichiton* やベニウチワ属 *Anthurium* のように，花被，雄しべ，雌しべがすべて揃った完全花を持つグループ（図4-1）から，雄花は雄しべだけ，雌花は雌しべだけで成り立っているような単性花を持つグループ（図4-2）へと進化したと考えられてきた（Mayo et al. 1997）．サトイモ科全体の分子系統解析（Cabrera et al. 2008, Cusimano et al. 2011）でもこのことが支持されている（図5）．テンナンショウ属は，ハンゲ属 *Pinellia*，アルム属 *Arum*，リュウキュウハンゲ属 *Typhonium* など（図4）とともに，花被片のない単性花をつける，サトイモ科で最も新しく分化したグループ（サトイモ亜科 Aroideae）に位置し，その中では，ハンゲ属に最も近縁と見られる．同一株で，雄性花序をつける状態から雌性または両性の花序をつける状態へと，性転換するという独特の性質により特徴づけられる．テンナンショウ属のように種類数が多く，多様性に富んでいる場合には，属をさらに下位のまとまりに区分することがある．テンナンショウ属については「節」（section という分類階級で sect. と略される）というグループに分けるのが伝統的であり，本書では属内に15の節を認める．それぞれの節のまとまりと名称および特徴については第Ⅱ章で詳しく述べる．

I. テンナンショウ属の特徴

図 4-1　サトイモ科の花序（両性花をつけるもの）．A: *Gymnostachys anceps*．B: アメリカミズバショウ *Lysichiton americanum*（ミズバショウ属）．C: ベニウチワ *Anthurium scherzerianum*（ベニウチワ属）．D: *Monstera deliciosa*（ホウライショウ属）．A〜C は花被を持つが，D には花被がない．The inflorescence of Araceae with perfect (bisexual) flowers. Perianth is lacking in *Monstera*.

テンナンショウ属の概要

図 4-2　サトイモ科の花序(花被のない単性花をつけるもの). E: *Taccarum weddelianum*. F: *Amorphphallus napalense*（コンニャク属）. G: ボタンウキクサ *Pistia stratiotes*（ボタンウキクサ属）. H: カラスビシャク *Pinellia tripartita*（ハンゲ属）. I: *Arum italicum*（アルム属）. J: *Typhonium trilobatum*（リュウキュウハンゲ属）. The inflorescence of Araceae with unisexual flowers.

I．テンナンショウ属の特徴

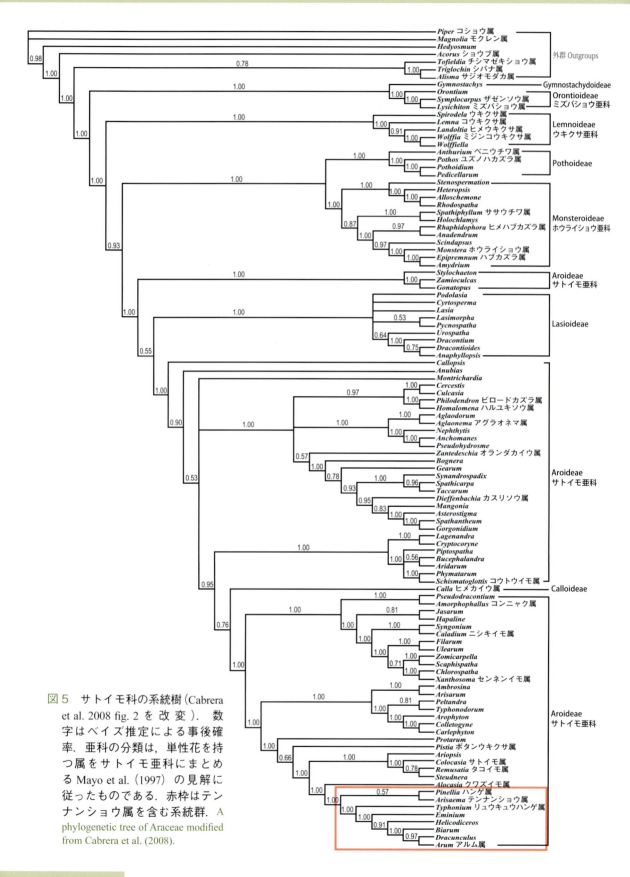

図5 サトイモ科の系統樹（Cabrera et al. 2008 fig. 2 を改変）．数字はベイズ推定による事後確率．亜科の分類は，単性花を持つ属をサトイモ亜科にまとめる Mayo et al.（1997）の見解に従ったものである．赤枠はテンナンショウ属を含む系統群．A phylogenetic tree of Araceae modified from Cabrera et al. (2008).

テンナンショウ属の生活史と生態

季節性

　日本産のテンナンショウ属では，花が終わってしばらくたつと地上部および根がすべて枯れ，地下茎だけで生き残る時期がある。地下茎には見かけ上変化がなく，休眠しているように見えるが，実際には地下茎についている芽の中で，翌年伸びる葉や花序の形成が進んでいる。その後，春になると新しい地上部と根が伸びてくる。ただし，アマミテンナンショウなど暖地に生えるものでは，年末から新しい芽が伸びて開花することがある。いずれにしてもこれらは夏緑性であり春咲きであると見なされる。これに対して，台湾産のタイワンウラシマソウ *A. thunbergii* subsp. *autumnale* および中国からベトナムにかけて広く分布する *A. decipiens* では，夏には地上部がなく，秋になってから新芽が地上に伸び出して開花し，翌春まで地上部が生き残っている。したがって，冬緑性であり秋咲きであると見なされる。熱帯・亜熱帯に分布するものでは，新しい葉が伸びてから前の葉が枯れるため，一年中緑色の葉をつけている常緑性のものがある（80〜82頁フデボテンナンショウ節を参照）。分枝する地下茎を持ち，偽茎を作らない（花序柄が鞘状葉で囲まれる）種類ではこの性質が強いが，新芽が伸びて開花する時期は決まっており，おそらく雨期乾期の入れ替わりと対応しているのであろう。

花序と葉の展開時期のずれ

　常緑性でないテンナンショウ属では，普通葉（ふつうよう＝緑色の葉身をもつ葉）と花序が，鞘状葉に囲まれた芽の中に収まっており，全体的に地上に伸び出してくる。しかし，普通葉と花序のどちらが先に展開するかは種類によっておおよそ決まっている。テンナンショウ属については習慣として，花序が先に開く性質が強いものを「早咲き」，葉が先に開く性質が強いものを「遅咲き」と呼んでいる（図6）。日本産で早咲きの種類にはミツバテンナンショウ，ナギヒロハテンナンショウ，ユモトマムシグサ，ヒガンマムシグサ，マムシグサなど，遅咲きの種類にはマイヅルテンナンショウ，オオマムシグサ，アオテンナンショウ，シコクヒロハテンナンショウ（図7）などがある。マイヅルテンナンショウやシコクヒロハテンナンショウでは，葉が展開する時期にはまだ花序柄が十分伸びておらず，花序が偽茎の中に隠れており，その後，花序柄が伸びるに従って固く巻いた花序が外に現れ，さらにしばらくしてから花序が展開するのが普通である。一般に，同じ地域に生育する種類においては，早咲きの種類が季節的にも早く咲き，遅咲きの種類は遅く咲くのが普通である。なお，ミャンマーから1898年に記載され，最近になって中国雲南省で再発見された *A. lackneri*（邑田2014）（Yin et al. 2004 および Gusman & Gusman 2006 では *A. menghaiense* という名前で記載されている）は，着生状態で生活しており，花序が展開する時期には葉がまったく見えず，花が完全に終わってから葉が出てくるという変わった性質を持っている。

Ⅰ. テンナンショウ属の特徴

図6 早咲きの性質を持つ *Arisaema wattii*（A）と遅咲きの性質を持つカントウマムシグサ *A. serratum*（B）.
In some species the inflorescence expands earlier than the leaves as in *A. wattii* (A) and *vice versa* in other species as in *A. serratum* (B).

図7 シコクヒロハテンナンショウ *Arisaema longipedunculatum* の花序の伸長（A→B→C）. 葉よりもずっと遅れて伸び，最終的には葉身と同じぐらいの高さとなる．（Murata 1986 より引用）. *Arisaema longipedunculatum* showing the procedure of the elongation of the peduncle. At first the peduncle is much shorter than the petiole.

14

● 性表現

　テンナンショウ属の集団は無性株（花をつけず，葉だけの株），雄株，および雌株または両性株（日本ではマイヅルテンナンショウだけに両性株がある）からなる。一般に無性株は小さく，雄株が中間で，雌株は大きい（Ⅲの「24. タカハシテンナンショウ」図4，「41. ヒトヨシテンナンショウ」図1参照）が，このことはテンナンショウ属独特の性転換というシステムによる。テンナンショウ属植物が，同一株の成長にともなって無性株から雄株，さらに雌株へと変化することは古くから注目され，実例が報告されてきた（Schaffner 1922, Maekawa 1924, 日野 1953）。また，それらの研究では，栄養状態がよくなり，地下茎（イモ）が大きくなると雄から雌へ，また小さくなると雌から雄へと可逆的に転換することも示されていた。その後，Murata & Ohashi（1980）は，オキナワテンナンショウでの観察（Ⅲの「5b. オキナワテンナンショウ」図2参照）に基づき，雌雄の転換は自生地で可逆的におこることを明らかにし，性転換にともなって不連続的に変化する形態があることを示した。邑田（1986）はさらに他の種についても調べて，花序柄の長さが性転換にともなって長くなる種と短くなる種があることを示し，これを分類形質として用いることを提案した（図8）。このほか，仏炎苞や花序付属体の形状にも性差が見られるが，これらについては形態の項目で述べる。テンナンショウ属でただ1例，主にヒマラヤ地域に生育するキバナテンナンショウの亜種 *A. flavum* subsp. *abbreviatum* では，両性の花序をつける株のみが知られている。しかし，チベットに分布するやや大型の亜種 *A. flavum* subsp. *tibeticum* には雄株があり，この種でも本来は性転換があったが，ヒマラヤ地域でその性質が失われたものと推定されている（Murata 1990a）。

● 性転換は個体レベルでおこるのか

　日本産の種類はすべて地上部が冬に枯れる夏緑性の植物であるため，花序は1年に通常1個しかつかない。そこで，前の年まで雄性の花序をつけていた個体が翌年には雌性（種によっては両性）の花序をつけるというように，性および形態の変化は個体レベルでおこっているようにみえる。しかし奇形的に，2個以上の花序を同時に生じ，あるものは雌花序で，あるものは雄花序であるような個体をまれに見かけることがある（77頁図6C参照）。この例は性転換が必ずしも個体レベルでおこるのではないことを示している。

　主に熱帯地域に分布する種のなかには，地下茎が枝分かれするものがある。そのような種類でも，株が小さいうちは花序を1個しかつけないので，見かけ上の性転換がおこる。夏緑性の植物と同じように，はじめは雄性であった花序が雌性また両性に変化するのである。では，成長がさらに進み，分枝した地下茎の先に各1個の花序をつける場合には，花序の性はどうなっているのだろうか。温室で4年間栽培したフデボテンナンショウ *A. grapsospadix* の例によれば，同時に開花している11の花序のうち，5個は雄花序で，6個は両性花序であった（図9）。この結果は，性の転換は個体全体で同調的におこるのではないことを明らかに示すものである。

I. テンナンショウ属の特徴

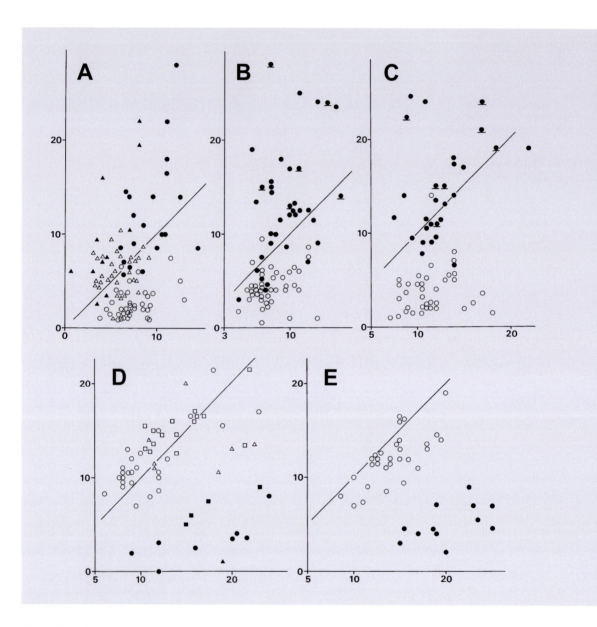

● ポリネーション

　テンナンショウ属は性転換という特殊な性質を持っているが，見かけ上は雌雄異株または雄性両性異株であり，昆虫によって花粉が運ばれ他家受粉を行う。花粉を運ぶポリネーターは主にキノコバエの仲間であることが知られており，またその授粉の仕組みについてもよく知られている（高須 1988，Vogel & Martens 2000a）。キノコバエはまず，花序付属体が出す臭いによって花序付近に引き寄せられる。この臭いは人間でもよくわかる場合もあり，ほとんど感じられない場合もある。臭いだけでなく，ナンゴクウラシマソウのような細長い花序付属体や，付属体基部の襞状の形状（Ⅲの「2a. ナンゴクウラシマソウ」図3参照）も虫を引きつけるのに役立っていると考え

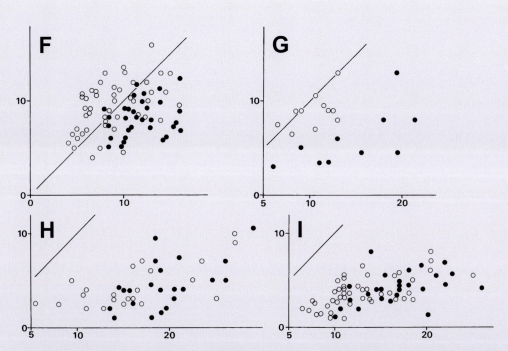

図8　性転換の前後における花序柄の相対的長さの変化：縦軸＝花序柄の長さ，横軸＝葉柄部の長さ．1点が1個体を表し，中黒は雌，白抜きは雄，下線は果実期の個体を表す．図中の直線は y=x すなわち花序柄＝葉柄部を示す．（邑田 1986 より引用）．Length of the peduncle (on the vertical axis) and the petiole (horizontal axis) of *Arisaema* species. Solid and open symbols indicate pistillate and staminate individuals, respectively.

A: ツクシマムシグサ *A. maximowiczii*（○），タシロテンナンショウ *A. tashiroi*（△）
B: ヒトツバテンナンショウ *A. monophyllum*
C: アオテンナンショウ *A. tosaense*
D: アマミテンナンショウ *A. heterocephalum* subsp. *heterocephalum*（○），オキナワテンナンショウ subsp. *okinawaense*（△），オオアマミテンナンショウ subsp. *majus*（□）
E: シマテンナンショウ *A. negishii*
F: キシダマムシグサ *A. kishidae*
G: ユキモチソウ *A. sikokianum*
H: キリシマテンナンショウ *A. sazensoo*
I: ヒロハテンナンショウ *A. ovale*

られる．花序付近に来たキノコバエは，仏炎苞の縁や花序付属体に止まり，仏炎苞筒部の底のほうが開口部よりも明るく見えるという視覚的効果もあって，花が集まっている部分へと落ち込むように導かれる．雄花序の場合，裂開した葯に直接接触して体に花粉をつけることもあるが，仏炎苞の外に出る際に，カップ状になった仏炎苞の底に落ちて溜まっている花粉をつけて運び出すことが多いと考えられる．このとき重要な役割を果すのが，巻いて筒状になっている仏炎苞の，基部にある合わせ目の隙間（Ⅲの「13. シコクヒロハテンナンショウ」図7参照）で，キノコバエは仏炎苞の口部にもどって逃げ出すのではなく，この隙間から外に出るということが観察されている．

　花粉をつけたキノコバエは，再び別の雄花序に行くこともあるが，うまく雌花序に到達するこ

I．テンナンショウ属の特徴

図9　フデボテンナンショウ *Arisaema grapsospadix* の大きな1株（右側写真）について，枝分かれした地下茎の先につく花序の性を示す模式図．⤴：普通葉，╱：鞘状葉，●：両性花序，●：雄性花序，○：性表現が確定できなかった花序，⊕：花序が形成されなかった枝先．（Murata 1988 から改変）．A schematic diagram of the stem of *Arisaema grapsospadix* shown in the right panel. Solid black circles, solid blue circles, and crossed circles indicate bisexual, unisexual (=staminate) and abortive inflorescence, respectively. Open circles indicate the position of old inflorescences whose sex is not detectable. All axillary buds are omitted from the diagram.

ともある．そこで，雄花序の場合と同様に仏炎苞筒部の底のほうに誘い込まれ，雌花の柱頭に接触して花粉をつける．雌花序の仏炎苞筒部の基部には雄花序にあるような隙間がなく，また仏炎苞の壁と雌花の間の隙間が狭いことから，キノコバエは逃げ出すことができず，授粉後は閉じ込められたまま死んでしまう．実際に，野外で仏炎苞を開いてみると，雄花序の中には死骸がないが，雌花序の中にはキノコバエの死骸が見つかることが多いことからも，そのような仕組みを確かめることができる．

　テンナンショウ属の花序は種類により，また株の成長状態によって大小様々であり，大きな仏炎苞には大型のハエやその他の昆虫が入っていることもある．従って，キノコバエ以外の昆虫も有効なポリネーターとなっている可能性がある．Sasakawa（1993，1994a，1994b）の詳細な同定により，テンナンショウ属に集まるキノコバエ類から多数の新種が発見されている．

　野外集団においてポリネーターによってどのようにして花粉が運ばれ，その結果遺伝子流動がどの範囲で生じているかは，テンナンショウ属の集団がどのように維持されているかということや，後で述べる雑種形成の可能性を考えるうえで重要である．最近ではDNAをマーカーとして個体レベルで詳しく解析する研究が行われている（Nishizawa et al. 2005）．

● フェノロジー

　日本産種の開花期間について，1 個体の仏炎苞が展開してから萎れるまでの期間は，鉢植えの栽培条件では，ハリママムシグサ，ウラシマソウなど短い種類では 2 週間，ホソバテンナンショウやヒロハテンナンショウなど長い種類では 4 週間程度であるとされている（小林 1995）。また，柿嶋（2008）によれば，ホソバテンナンショウの自生地での開花期間は約 4 週間で，小林のデータとよく一致している。山口（2008）および柿嶋（2008）によれば，自生地でのヤマトテンナンショウやヤマグチテンナンショウ（イズテンナンショウ），ホソバテンナンショウの開花期間はいずれも同一地域の集団で 40 〜 50 日程度であり，1 個体の開花期間よりかなり長い。このことは個体により開花時期にかなりばらつきがあることを示している（図 10）。ばらつきの要因として雌雄の開花期のずれが考えられ，野外では一般に雄株が早く咲き始める印象がある。これについて木下（1994）は，マムシグサと同定された種の集団において，仏炎苞の展開を開花のはじまりと見た場合，雌株が雄株より数日早く開花すると報告している。また，山口（2008）も，同様の基準で，ヤマトテンナンショウやヤマザトマムシグサにおいて開花期のピークは雄株よりも雌株のほうが

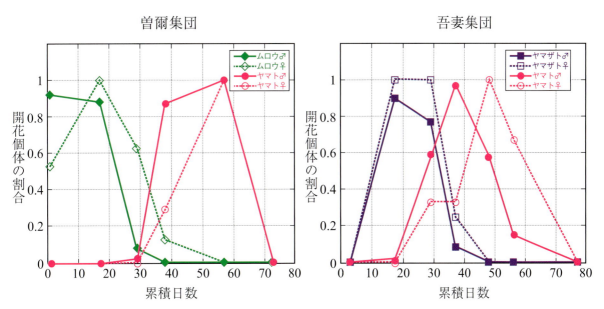

図 10　同じ場所に生える 2 種の開花期の重なり．左：奈良県曽爾村の集団におけるムロウテンナンショウとヤマトテンナンショウ，右：群馬県吾妻郡の集団におけるヤマザトマムシグサとヤマトテンナンショウ．横軸は観察開始日（曽爾集団＝ 5 月 4 日，吾妻集団＝ 5 月 16 日）を 0 としている．（山口 2008 より引用）．The proportion of flowering individual (on vertical axis) in the populations of *Arisaema* in Sone (left) and Agatsuma (right) of Arisaemas. Days from the beginning of the observation are on the horizontal axis. In Sone (left), solid green square =staminate *Arisaema yamatense*; open green square = pistillate *A. yamatense*; red solid circles = staminate *A. longilaminum*; red open circles = pistillate *A. longilaminum*. In Agatsuma (right), purple solid square = staminate *A. galeiforme*; purple open square = pistillate *A. galeiforme*; solid red circles = staminate *A. longilaminum*; red open circles = pistillate *A. longilaminum*. Different species have different flowering terms but the terms are overlapped variously.

遅いことを示している（図10）。しかし，先に展開する雄花序（雄花）の花粉は，仏炎苞が展開した後に放出され，仏炎苞筒部の底に溜まってからしばらく生きている（機能する）とみられるのに対し，遅れて展開する雌花序（両性花序）の雌花は，柱頭部の状態から判断して，仏炎苞が展開すると同時に感受性を持っていると考えられることから，実質的には雌雄の開花期は同調していると見ることができる。実際，雄花から花粉が放出された時を開花の基準とすると，集団内の開花期の雌雄差は認められない（柿嶋，ヤマグチテンナンショウ，ホソバテンナンショウについての未発表データ）。なお，ポリネーターを誘引するためには臭いが必要であり，花序付属体から臭いが放出されている期間を開花期間とみなすほうが厳密かもしれないが，臭いの量や放出期間についての報告はまだない。

　異種間で開花時期がずれていることは，いくつかの種類が混生する場合に生殖隔離機構のひとつとして働くと考えられる。仏炎苞が開いている期間を開花期間とすると，混生する別種間の開花期に重なりが見られることが多いが，機能的な開花期間はそれより短いと考えられるので，実質的には見かけよりも有効な隔離機構として働いている可能性がある。

● 種子散布

　テンナンショウ属の果実は赤く熟すので，動物が食べて種子を散布することが考えられる。日本産のホソバテンナンショウについては，ジョウビタキが花序柄につかまったり，果序上にとまったりして果実をついばみ，内部の硬い種子を付近にまき散らす（吐きもどす）という図解つきの報告がある（高須1988）。また，鳥類の胃の内容物や糞にテンナンショウ属の種子が見つかっており（小島・和田 1967，東條・中村 1999），少なくとも鳥が種子散布にかかわっていることは確実と見られる。小林ら（2017）は日本産の様々なテンナンショウ属植物の果実の熟期を調査し，夏に熟す種類と秋に熟す種類があることを明らかにした（表1）。さらに，果実を食べにくる鳥類と果実が持ち去られる速度を調べた。その結果，夏に熟す果実はほとんどがヒヨドリによって，赤熟後きわめて短時間のうちに持ち去られるのに対し（図11），秋から冬に熟す果実の種子はシロハラ，ヒヨドリ，ヤマドリなどによって徐々に持ち去られることが明らかになった。果実が夏に熟す性質はヒガンマムシグサ群（全てではない）とセッピコテンナンショウだけに見られる生態的特徴であると考えられる。

図11　セッピコテンナンショウの果実を摂食するヒヨドリ（小林：兵庫県2014/8）．*Hypsipetes amaurotis* pecking the fruits of *Arisaema seppikoense*.

表 1　日本産テンナンショウ属 52 分類群の花期および果実熟期.
The flowering (green) and fruiting (orange) seasons in the 52 taxa of *Arisaema* in Japan.

節	＊亜節	群	分類群	発芽第一葉
マムシグサ Sect. *Pistillata*	Subsect. *Pistillata*	ヒガンマムシグサ	ヒガンマムシグサ *A. aequinoctiale*	単葉心形
			ミミガタテンナンショウ *A. limbatum*	
			ハリママムシグサ *A. minus*	
			タカハシテンナンショウ *A. nambae*	
			ナガバマムシグサ *A. undulatifolium* subsp. *undulatifolium*	
			ウワジマテンナンショウ *A. undulatifolium* subsp. *uwajimense*	
		セッピコテンナンショウ	セッピコテンナンショウ *A. seppikoense*	
			ホロテンナンショウ *A. cucullatum*	
		ユモトマムシグサ	ハリノキテンナンショウ *A. nikoense* subsp. *alpicola*	単葉鉾形
			オオミネテンナンショウ *A. nikoense* subsp. *australe*	
			イシヅチテンナンショウ *A. ishizuchiense*	
			ユモトマムシグサ *A. nikoense* subsp. *nikoense* var. *nikoense*	
			ヤマナテンナンショウ *A. nikoense* subsp. *nikoense* var. *kaimontanum*	
			オガタテンナンショウ *A. ogatae*	
			シコクヒロハテンナンショウ *A. longipedunculatum*	
		ヒロハテンナンショウ	ナギヒロハテンナンショウ *A. nagiense*	
			イナヒロハテンナンショウ *A. inaense*	
			ヒロハテンナンショウ *A. ovale*	
			ミツバテンナンショウ *A. ternatipartitum*	単葉心形
	Subsect. *Ringentia*		ムサシアブミ *A. ringens*	
	Subsect. *Pedatisecta*		ツルギテンナンショウ *A. abei*	3 小葉
			ホソバテンナンショウ *A. angustatum*	
			ウメガシマテンナンショウ *A. maekawae*	
			ミヤママムシグサ *A. pseudoangustatum* var. *pseudoangustatum*	
			オドリコテンナンショウ *A. aprile*	
			エヒメテンナンショウ *A. ehimense*	
			ハチジョウテンナンショウ *A. hatizyoense*	
			マムシグサ *A. japonicum*	
			ムロウマムシグサ（キシダマムシグサ）*A. kishidae*	
			アマギテンナンショウ *A. kuratae*	
			ヤマトテンナンショウ *A. longilaminum*	
			ツクシマムシグサ *A. maximowiczii*	
			ヒトヨシテンナンショウ *A. mayebarae*	
			ヒュウガヒロハテンナンショウ *A. minamitanii*	
			ヒトツバテンナンショウ *A. monophyllum*	
			コウライテンナンショウ *A. peninsulae*	
			アオオニテンナンショウ（未発表分類群）	
			カラフトヒロハテンナンショウ *A. sachalinense*	
			キリシマテンナンショウ *A. sazensoo*	
			カントウマムシグサ *A. serratum*	
			ユキモチソウ *A. sikokianum*	
			ミクニテンナンショウ *A. planilaminum*	
			オオマムシグサ *A. takedae*	
			タシロテンナンショウ *A. tashiroi*	
			アオテンナンショウ *A. tosaense*	
			ムロウテンナンショウ *A. yamatense*	
			スルガテンナンショウ *A. sugimotoi*	
ウラシマソウ Sect. *Flagellarisaema*			マイヅルテンナンショウ *A. heterophyllum*	3 小葉
			ヒメウラシマソウ *A. kiushianum*	単葉心形
			ナンゴクウラシマソウ *A. thunbergii* subsp. *thunbergii*	無葉身
			ウラシマソウ *A. thunbergii* subsp. *urashima*	
アマミテンナンショウ Sect. *Clavata*			シマテンナンショウ *A. negishii*	無葉身

小林ら（2017）の Table 1 にデータを追加し改変．緑色は花期，橙色は果実熟期を示す．＊ Gusman & Gusman (2006) が認めた区分で，学名は正式に発表されていない．＊invalid names proposed by Gusman & Gusman (2006).

雑種形成

　テンナンショウ属の自然雑種は村田（1962）がユキモチアオテンナンショウ（ユキモチソウとアオテンナンショウの推定雑種；図12K）を報告して以来，いろいろな組み合わせのものが報告されている（表2）。その中には，染色体基本数が異なる組み合わせや，倍数レベルが違う組み合わせも含まれている。系統的に最も離れた組み合わせは，北米での *Arisaema triphyllum*（マムシグサ節の4倍体）と *A. dracontium*（ウラシマソウ節の2倍体）が交雑した3倍体雑種（Sanders & Burk 1992）であろう（系統関係と節レベルの分類については30〜31頁図13を参照）。また，ヒロハテンナンショウの4倍体（染色体数 $2n=56$）とヒトツバテンナンショウ（$2n=28$）の自然雑種では $2n=$ 約40（図39C）が観察され，実際に異数3倍体が形成されていることが明らかとなっている。自然雑種はその形態が両親種の特徴の中間的であることで認識されるので，両親種がそれぞれはっきりした特徴を持っていれば認識しやすく，両親種が似ている場合には，雑種ができていても見つかりにくいと考えられる。したがって実際には，報告されたよりもずっと頻繁に交雑がおこっているものと推定される。しかもテンナンショウ属植物は子イモを作って栄養繁殖する可能性があるので，稔性の低い雑種個体でも，ある程度は個体数が増え，長期間維持される可能性がある。

　大野と邑田は1980年代に，テンナンショウ属の様々な組み合わせで人工交配を行った。テンナンショウ属は一般に栽培が難しいため，交配後に果実ができるまで地上部が維持できない場合に，交配がうまくできなかったのか，単に栽培上の問題で地上部が枯れたのかを判別することが難しい。また，できた種子を開花サイズに至るまで育てられなくても，雑種であるために生活力が低下しているのか，単なる栽培上の問題なのかを判別することも困難である。したがって，「雑種ができて開花した」ということを交配可能であることの唯一の証拠として評価した。図12は交配した種子から開花したいくつかの例である。交配実験の経験からは，少なくともマムシグサ節の種間では広く交配が可能であるらしいこと，できた種子の発芽率は高いこと，雌雄1個体同士の交配でも，雑種第1代の表現形がやや多型であること，雑種第1代の花粉稔性は一般に高く，野生

表2　日本産テンナンショウ属の自然雑種例（代表的なもの）.
Representative reports for the natural hybrid of *Arisaema* in Japan.

ユキモチアオテンナンショウ（ユキモチソウ×アオテンナンショウ） *A. sikokianum* × *A. tosaense*	（村田 1962，Hayakawa et al. 2010）（図12K）
カントウマムシグサ×ホソバテンナンショウ *A. serratum* × *A. angustatum*	（芹沢 1975）
ユキモチソウ×ムロウテンナンショウ *A. sikokianum* × *A. yamatense*	（大野・塚田 1986）
スルガテンナンショウ×カントウマムシグサ *A. sugimotoi* × *A. serratum*	（Murata & Ohno 1989）
ムサシアブミ×ミミガタテンナンショウ *A. ringens* × *A. limbatum*	（Kobayashi et al. 2005）
ヒロハテンナンショウ×ヒトツバテンナンショウ *A. ovale* × *A. monophyllum*	（Kobayashi et al. 2005）（図12I・J）
アオテンナンショウ×ウワジマテンナンショウ *A. tosaense* × *A. undulatifolium* subsp. *uwajimense*	（Hayakawa et al. 2012）

図 12-1　テンナンショウ属の雑種（人工雑種）．A: シコクテンナンショウ×ホソバテンナンショウ．B: カントウマムシグサ（埼玉県産）×タカハシテンナンショウ．C: マイヅルテンナンショウ×ウラシマソウ．D: カントウマムシグサ（群馬県産）×ユキモチソウ．Artificial hybrids of *Arisaema*. A: *Arisaema iyoanum* subsp. *nakaianum* × *A. angustatum*. B: *A. serratum* × *A. nambae*. C: *A. heterophyllum* × *A. thunbergii* subsp. *urashima*. D: *A. serratum* × *A. sikokianum*.

I. テンナンショウ属の特徴

図 12-2　テンナンショウ属の雑種（人工雑種）．E: オオマムシグサ×オモゴウテンナンショウ．F: カントウマムシグサ（埼玉県産）×ムロウテンナンショウ．G: ヒトツバテンナンショウ×ホソバテンナンショウ．H: ユキモチソウ×キシダマムシグサ．Artificial hybrids of *Arisaema*. E: *A. takedae* × *A. iyoanum* subsp. *iyoanum*. F: *A. serratum* × *A. yamatense*. G: *A. monophyllum* × *A. angustatum*. H: *A. sikokianum* × *A. kishidae*.

種とほぼ同程度であることがわかった．また，雑種では花序付属体の上部と下部の性質（色や質）がはっきり異なるものが多かった（自然雑種での例はⅢの「51. エヒメテンナンショウ」図5参照）．

　自然雑種が頻繁に発見されることと，人工交配が容易であることから，テンナンショウ属の種間では交配後の生殖的隔離が弱いことが推定される．特に，遺伝的分化が低い種間では交雑が盛んにおこっている可能性があり，できた雑種が両親種の中間的な形態を示すことが，種の境界が

テンナンショウ属の生活史と生態

図 12-3　テンナンショウ属の雑種（自然雑種）．I: ヒロハテンナンショウ×ヒトツバテンナンショウ（栃木県日光）．J: I と同所で採集した株を栽培したもの．K: ユキモチアオテンナンショウ（高知県横倉神社産）．Natural hybrids of *Arisaema*. I・J: *A. ovale* × *A. monophyllum* (in Tochigi prefecture). K: *A. sikokianum* × *A. tosaense* (in Kochi prefecture).

はっきりしない大きな原因となっていると考えられる．

　エヒメテンナンショウ（Murata & Ohno 1989）は，形態がカントウマムシグサとアオテンナンショウの中間であることから，両種の交雑によりできたと推定された．ただし，離れた場所に2つの大きな集団があること，両親種のどちらとも，同じ場所に生育していないことから，雑種起源であるが，すでに独立して種としてのまとまりを維持していると考えた（その後の研究については

25

I. テンナンショウ属の特徴

図 12-4 テンナンショウ属の雑種．L：アオテンナンショウ×イシヅチテンナンショウ．M：オモゴウテンナンショウ×シコクテンナンショウ推定雑種個体（形態的に，右側個体はオモゴウテンナンショウに，左個体はシコクテンナンショウに近い）．N：スルガテンナンショウ×不明種（大野：南信濃）（L は人工雑種，M・N は自然雑種）．Hybrids of *Arisaema*. L: *A. tosaense* × *A. ishizuchiense* (artificial hybrid). M: *A. iyoanum* subsp. *iyoanum* × *A. iyoanum* subsp. *nakaianum* (putative natural hybrids in Ehime prefecture). N: *A. sugimotoi* × unknown species (in Nagano prefecture)

Maki & Murata 2001，増田ら 2004，参照）。最近になって，大分県の国東半島でもアオテンナンショウと同定される集団が発見され，それと同時に，この地域にもカントウマムシグサと交雑してできていると思われる，形態的に中間的な個体が多数分布していることが確認された。国東半島の推定雑種は花序付属体の上部がやや棍棒状となる傾向があり，棒状・円柱形である四国のエヒメテンナンショウとは異なっている。大分県の中間形は典型的なアオテンナンショウからカントウマムシグサに似たものまで多型であり，カントウマムシグサと同所に生育している場所もあるので，まだ交雑が進行中の状態であり，四国のエヒメテンナンショウほど独立したものではないと見られる。最近では，形態の比較だけではなく DNA 変異の解析により，四国ではユキモチソウとアオテンナンショウの交雑（Hayakawa et al. 2010，2011），アオテンナンショウとウワジマテンナンショウの交雑（Hayakawa et al. 2013）が報告されている。また，伊豆半島においてはヤマグチテンナンショウ（＝イズテンナンショウ）とホソバテンナンショウの間で大規模な交雑がおこっていることが明らかになっている（柿嶋 2008，2012）。

分子系統解析

　サトイモ科におけるテンナンショウ属の系統的位置づけが分子系統解析により調べられたのは French et al.（1995）が最初である。最近では Cabrera et al.（2008）（12 頁の図 5 参照）が発表されているが，テンナンショウ属がリュウキュウハンゲ属 *Typhonium*，アルム属 *Arum*，ハンゲ属 *Pinellia* などとともにサトイモ科の中で最も進化したグループ（サトイモ亜科）の一員であるという結果は変わっていない。

　テンナンショウ属と近縁属についてのより詳しい分子系統解析の結果は Renner et al.（2004）によって発表されている。この結果，テンナンショウ属が単系統群であることはほぼ十分に示された。また，ヒマラヤ産で，葉が 3 小葉に分裂し付属体の先が長く伸長する *A. costatum* が，葉が放射状に分裂し付属体が棒状であるアフリカ産の種と最も近縁となることと，*A. tortuosum* と類似の種を多く含むまとまりであったそれまでの sect. *Tortuosa* が単系統とならない（近縁でない系統群が混じったものである）ことが，伝統的な分類をくつがえす結果として示された。その後，DNA の解析領域を増やすとともに，124 種およびその種内分類群を対象とした包括的な系統解析を続けた結果，格段に精密な系統関係を描き出すことができた（Ohi-Toma et al. 2016）。本書におけるテンナンショウ属の分類は，これに数種のデータを追加して再解析した結果（図 13）および未発表の核 DNA ITS 領域の系統解析の結果を踏まえたものである。

日本産種の種分化と遺伝的多様性

　日本産種についての種レベルの遺伝的多様性の研究は，最初，同位酵素（アロザイム）多型の解析により行われた。Murata & Kawahara（1994）はマムシグサやカントウマムシグサと共通し

Ⅰ. テンナンショウ属の特徴

表3　アロザイム解析によるアマミテンナンショウ節，インドマムシグサ節，ウラシマソウ節の集団間の遺伝的分化（Murata & Kawahara 1994 より改変）． Genetic diversity among the populations of different species of *Arisaema* sect. *Flagellarisaema*, sect. *Tortuosa* and sect. *Clavata*.

	1	2	3	4	5	6	7	8	9
1. ウラシマソウ *A. thunbergii* subsp. *urashima*（京都府 Kyoto Pref.）		0.36	0.40	0.57	1.34	1.37	1.67	0.92	0.90
2. ウラシマソウ *A. thunbergii* subsp. *urashima*（東京都 Tokyo Pref.）			0.06	0.33	1.06	1.34	1.32	1.32	1.40
3. ウラシマソウ *A. thunbergii* subsp. *urashima*（千葉県 Chiba Pref.）				0.35	1.02	1.30	1.25	1.24	1.37
4. ナンゴクウラシマソウ *A. thunbergii* subsp. *thunbergii*（広島県 Hiroshima Pref.）					0.89	0.83	0.70	0.96	1.10
5. *A. tortuosum*（ネパール Nepal）						1.15	1.10	1.51	1.40
6. マイヅルテンナンショウ *A. heterophyllum*（台湾産2倍体 Taiwan (×2)）							0.59	0.96	0.68
7. シマテンナンショウ *A. negishii*（八丈島 Hachijojima Isl.）								0.35	0.35
8. オキナワテンナンショウ *A. heterocephalum* subsp. *okinawaense*（沖縄島 Okinawa Isl.）									0.14
9. アマミテンナンショウ *A. heterocephalum* subsp. *heterocephalum*（奄美大島 Amami-oshima Isl.）									

数字は Nei（1972）の遺伝的距離．黄色で示す別種の集団間の距離は，一般の属内別種集団間の平均値 D = 0.40（Crawford 1983）と同等か，はるかに大きい． Values show genetic distance by Nei (1972). Values are comparable with or larger than the average value (0.40) between the populations of congeneric different taxonomic species.

て，偽茎が長く，葉軸がよく発達する種類（マムシグサ群）の形態的多型の遺伝的背景を調べる目的でアロザイム多型解析を行った。比較のために，まず，独特の特徴を備えており，互いにはっきりと区別されるアマミテンナンショウ節とウラシマソウ節の5種を材料とし，アロザイム解析により集団間の分化の程度を調べたところ，種内の集団は種ごとにまとまった。一方で，異種間では一般の植物の属内異種間に知られる程度の十分な分化が認められた（表3）。次に Murata & Kawahara（1995）は，マムシグサ群の19集団（カントウマムシグサ3集団，ハチジョウテンナンショウ，ヤマトテンナンショウとツクシマムシグサ各2集団，ホソバテンナンショウ，マムシグサ（狭義），ヒトヨシテンナンショウ，ヤマジノテンナンショウ，オオマムシグサ，コウライテンナンショウ，アオテンナンショウ，オモゴウテンナンショウ，ヒガンマムシグサ，ムロウテンナンショウ各1集団）について，マムシグサ群とは形態的にはっきりと異なるユモトマムシグサ1集団とともにアロザイム多型を解析した。その結果は表4に示すとおりで，他の集団から最も著しい分化を生じていたユモトマムシグサの集団でさえ一般の植物種間に知られる分化の程度（D = 0.40）に比べて著しく低い値を示し，マムシグサ群内ではさらに値が低く，ほとんど分化が認められなかった。このことは，図13に示す葉緑体DNAの系統樹において，ユモトマムシグサには固有の変異が認められるのに対して，マムシグサ群を含む多くの種では固有の変異がほとんど認められないこととよく一致している。マムシグサ群内では遺伝的分化が小さいことは，いくつかのマムシグサ群の種間について DNA 塩基配列を直接比較した最近の研究（山口 2008，柿嶋 2008）でも確かめられている。つまりマムシグサ群では，形態や染色体数（ハチジョウテンナンショウとヒガンマムシグサはマムシグサ群の他の種と異なる）で明瞭に識別できる集団間であっても遺伝的な分化はごく小さいことが明らかになっている。形態的な分化は明らかでも遺伝的分化が小さい植物群の例はハワイ諸島などの大洋島や，北米大陸などで知られており，島が出現した年代や氷河撤退の年代から，それらの分化の歴史は5千年から2万年と推定されている（Lowrey & Crawford 1985 など）。日本列島において最終氷期前後に急激な気候の変動があり，また大量の火山灰の噴出によりマムシグサ群が好んで進出する生育環境が大規模に創り出された可能性を考慮すれば，

テンナンショウ属の生活史と生態

表4　アロザイム解析によるマムシグサ節の集団間の遺伝的分化（Murata & Kawahara 1995 より改変）.
Genetic diversity among the species of *Arisaema* sect. *Pistillata* illustrated by an allozyme analysis.

	1	2	3	4	5	6	7	8	9	10	11	12	13	14	15	16	17	18	19	20
1. マムシグサ *A. japonicum* （鹿児島県 Kagoshima Pref.）		0.02	0.02	0.03	0.03	0.02	0.01	0.02	0.03	0.09	0.04	0.06	0.01	0.06	0.02	0.08	0.09	0.02	0.04	0.13
2. カントウマムシグサ *A. serratum* （大分県 Oita Pref.）			0.01	0.02	0.00	0.01	0.01	0.01	0.01	0.08	0.04	0.06	0.02	0.03	0.00	0.11	0.09	0.00	0.03	0.12
3. カントウマムシグサ *A. serratum* （千葉県 Chiba Pref.）				0.01	0.02	0.01	0.01	0.01	0.02	0.11	0.06	0.07	0.02	0.06	0.02	0.12	0.10	0.01	0.03	0.10
4. カントウマムシグサ *A. serratum* （栃木県 Tochigi Pref.）					0.02	0.01	0.01	0.01	0.02	0.09	0.04	0.06	0.01	0.04	0.01	0.09	0.08	0.00	0.03	0.11
5. ヤマトテンナンショウ *A. longilaminum* （奈良県 Nara Pref.）						0.01	0.01	0.02	0.01	0.09	0.05	0.07	0.04	0.03	0.00	0.12	0.09	0.01	0.02	0.15
6. ヤマトテンナンショウ *A. longilaminum* （長野県 Nagano Pref.）							0.01	0.01	0.01	0.08	0.05	0.07	0.02	0.03	0.01	0.10	0.08	0.00	0.02	0.12
7. ヤマジノテンナンショウ *A. solenochlamys* （長野県 Nagano Pref.）								0.01	0.01	0.09	0.06	0.07	0.02	0.05	0.02	0.11	0.08	0.01	0.01	0.13
8. コウライテンナンショウ *A. peninsulae* （長野県 Nagano Pref.）									0.01	0.10	0.06	0.07	0.02	0.05	0.02	0.11	0.10	0.00	0.03	0.13
9. オオマムシグサ *A. takedae* （長野県 Nagano Pref.）										0.10	0.05	0.07	0.03	0.03	0.01	0.10	0.09	0.01	0.03	0.15
10. ホソバテンナンショウ *A. angustatum* （静岡県 Shizuoka Pref.）											0.13	0.15	0.10	0.07	0.09	0.16	0.15	0.08	0.08	0.15
11. ハチジョウテンナンショウ *A. hatizyoense* （八丈島 Hachijojima Isl.）												0.01	0.05	0.07	0.04	0.10	0.13	0.05	0.08	0.17
12. ハチジョウテンナンショウ *A. hatizyoense* （八丈島 Hachijojima Isl.）													0.06	0.09	0.05	0.11	0.14	0.07	0.11	0.17
13. ヒトヨシテンナンショウ *A. mayebarae* （熊本県 Kumamoto Pref.）														0.06	0.08	0.10	0.02	0.05		0.13
14. ツクシマムシグサ *A. maximowiczii* （熊本県 Kumamoto Pref.）															0.02	0.11	0.11	0.04	0.06	0.16
15. ツクシマムシグサ *A. maximowiczii* （大分県 Oita Pref.）																0.09	0.09	0.01	0.03	0.13
16. ヒガンマムシグサ *A. aequinoctiale* （千葉県 Chiba Pref.）																	0.17	0.09	0.13	0.20
17. オモゴウテンナンショウ *A. iyoanum* subsp. *iyoanum* （愛媛県 Ehime Pref.）																		0.08	0.10	0.22
18. ムロウテンナンショウ *A. yamatense* （奈良県 Nara Pref.）																			0.02	0.14
19. アオテンナンショウ *A. tosaense* （愛媛県 Ehime Pref.）																				0.15
20. ユモトマムシグサ *A. nikoense* subsp. *nikoense* var. *nikoense* （栃木県 Tochigi Pref.）																				

数字は Nei（1972）の遺伝的距離．集団間の距離は，一般の属内別種集団間の平均値 $D = 0.40$（Crawford 1983）にくらべ，はるかに小さい．Values are genetic distance by Nei (1972). All values are much smaller than the average value (0.40) between the populations of congeneric different taxonomic species.

マムシグサ群の形態的な分化も同程度の時間で急速に進んだ可能性がある．

● 生育場所と集団の動態

　テンナンショウ属は基本的に地生植物であり，森林や草地の土壌中に生えることが多い．しかし，山地上部に分布するものは，湿度が高い場所で，岩礫地の隙間や岩の上に溜まったわずかな土壌の上に着生状態で生育することもある．外国産の種ではフィリピンの *A. polyphyllum* や中国の *A. lackneri* が木の幹に着生することが知られている．日本でも稀に，樹幹にある穴や枝分かれした部分に溜まった腐食に生えていることがあり，おそらく鳥により種子が運ばれたものと推定される．

　性転換を含むテンナンショウ属の生活史を，集団動態の解析により明らかにする研究が，カントウマムシグサ（Kinoshita 1986, 1987; Kinoshita & Harada 1990）およびウラシマソウ（Takasu 1987）について行われ，性転換がおこるサイズに閾値があることがはっきりしてきた．ここでは定量的な集団動態には踏み込まないし，2 種についての研究結果がすべてのテンナンショウ属に当てはまるわけではない．しかし，性転換という特殊な性質により，光が十分得られる条件下では集団を構成する各個体がどんどん成長して，雌株の数が増えるのに対して，光が足りな

29

I. テンナンショウ属の特徴

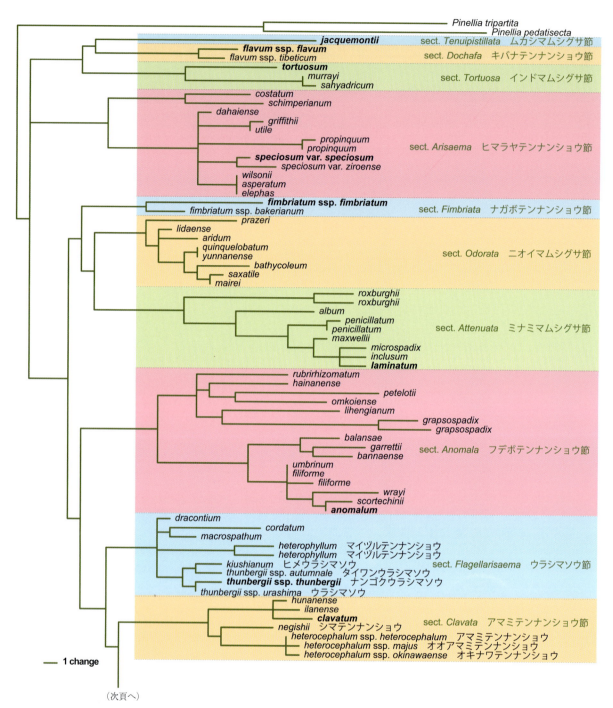

（次頁へ）

図13 テンナンショウ属の系統関係と節レベルの分類の対比：葉緑体DNAを解析したOhi-Toma et al.（2016）のデータに新試料を追加して，再解析により示された系統関係（最節約系統樹の厳密合意樹．支持率が低い分岐も含まれる）を示す．属名 *Arisaema* は省略し，節の名前および日本産の種類には和名を付した．各節のタイプ種は太字で示した．A phylogenetic tree of *Arisaema* based on the cpDNA analysis. Sections are indicated with different colors. The specific epithet in bold face indicates the type species of each section.

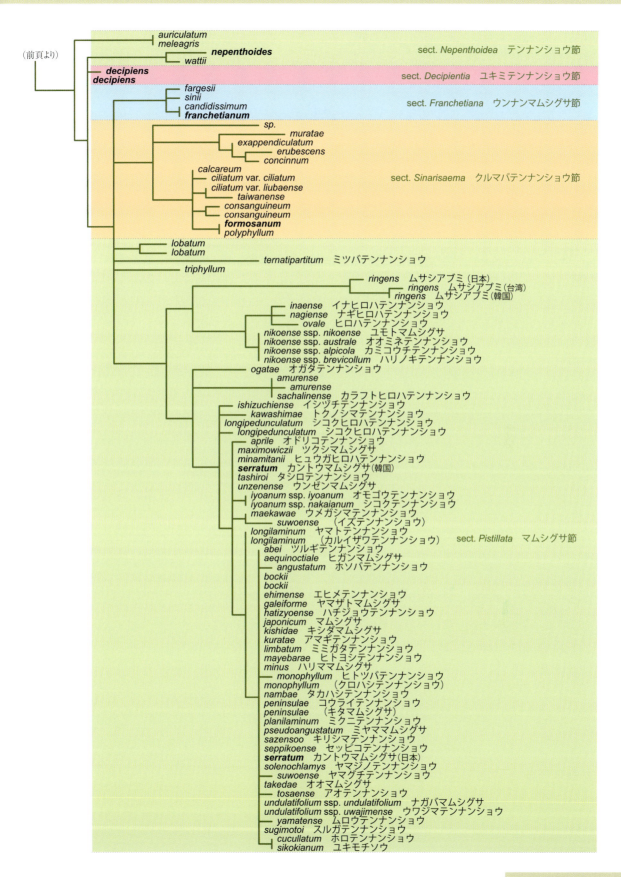

I. テンナンショウ属の特徴

い条件下では，各個体の成長が悪く，雄株の比率が多くなるか，極端な場合には開花個体がなくなる（無性個体ばかりになる）ということは，テンナンショウ属の集団の消長を理解するうえで重要である。

　日本産のテンナンショウ属の多くは，いわゆる春植物であり，落葉樹の林床や林縁に生えて，春先から樹木の葉が広がって林内が暗くなるまでの一定期間に，緑葉を広げて光を受け栄養をかせぐ。親株に実った種子は親株の周辺に散布される可能性が高いので生育条件が親と似ており，平均的には，親株が大きくなってきたのと同様の早さで成長すると考えられる。そのような場所では，開花サイズに成長するまでに数年かかるので，芽生えから，果実をつける大きな株まで，いろいろなサイズの個体が集団を構成する。もし時間が経って落葉樹の林が常緑樹の林に遷移すると，林床に光が届きにくくなるため，大きな株が少なくなり，花が咲く株もほとんどなくなってしまうかもしれない。しかし，花をつけない株でも子イモを作って個体数を増やすことがあり得る。このような状態はテンナンショウ属にとって我慢の状態であるといえる。そのままでは集団が消滅する危険性があるが，木が倒れてギャップができたり，伐採されたり，山火事があったりして樹木が失われれば，急に日当たりがよくなるために，我慢していた株が急に成長し，開花株が増え，さらには雌株が増えて，大量の種子が供給されるようになる。このほか，イモが土砂とともに流れて明るい場所に移動した場合や，草食動物が周囲の植物を食べる（テンナンショウは毒があるので食べない）状況では，同様に成長のよい株の割合が増えることが期待される。テンナンショウ属植物はそのようにして，時間的には，同一の集団が繁栄と衰退を繰り返し，空間的には，繁殖力の大きな集団と，辛うじて生き延びている集団がパッチ状に混じり合って存在しているものと推定される。

　テンナンショウ属の集団のあり方を左右するような変化がきわめて大規模におこる条件に火山活動が上げられよう。火山灰や溶岩により，テンナンショウ属の生育範囲がいったんは大規模に狭められ，隔離した小集団が生じるが，その後の植生の回復によりテンナンショウ属が好む明るい落葉樹林や，草食動物が多い草原が大規模に形成されることで，テンナンショウ属が爆発的に増え，その結果びん首効果がおこって形態的な進化が促進されることが考えられる。堀田（1974）は，オオマムシグサとその近縁種について室生，浅間，伊豆の火山域と結びつけて議論している（ただし，ヤマトテンナンショウを誤ってムロウマムシグサと呼んでいる可能性がある）が，実際のところ，富士箱根伊豆地域や浅間山周辺，九州の阿蘇・久住などの火山地域はテンナンショウ属の天国であり，マムシグサ群の数種が同所的に，かつ大量に生育しているのをみることができる。マムシグサ群の種分化の背景には，氷河期における気候変動と火山活動が生息域の分断と拡大に相乗的に働いた可能性があり，このことは，形態的な分化は明らかでも遺伝的分化が小さい多数の種からなるマムシグサ群の特徴とよく合っている。

テンナンショウ属の形態・構造の多様性

外部形態の概要（図14）

　地下茎は短縮して肥大し，球茎状で子球をつけ，時には地下走出枝を出し，または円柱状で分枝する根茎となる。根は地下茎の新しい部分につき，多数ある場合には分枝が少なく，少数の場合には著しく分枝する（図15）。地下茎の先に数枚の鞘状葉に囲まれた芽があり，内側から普通

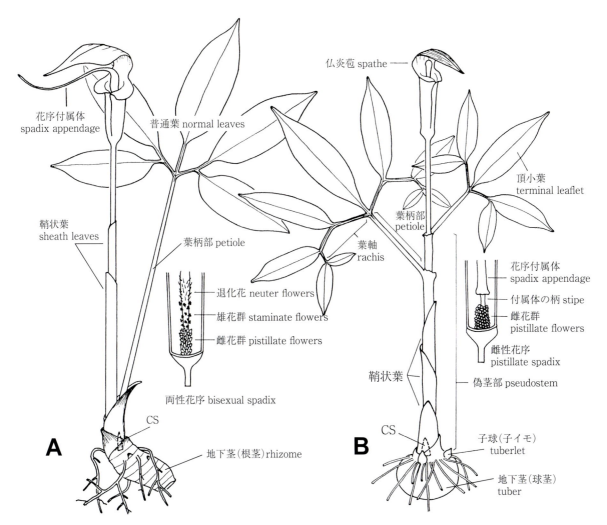

図14　テンナンショウ属の構造模式図．A: *Arisaema filiforme*. B: カントウマムシグサ *A. serratum*. CS: 花序から2つ下の葉の腋芽＝翌年地上に伸びるシュート（仮軸）．（Murata 1984から改変）．General morphology of *Arisaema*. A: *Arisaema filiforme*. B: *A. serratum*. CS: Axillary bud which becomes the lateral continuation shoot of the next year.

Ⅰ．テンナンショウ属の特徴

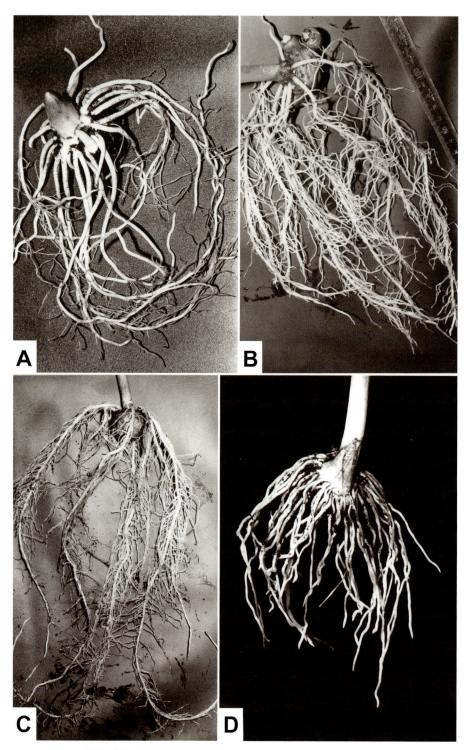

図 15　テンナンショウ属の根．Roots of *Arisaema*. A: シマテンナンショウ *A. negishii*.　B: *A. franchetianum*.
C: *A. consanguineum*.　D: カントウマムシグサ *A. serratum*.（Murata 1984 より引用）

葉と花序柄，あるいはそのいずれかを出す。普通葉は1個から数個つき，下位のものがより大きい。葉柄は長く，その下部が筒状となって花序柄を囲む場合にはその部分を偽茎（偽茎部）といい，筒状でない上部のみを特に葉柄（葉柄部）ということが多い。葉身は稀に単一で切れ込まず，通常は3個以上の小葉に分裂し，葉柄の先に放射状に並ぶか，鳥足状に配列する。鳥足状葉では葉柄の先に位置する小葉を頂小葉といい，他の小葉は頂小葉の基部から左右に分かれる葉軸の片側に並び，外側のものほど小さい。花序柄の先に1個の肉穂花序がつき，雄性，雌性または両性，両性の場合には下に雌花群がつきその上に雄花群が接してつく。肉穂花序の基部に仏炎苞があり，下部は筒状に巻いて肉穂花序を囲み（筒部という），上部は葉状に開いて筒部を覆う（舷部という）。筒部の上縁はしばしば反り返り，耳状に広がる。肉穂花序の上部は花序付属体となる。花序付属体は棒状，棍棒状，鞭状など様々な形状となり，基部は無柄または有柄，通常は付属物がなく，時に一部または全体が退化花に覆われる。雄花は合着した数本の雄しべからなり，通常明らかな柄があり，その先に独立または合着した葯がある。雌花は1個の雌しべからなり，子房は1室，直立する数個〜多数の胚珠を基底胎座につけ，花柱はごく短く，柱頭には白色半透明の房がついており，受粉感受性がなくなると萎れる。果序は直立または下垂し，果実は液果で通常は朱赤色，中に1〜多数の種子がある。

地下茎の形状と性質

テンナンショウ属は全種が多年草で，地下に球茎あるいは円柱状の根茎をもつ（図16）。日本産の種類はすべて球茎（イモ）を持つが，このタイプの地下茎は内側に栄養を貯めた新しい茎が形成されると，古い茎との間に離層ができて，毎年古い茎を切り離す。古い茎の側芽（地下茎につく葉の腋芽）が栄養を貯めて子球に発達していれば，離層によって同時に切り離され，子イモとなって分離する。根茎タイプの地下茎では離層が形成されないため古い茎が新しい茎の下に数年間残ったままである。そこで，古い茎の側芽が発達すると枝となって伸び，地下茎が分枝する（図22A）。主茎と同時に，分枝した枝先にも地上部が発達することがある。

葉の種類とその位置

図17は，開花期のテンナンショウ属の仮軸（かじく）の模式図で，2種類の葉（鞘状葉と普通葉）が，実際には短縮している地下茎の1節に1個ずつついている状態を示している。本書では，葉の位置について，花序に一番近い方からn, n-1, n-2……と番号をつけることとする。それぞれの葉の向軸側中央に，腋芽が通常1個ずつあるが，これについては，n葉の腋芽をN（またはn），n-1葉の腋芽をN-1（またはn-1）とし，以下の腋芽には1, 2, 3……と番号をつけている（図19, 21）。

ホソバテンナンショウやマムシグサなど日本産の種類では，多くの外国産の種類と同様に地下茎が球茎タイプで，毎年10枚程度の葉を展開するが，そのうちのほとんどは冬芽を囲んで保護し

Ⅰ. テンナンショウ属の特徴

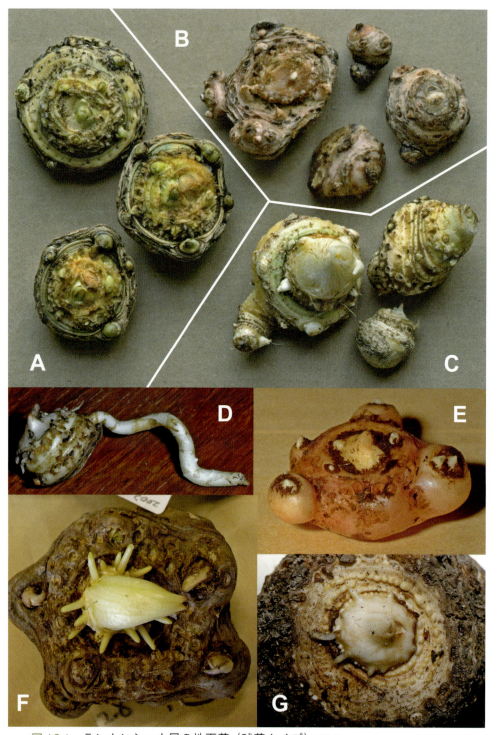

図 16-1　テンナンショウ属の地下茎（球茎タイプ）．Underground stems of *Arisaema* (tubers). A: *Arisaema griffithii*. B: *A. nepenthoides*. C: *A. galeatum*. D: *A. auriculatum*. E: *A. franchetianum*. F: *A. schimperianum*. G: シマテンナンショウ *A. negishii*.

●テンナンショウ属の形態・構造の多様性

図 16-2 テンナンショウ属の地下茎（根茎タイプ）．Underground stems of *Arisaema* (rhizomes). H: *Arisaema lihengianum* 横断面が赤紫色をしている．I: *A. grapsospadix*. J: *A. omkoiense*. K: *A. petelotii*.

Ⅰ. テンナンショウ属の特徴

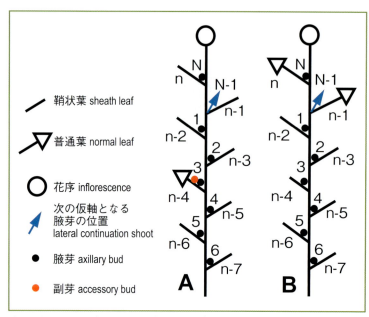

← 図17 テンナンショウ属の仮軸の模式図．左は図14Aの *Arisaema filiforme*，右は図14Bのカントウマムシグサ *A. serratum* に対応している．実際には短縮して地下茎となっている茎の上に，鞘状葉／，普通葉↗，が合わせて10枚程度つき，最後に花序○を頂生する．葉腋に各1個の腋芽●を生じるが，そのほかに副芽●を生じる場合もある．本書では，このような構造を仮軸（かじく）と呼び，葉の位置について，花序に近い方から順にn, n-1, n-2, n-3……としている．またその腋芽については，n葉の腋芽をN (n)，n-1葉の腋芽をN-1 (n-1) とし，以下の腋芽には1, 2, 3 ……．と番号をつけている．右のカントウマムシグサ *A. serratum* では普通葉が花序に最も近い位置につくが，左の *A. filiforme* では花序に近い葉は鞘状葉となり，普通葉はそれより下（軸の中央部）につく．Two types of shoot organization found in *Arisaema* characterized by the position of the normal leaves. Type A and B correspond to *A. filiforme* and *A. serratum* illustrated in Fig. 14, respectively. Leaves and nodes are numbered from the top of the shoot downwards n, n-1, n-2 and so on. In *Arisaema* (and in most genera of Araceae) the lateral continuation shoot (blue arrows) arise at the n-1 node.

図18 *Arisaema omkoiense*. 花序柄が鞘状葉に直接囲まれている．The peduncle is directly surrounded by sheath leaves so that the pseudostem is lacking.

ている鞘状葉であり，それより上位（内側）に2枚の普通葉をつけるのがふつうである（図17B参照）．そして，花序に近い方の葉（n葉）が小さく，それより下（外側）の葉（n-1葉）のほうが大きい．この場合，普通葉の下部が筒状になって花序柄を囲んでいることはすでに述べた．ウラシマソウなどのように開花株に1枚の普通葉しかない場合，花序に近い方の葉（n葉）は長さ1センチほどの鞘状に退化して，偽茎の内部に隠れており，その下位の葉（n-1葉）が普通葉の形をとっている．

一方，地下茎が根茎タイプである一部の種では，普通葉の位置が下にずれている（図17A）．*Arisaema filiforme*（図14A）や *A. omkoiense*（図18）などの種類を開花時に観察すると花序柄が3枚程度の鞘状葉に囲まれており，普通葉はそれより下（外側）についているのがわかる．このタイプでは普通葉に偽茎部が形成されない．

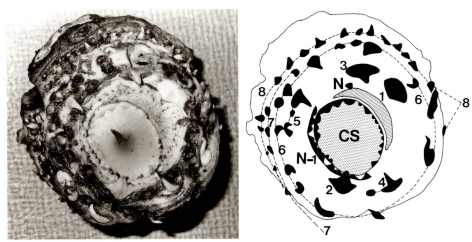

図19　シマテンナンショウの球茎を上から見たところ．右はその説明図．斜線部は花序柄の跡，陰の部分（CS）は翌年の仮軸として伸びる腋芽．N, N-1 および 1, 2, 3……．の番号は図17で定めた腋芽の位置を示す．（Murata 1984 より引用） Top view of the tuber of *Arisaema negishii* showing the laterally arranged axillary buds.

腋芽

　先に述べたように，基本的には，鞘状葉であるか普通葉であるかにかかわりなく，葉の向軸側（葉腋）に各1個の腋芽がある．しかし，テンナンショウ属では花序にいちばん近いn葉の腋芽が退化しやすく，大部分の日本産の種では発達せず，痕跡も見えないのが普通である．しかし，アマミテンナンショウ（Ⅲの「5a. アマミテンナンショウ」図5）やシマテンナンショウ（図19）ではn葉の腋芽が発達する．これらの種類ではさらに腋芽が2個以上横並びになっているのを観察することができる．このような横並びの腋芽は1個の主芽に副芽が生じたものと解釈されている．このほか，ヒロハテンナンショウも2〜4個ずつ横並びの腋芽列をもつ（図24D）ことで独特である．

　普通葉が下にずれてつく種にも副芽がある（図17A, 20）．この場合，副芽ができるのは普通葉の葉腋に限られており，他の葉（鞘状葉）には腋芽が1個ずつしかできない．

葉序

　地下茎が球茎となるタイプでは，休眠期に観察すると，葉の痕跡が同心円状になっている．腋芽はそれぞれの葉の中央の位置につくと考えられるので，腋芽の配列を内側から外側にたどることにより，葉序（葉の配列の規則性）を調べることができる．テンナンショウ属では葉序に2つのパターンがあり，ひとつはウラシマソウやマイヅルテンナンショウで見られるもので，中心から5方向に腋芽が配列することから5列縦生と呼ばれる（図21, 22, 23）．隣接する葉の開度（軸の中心となす角度）はほぼ144度である．もうひとつは大多数の日本産の種類に見られるもので，隣接する葉の開度が180度より少し小さいため，腋芽が2本の斜列をなして配列するもので，2列斜生と呼ばれるパターンである（図20, 24）．副芽を生じるアマミテンナンショウやシマテンナンショウ（図19）ではその主芽の配列から5列縦生，同じく副芽を生じるヒロハテンナンショ

39

I. テンナンショウ属の特徴

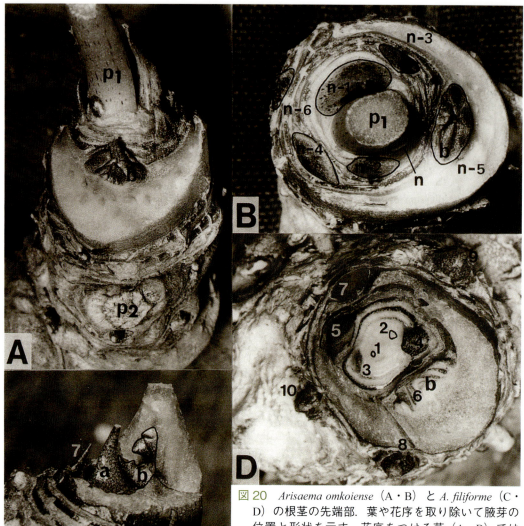

図 20　*Arisaema omkoiense*（A・B）と *A. filiforme*（C・D）の根茎の先端部．葉や花序を取り除いて腋芽の位置と形状を示す．花序をつける茎（A・B）ではP1, P2 がそれぞれ現在の花序柄，一つ前の仮軸につく花序柄であり，腋芽の順を，特に，花序に近いほうから n, n-1, n-2, n-3……．としている．花序をつけない茎（C・D）では腋芽の順を，先端から順に 1, 2, 3, ……．としている．どちらの場合にも，普通葉（半月形の広い痕跡）の腋には集合した腋芽群（b）が認められ，それ以外の腋芽は単生する．また，葉序は 2 列斜生である．なお，D に示される 1, 2, 3 は，C に示される頂芽 a を解剖してその内側にある腋芽を見たものである．（Murata 1988 より引用）　Top part of the rhizome of *Arisaema omkoiense* (A・B) and *A. filiforme* (C・D) that have type A shoot in Fig. 17. The phyllotaxy is quincuncial. Nodes are numbered from the top of the shoot downwards n, n-1, n-2, and so on in the reproductive shoot (A・B) and 1, 2, 3, and so on in the vegetative shoot (C・D). Accessory bud groups (indicated as "b") occur only at the axil of the normal leaf ("n-5" in B and "6" in D).

図 22（右図）　テンナンショウ属の地下茎と葉序（1）．根茎を持つものを示す．A・B: *Arisaema decipiens* (= *A. rhizomatum*)；C・D: *A. speciosum*．A，C は横から見たところ，B，D は上から見たところ．根茎をもつものでは前年の茎が切り離されないため，たとえば C では前年形成された部分（a）の下に，2 年前に形成された部分（b），3 年前に形成された部分（c）がつながって残っている．葉序はすべて 5 列縦生である．（Murata 1984 より引用）　Fig. 22. Stems of *Arisaema decipiens* (= *A. rhizomatum*) (A, B) and *A. speciosum* (C, D). a: stem formed in the previous year. b: stem formed two-years previously. c: stem formed more than three years previously. Numbering of axillary buds follows that of Fig. 21.

● テンナンショウ属の形態・構造の多様性

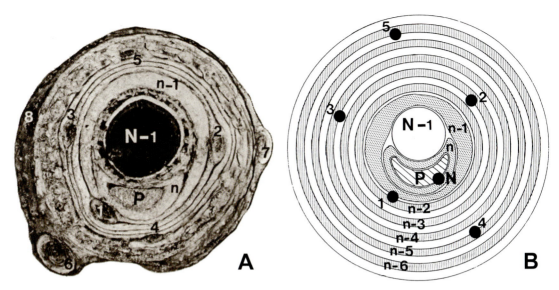

図21 テンナンショウ属（*Arisaema griffithii*）の地下茎の外観（A）とその葉および腋芽の配列の模式図（B）．葉の痕跡が同心円状に並び，それぞれに1個の腋芽がついている．Pは花序柄の痕跡．N, N-1 はそれぞれn葉, n-1葉（普通葉）の腋芽で，N-1から来春に次の仮軸が伸長する．それ以下の葉は順にn-2, n-3, n-4, ……, それらの腋芽は1, 2, 3, ……．と表している．（Murata 1984 より引用）Arrangement of axillary buds on the underground stem of *Arisaema griffithii*. A. Top view. B. Schematic diagram. P: trace of peduncle. n, n-1, n-2: trace of the leaves at n, n-1, n-2 nodes. Axillary buds are numbered from the top of the shoot downwards, i.e. from inside to outside, N, N-1, then 1, 2, 3, 4, and so on.

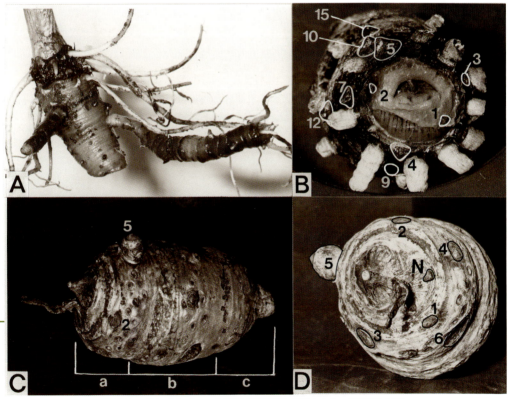

図22 テンナンショウ属の地下茎と葉序（1）：解説は左頁．

41

I．テンナンショウ属の特徴

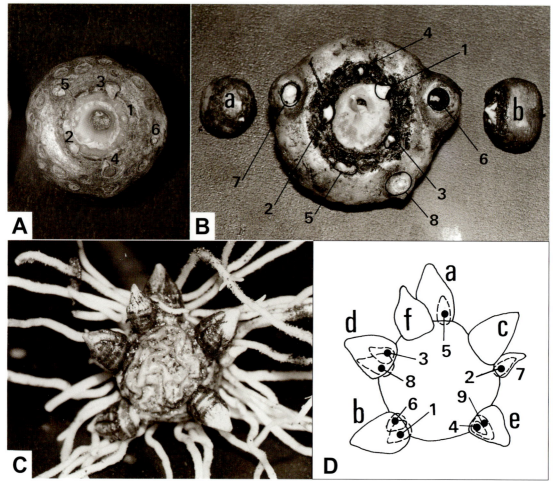

図23 テンナンショウ属の地下茎と葉序（2）．球茎をもつもののうち，葉序が5列縦生となるものを示す．A: *Arisaema flavum*．B: *A. franchetianum*．C・D: ヒメウラシマソウ *A. kiushianum*（裏側から見たもの）．（Murata 1984 より引用）Tubers of *Arisaema* with quincuncial phyllotaxis. A: *Arisaema flavum*. B: *A. franchetianum*. C・D: *A. kiushianum* (bottom view).

ウ（図24D）では2列斜生と見なされる．葉が放射状に分裂する種類（図24A・B）や，円筒状の根茎タイプの地下茎を持つ大部分の種類（*A. decipiens*, *A. speciosum*（図22）などを除く）でも，葉序が2列斜生である．

● 花序形成後の分枝

　根と反対側に伸びる，茎とそれにつく葉および腋芽を含めてシュートと呼ぶ．シュートはその先端にある茎頂分裂組織から作られる．テンナンショウ属では，種子から芽生えた後，最初に花が咲くまでは，単一の茎頂分裂組織の活動でシュートが成長する（単軸成長という）が，花序が形成されると茎頂分裂組織の活動が終わり，花序から2つ下の葉（n-1葉）の腋芽，言い換えればn-1節の腋芽（N-1）が発達して新しいシュートを形成する（図25）．このような分枝パターンを仮軸分枝という．本書では，分枝してから花序が形成されるまでのシュートの単位を仮軸と呼ん

テンナンショウ属の形態・構造の多様性

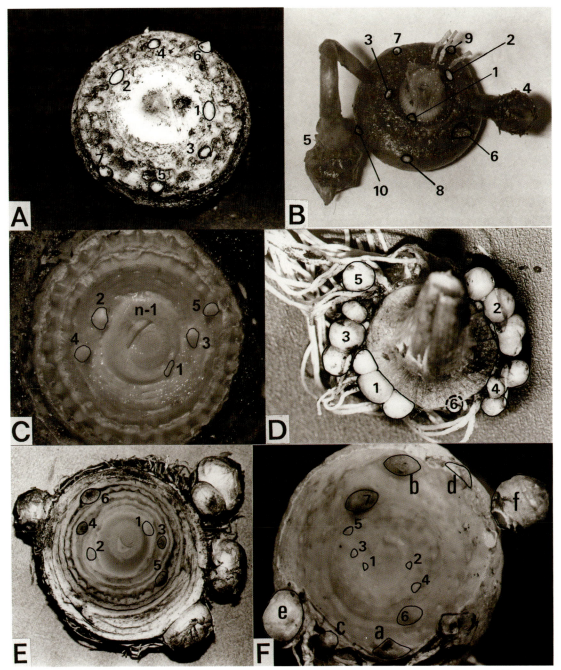

図24 テンナンショウ属の地下茎と葉序（3）．球茎を持つもののうち，葉序が2列斜生となるものを示す．A: *Arisaema consanguineum*. B: *A. concinnum*. C: ムサシアブミ *A. ringens*. D: ヒロハテンナンショウ *A. ovale*. E・F: コウライテンナンショウ *A. peninsulae*. CとFは開花中の地上部を切り取って，基部の状態を示す．Fでは当年の腋芽の順を数字で，前年の腋芽の順をアルファベットa～fで示している．（Murata 1984より引用，学名を一部変更）. Tubers of *Arisaema* with spilodistichous phyllotaxis. A: *Arisaema consanguineum*. B: *A. concinnum* in which axillary bud 4 and 5 develop into stolons. D: *A. ovale* in which each axillary bud accompany several accessory buds side by side. E・F: *A. peninsulae*. In C, E and F, sheath leaves are removed to show their axillary buds. In F, the sequence of axillary buds is indicated by numbers for current year growth and in alphabets for previous year's growth.

Ⅰ. テンナンショウ属の特徴

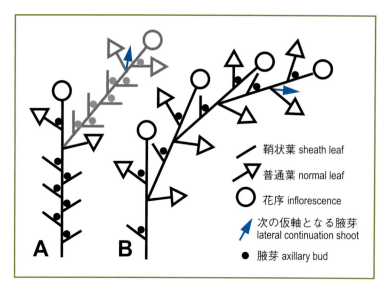

図25 仮軸分枝の模式図. ╱: 鞘状葉, ⫪: 普通葉, ◯: 花序, ●: 腋芽. 青矢印は次の仮軸. カントウマムシグサ *Arisaema serratum*（A）は多数の鞘状葉と2枚の普通葉, および1個の花序をつける仮軸を1年に1個伸長する（淡色部は翌年の成長部分）. *Pinellia pedatisecta*（B）は1成長期のうちに, 1枚の鞘状葉と2枚の普通葉, および1個の花序をつける仮軸をいくつか続けて伸長する. いずれも花序から2つ下の葉腋につく腋芽が仮軸となって分枝する. The shoot organization of *Arisaema serratum* (A) and *Pinellia pedatisecta* (B). The shaded shoot indicates next season's growth. In *Arisaema* a single long shoot which has unstable number of leaves and an inflorescence at the top extend in a growing season. In *Pinellia* short shoots which have three leaves and an inflorescence at the top extend successively in a growing season, showing triphyllous sympodial pattern.

でいる. 仮軸分枝が n-1 節でおこるということはサトイモ科において非常に安定した性質であり, テンナンショウ属ばかりでなく, 多くの属で普遍的に見られる性質である. 先に述べたようにテンナンショウ属には地下茎が円筒状の根茎となり, 普通葉が n-1 節より下に下がる種類があるが, その場合でも仮軸分枝は n-1 節でおこる（図17A）.

　株の大きさが開花の閾値を超え, 毎年花を咲かせるようになると, 毎年仮軸分枝をおこすことになる. テンナンショウ属では1年で成長する軸（仮軸）に鞘状葉を含め10枚程度の葉をつけた後, 先端に花序を形成する（図25A）. これに対し, 近縁のハンゲ属（カラスビシャクやオオハンゲ）ではひとつの仮軸が1枚の鞘状葉と2枚の普通葉および先端につく花序から構成されており, n-1 節からの仮軸分枝を1年に数回繰り返す（図25B）.

● 葉の形成過程と分裂パターン

　テンナンショウ属の葉身は, 開花サイズにおいて稀に単一, 多くは 3～多数の小葉に分裂する複葉で, 小葉の間に軸状の部分が発達すれば鳥足状複葉となり, 発達しなければ放射状複葉となる（図26, 27）. ウラシマソウにおける鳥足状複葉の発生過程を図28に示す. 葉の原基は発生して間もなく, 茎頂を斜めに囲むように発達し, その先に傾いた三角状の平面ができる. この三角形の上の角はその後分裂せずに独立し, 頂小葉となる. 下側の2つの角はその下辺が, 外側から内側に向かってさらに裂片を作り出し, 各裂片が側小葉となる. これらの裂片は, ウラシマソウの場合すべて下向きに折り畳まれる. こうした葉の発生は地下の芽の中で冬になるまでにすっかり完成し, 春になると地上に伸び出して展開する. 折り畳まれている状態ではよくわからないが, 隣接する小葉の間は軸状の構造で隔てられており, 葉が展開すると頂小葉の基部から左右に分かれる葉軸となる. 図28E・F は開花サイズの株であるため葉と同時に花序も発達して, 葉の横に立っ

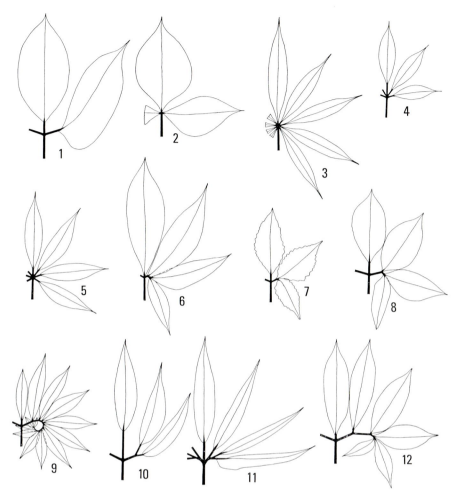

図26 テンナンショウ属の成葉の分裂パターン (1). Leaves of *Arisaema* showing the pattern of arrangement of the leaves. 1：*Arisaema speciosum*, 2：*A. franchetianum*, 3：*A. formosanum*, 4・5：*A. barnesii*, 6：ヒュウガヒロハテンナンショウ *A. minamitanii*, 7：オドリコテンナンショウ *A. aprile*, 8：アマギテンナンショウ *A. kuratae*, 9：オオアマミテンナンショウ *A. heterocephalum* subsp. *majus*, 10・11：*A. wrayi*, 12：ツルギテンナンショウ *A. abei*（Murata 1984 より引用，学名を訂正）．

ている。ウラシマソウと同様に，すべての小葉が下向きになるものは，日本産の種類ではシマテンナンショウ（図29C）とアマミテンナンショウの仲間である。マムシグサなどの日本産の他の種類では鳥足状葉の形成過程はほぼ同様であるが，頂小葉だけは最後まで上向きである点で異なっている（図29B）。

　形成過程で葉軸ができないものは放射状の葉(図26-3，図29A)となるが，日本産の種類にはない。また，最初の三角状の角がそれぞれ一つの小葉のみに発達すれば3小葉に分裂した葉となる。

　小葉の基部に小葉柄が発達するものも，しないものもあり，円筒状の根茎を持つ熱帯のグループなど（フデボテンナンショウ節とユキミテンナンショウ節）では，小葉柄が特に発達して独特の鳥足状葉を形成する（Ⅱの図12参照）。

Ⅰ. テンナンショウ属の特徴

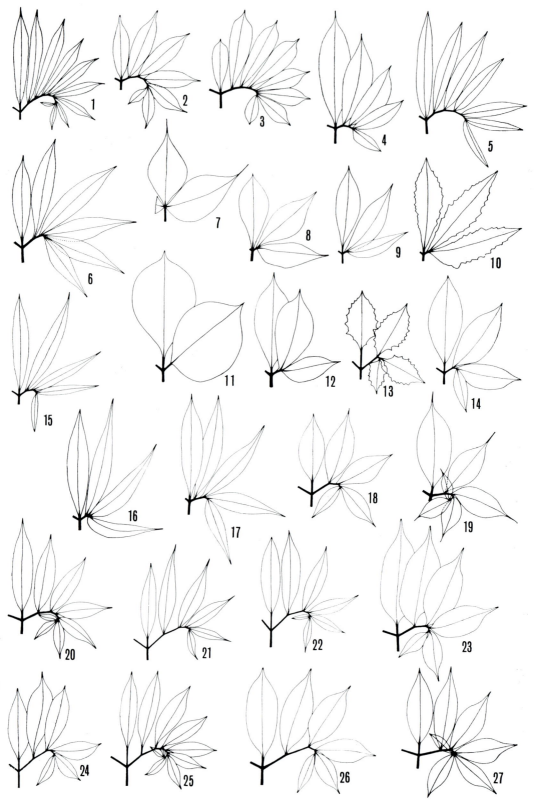

図 27　テンナンショウ属の成葉の分裂パターン (2) Leaves of *Arisaema* showing the pattern of arrangement of the leaves. : 解説は右頁.

テンナンショウ属の形態・構造の多様性

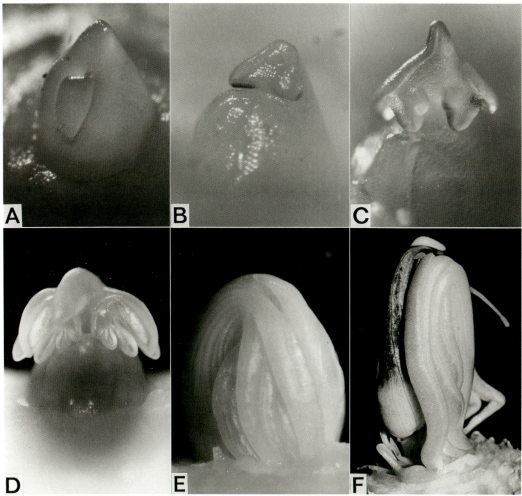

図28 ウラシマソウの葉身の形成過程. A: 葉の原基が次第に筒状に発達し，その頂部内側に平坦な所ができる. B: 平坦な部分が独立した三角形となる. C: 三角形の下辺が外側から順に切れ込んで小葉ができはじめる. D: さらに側小葉の分裂が進む. 頂小葉はねじれながら下向きとなる. E: 分裂がほぼ完了する. 仏炎苞もほぼ完成している（右側の，小葉にはさまれるようにして立っているのが仏炎苞に囲まれた花序）. F: 小葉，仏炎苞はさらに成熟し，それぞれ淡緑色，淡紫褐色となる（Murata 1984 より引用）. Development of the foliage leaf of *Arisaema thunbergii* subsp. *urashima*. At first a triangular flat is appears at the top of the primordium (A), and then the lower two angles successively lobed along the lower margin to form the lateral leaflets (B, C, D). The young terminal leaflet derived from the top angle of the primordium gradually bends forward (D) and finally becomes folded downward together with other leaflets (E, F), while most of the other species the terminal leaflet is erect as in Fig. 29B.

図27（左図） テンナンショウ属の成葉の分裂パターン（2）. 1：アマミテンナンショウ *A. heterocephalum* subsp. *heterocephalum*, 2：オキナワテンナンショウ *A. heterocephalum* subsp. *okinawaense*, 3：マイヅルテンナンショウ *A. heterophyllum*, 4：ヒメウラシマソウ *A. kiushianum*, 5：ナンゴクウラシマソウ *A. thunbergii* subsp. *thunbergii*, 6：シマテンナンショウ *A. negishii*, 7：ムサシアブミ *A. ringens*, 8：ヒロハテンナンショウ *A. ovale*, 9：ユモトマムシグサ *A. nikoense* subsp. *nikoense*, 10：シコクヒロハテンナンショウ *A. longipedunculatum*, 11・12：ユキモチソウ *A. sikokianum*, 13：キリシマテンナンショウ *A. sazensoo*, 14：キシダマムシグサ *A. kishidae*, 15：ホロテンナンショウ *A. cucullatum*, 16：セッピコテンナンショウ *A. seppikoense*, 17：ナガバマムシグサ *A. undulatifolium* subsp. *undulatifolium*, 18：ヒトツバテンナンショウ *A. monophyllum*, 19：アオテンナンショウ *A. tosaense*, 20：ツクシマムシグサ *A. maximowiczii*, 21：タシロテンナンショウ *A. tashiroi*, 22：オモゴウテンナンショウ *A. iyoanum* subsp. *iyoanum*, 23：シコクテンナンショウ *A. iyoanum* subsp. *nakaianum*, 24：ムロウテンナンショウ *A. yamatense*, 25・26・27：カントウマムシグサ *A. serratum*（Ohashi & Murata 1980 より引用，学名を訂正）.

47

Ⅰ. テンナンショウ属の特徴

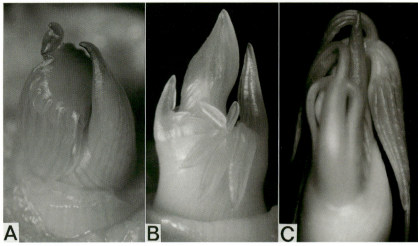

図29 休眠芽の中で完成している若い花序と葉. Foliage leaves and inflorescences of *Arisaema* enclosed in the bud. A: *Arisaema consanguineum*. B: カントウマムシグサ *A. serratum*. C: シマテンナンショウ *A. negishii*（Murata 1984より引用）.

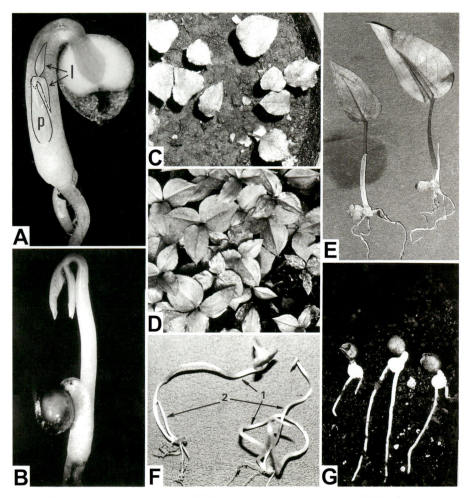

図30 テンナンショウ属の発芽第1葉 Seedlings of *Arisaema*.：解説は右頁.

48

発芽第 1 葉の形状

発芽第 1 葉の形状にはいくつかのパターンがあり，堀田（1964）以来，形態的特徴のひとつとして注目されてきた。テンナンショウ属の芽生えは他の単子葉植物の芽生えと同様，子葉が伸びて胚軸部分を種子から外に押し出すが，その時，子葉の内側に発芽第 1 葉（子葉の次に形成された葉）がすでに準備されている（図30A）。一般に発芽第 1 葉はその年に出るただ 1 枚の普通葉であり，発芽後すぐに地上に出て緑色の葉身を展開する。その葉身には，ハート形をした単葉のもの（図30C），3 小葉に分裂するもの（図30D），5 小葉に分裂するもの（Ⅲの「5c. オオアマミテンナンショウ」図6）などがある。特殊なものとしては，発芽第 1 葉が地中の芽を保護する短い鞘状葉となっていて，地上に出ないものがある（図30G）。また，根茎を持つ熱帯の種類では，発芽第 1 葉が鞘状葉で地上に出るが，その内側から分裂しない葉身を持つ普通葉が出てくる（図30E）。

発芽第 1 葉の形状は，開花サイズで見られる成葉の形状と関連しており，鳥足状葉をもつ場合には，成葉の葉軸が発達しないものは発芽第 1 葉が単葉で，成葉の葉軸が発達するものは発芽第 1 葉が 3 小葉に分裂する傾向がある。成葉が放射状に分裂するものでは，発芽第 1 葉が単葉である（表5）。

花序柄

テンナンショウ属の茎の本体はすべて地下にあり，仏炎苞以外のすべての葉は地下茎についている。地上に出てくるのは花序柄（花茎と呼んでもよい）だけで，茎の最後の節間である。そして，最後の節につく葉（変形して，花序の一部になっている）が仏炎苞である。花序柄の長さは花序を地面からどの程度離してつけるか，相対的に葉身の上に出すか下に隠すか，といったことを決める機能をもっており，ポリネーションや種子散布に深く関わっていると考えられる。多くの種類では性転換に際して，葉柄と花序柄（の露出部）の相対的長さが不連続に変化する（性表現の項目参照）。また，日本産の種ではないが，*A. consanguineum*, *A. lobatum*, *A. flavum*, *A. franchetianum*, *A. sinii* など一部の種類では，花が終わってから花序柄が曲がり，果序を下向きに

図30（左図）　テンナンショウ属の発芽第 1 葉．A・B: マイヅルテンナンショウ *A. heterophyllum*（A は種子とそこからはみ出してきた部分を縦切りにしたもので，子葉の中に発芽第 1 葉（p= 葉柄, l= 葉身）が準備されている）．C: ミツバテンナンショウ *A. ternatipartitum*. D: ヒトツバテンナンショウ *A. monophyllum*. E: フデボテンナンショウ *A. grapsospadix*（鞘状の第 1 葉の内側に大きな普通葉＝第 2 葉が伸びている）．F: *A. yunnanense*（1, 2 は芽生え時に 2 葉が続けて出ていることを示す）．G: シマテンナンショウ *A. negishii*（地下でこのように発芽するが，翌年まで地上に葉を出さない）．（Murata 1984 より引用）The transverse section (A) shows the undeveloped first leaf, consisting of the petiole (p) and the blade (l), enveloped by the cotyledon. In B, the first leaf comes out of the cotyledon to open trifoliolate blade. C, D represent simple heart-shaped and trifoliolate blades, respectively. In E, the first leaf is a sheath-like cataphyll and surrounding the petiole of the second normal leaf. In G, the cotyledon comes out of the seed coat and the roots are seen in the other side, but the first leaf enveloped by the cotyledon will not come out at the first year of germination.

表5 テンナンショウ属の成葉と発芽第1葉の形態の関係. Morphological relationship between adult and first leaves of *Arisaema*.（Murata 1984 から主に Kobayashi et al.（2014）に基づいて改変）

発芽第1葉 First leaf			葉軸が発達しない Rachis not developed		葉軸がやや発達する Rachis slightly developed		葉軸が発達する Rachis well developed		葉軸・小葉柄ともに発達する Rachis and petiolule well developed
成葉 Adult leaf			小葉は5枚以上 Leaflets more than 5	小葉は3枚 Leaflets 3	小葉は5（〜7）枚 Leaflets 5 (~7)	小葉は3枚 Leaflets 3	小葉は5枚以上 Leaflets more than 5		小葉は5枚以上 Leaflets more than 5
地上に出る Terrestrial	葉身がある普通葉 With blade	葉身はハート形 Blade simple, heart-shaped	*A. consanguineum* / *A. formosanum* / *A. jaquemontii*	*A. costatum* / *A. franchetianum* / *A. griffithii* / *A. ringens* ムサシアブミ / *A. ternatipartitum* ミツバテンナンショウ	*A. nambae* タカハシテンナンショウ	*A. speciosum*	*A. aequinoctiale* ヒガンマムシグサ / *A. cucullatum* ホロテンナンショウ / *A. limbatum* ミミガタテンナンショウ / *A. minus* ハリママムシグサ / *A. seppikoense* セッピコテンナンショウ / *A. undulatifolium* ssp. *undulatifolium* ナガバマムシグサ / *A. undulatifolium* ssp. *uwajimense* ウワジマテンナンショウ	*A. flavum* / *A. kiushianum* ヒメウラシマソウ	
		葉身はほこ形 Blade simple, hastate			*A. ishizuchiense* イシヅチテンナンショウ / *A. longipedunculatum* シコクヒロハテンナンショウ / *A. nagiense* ナギヒロハテンナンショウ / *A. nikoense* ssp. *australe* オオミネテンナンショウ / *A. nikoense* ssp. *nikoense* ユモトマムシグサ / *A. ogatae* オガタテンナンショウ / *A. ovale* ヒロハテンナンショウ				
		葉身は3全裂（3小葉がある）Blade trifoliolate			*A. aprile* オドリコテンナンショウ	*A. sikokianum* ユキモチソウ	*A. angustatum* ホソバテンナンショウ / *A. hatizyoense* ハチジョウテンナンショウ / *A. iyoanum* ssp. *iyoanum* オモゴウテンナンショウ / *A. kishidae* キシダマムシグサ / *A. minamitanii* ヒュウガヒロハテンナンショウ / *A. peninsulae* コウライテンナンショウ / *A. sazensoo* キリシマテンナンショウ / *A. serratum* カントウマムシグサ / *A. sikokianum* ユキモチソウ / *A. tosaense* アオテンナンショウ 〈代表的なもの, その他多数 (including many others)〉	*A. heterophyllum* マイヅルテンナンショウ / *A. tortuosum*	
		葉身は5全裂（5小葉がある）Blade 5-foliolate						*A. heterocephalum* ssp. *heterocephalum* アマミテンナンショウ	
	葉身がない鞘状葉（cataphyll）Without blade (cataphyll)	よく発達する Cataphyll well developed	*A. filiforme* / *A. grapsospadix*						*A. filiforme* / *A. grapsospadix*
地上に出ない Subterranean	葉身がない鞘状葉（cataphyll）	短い Cataphyll very short, scale-like					*A. dracontium* (Rennert 1902) / *A. negishii* シマテンナンショウ / *A. thunbergii* ssp. *thunbergii* ナンゴクウラシマソウ / *A. thunbergii* ssp. *urashima* ウラシマソウ		

● テンナンショウ属の形態・構造の多様性

図 31　*Arisaema consanguineum*. 花が終わると花序柄が下向きに曲がり，果序は垂下する．The peduncle recurves after flowering to make the infructescence nodding.

図 32　*Arisaema scortechinii*. 花序の直下右側に2つの不定芽がついている．The adventitious buds seen bottom right of the inflorescence (arrowed) is a characteristic of this species.

つける（図31）．これも種子散布に関連しているのであろう．*A. scortechinii*（図 32）は，花序柄の頂部に不定芽をつけることで独特である．

● 花序の構成（図33）

　テンナンショウ属の花序は，花序軸に花被のない単生花が多数つく肉穂花序である．その基部に1枚の仏炎苞があり，筒状に巻いて肉穂花序を取り囲んでいる．また，花序軸の先は棒状の花序付属体になっており，そこには何もつかないか，角状あるいは毛髪状の退化花（中性花とも呼ばれる）が少数あるいは多数つく．

51

Ⅰ. テンナンショウ属の特徴

図33 テンナンショウ属の肉穂花序（仏炎苞の手前側を外して中を見たところ）．性転換後の状態で，キリシマテンナンショウ *A. sazensoo*（A）は雌花序で，花序付属体は有柄，*A. filiforme*（B）では花序が両性となり，雄花群の上（無柄の花序付属体の基部）に突起状の退化花がついている．Spadices of mature individuals (after sex change) of *Arisaema*.

● 仏炎苞の形状

　仏炎苞は，下半部が巻いて肉穂花序を筒状に囲んでおり（筒部という），ポリネーターを花のある部分に誘いこむためになくてはならない構造である．筒部の基部には雄花序でのみ隙間ができることと，その隙間の役割はポリネーションの項目で述べた．筒部は上に向かってやや開くが，雌花序のほうが雄花序より細長い傾向がある．筒部の上はほぼ水平に開いた口部となっている．口部の縁は外側に曲がって広がるのがふつうであるが，ほとんど広がらないものから，幅広く張り出して耳状となるものまで様々である．仏炎苞の上部は葉状で平面的な舷部となり，ふつう前に曲がって口部の上にかぶさる．テンナンショウ属の花粉は葯が裂開すると仏炎苞筒部の底に落ちて溜まり，ポリネーターに運ばれるのを待っていると見られる．その花粉が雨などで濡れると状態が悪くなるので，舷部が筒部の上を覆っているのは効果的であると考えられる．
　仏炎苞の色には黄緑色から紫褐色まで幅広い変異があるが，一般に筒部では淡色，舷部では

色が濃くなっており，臭いに引きつけられて近くまで来たポリネーターを，明るく見える筒部の底（花のある場所）に誘導する働きがあると考えられる。

　仏炎苞の機能として最も特殊なものは蜜の分泌で，日本産ではないが，キバナテンナンショウ *A. flavum* の仏炎苞筒部の上のほうに横方向にやや肥大した部分があり，その内側から蜜が分泌される（Ⅱの図 2-1 参照）。

　仏炎苞の質はふつう草質であるが，葉（普通葉の葉身）よりも密度が高くしなやかである。ユキモチソウの仏炎苞は筒部がスポンジ状で厚くなっている。キリシマテンナンショウではやや革質であり花後枯れてからもしばらく宿存する。アオテンナンショウでは仏炎苞全体が薄く，半透明である。一方，ヒトツバテンナンショウやオモゴウテンナンショウでは舷部のみが厚くて光沢がある。ヒロハテンナンショウの仲間では，仏炎苞筒部

図34　*Arisaema griffithii* の仏炎苞を開いて背面から光をあてたもの．左下は筒部の断面で，縦方向に翼状の肋があることがわかる．The spathe of *Arisaema griffithii* opened and lighted from behind. The enlarged transverse section shows lamellae on the ventral side.

の白筋に沿って縦方向の隆起が明らかで，この仲間の特徴となっている．日本産のものにはないが，ヒマラヤ産の *A. griffithii* などでは仏炎苞の内側に縦方向の壁があり，このグループの特徴となっている（図34）。

　仏炎苞の，特に口辺部と舷部の形状は多様であるが，種類によっておおよそ安定している．日本産の種類では，ムサシアブミのあぶみ状の形が最も特殊であり，ホロテンナンショウやキリシマテンナンショウ，ヤマザトマムシグサ，ヒトヨシテンナンショウなどでは舷部が盛り上がっていることが特徴である．また，ミミガタテンナンショウの広く耳状に開出した口辺部，アオテンナンショウ，キシダマムシグサ，ツクシマムシグサなどの長く垂れ下がったり，くちばし状に突

53

I. テンナンショウ属の特徴

図35　雄花の形状各種．A: *Arisaema prazeri*. B: *A. franchetianum*. C: *A. flavum* subsp. *tibeticum*. D: *A. speciosum*. E: *A. concinnum*. ＡとＣは両性花序で，緑色の雌花群の上に黄色の雄花群が接している．Staminate flowers of *Arisaema*. A and C show monoecious spadices in which staminate flowers occur above pistillate flowers.

出したりする舷部も独特である。外国産のものでは，*A. griffithii* の象の耳のように広がった舷部（Ⅱの図 4-2K），*A. exappendiculatum* の巻いて広がらない舷部（Ⅱの図 14-3P 参照）などが変わりものである。

ムロウテンナンショウとスルガテンナンショウでは舷部内側に微細な乳頭状突起があり，白っぽく見える。ツクシマムシグサでは舷部の縁だけに乳頭状突起に似た微鋸歯がある。これらと近縁とみられるウメガシマテンナンショウでは，舷部内側に微妙な凹凸があり，泡立ったように見える。オオマムシグサやヤマトテンナンショウ，カントウマムシグサでは，舷部内面に隆起する縦方向の細脈が目立っており（Ⅲの「50. ヤマザトマムシグサ」図 5 参照），脈がほとんど目立たないマムシグサとの良い区別点である。

仏炎苞の色は種内で安定している場合もあるし，変異が著しい種類もある。緑色で安定しているものとして，シマテンナンショウ，マイヅルテンナンショウ，アオテンナンショウやホソバテンナンショウなどがあり，紫褐色で安定しているものとしてウラシマソウやユキモチソウ，オオマムシグサなどがある。こうしたものの中でも稀に色違いが見られるが，交雑によって他種から別の色の遺伝子が取り込まれた可能性も考えられる。ヒメウラシマソウやヒトツバテンナンショウでは仏炎苞内側の斑紋が安定した特徴であるが，例外もある。色彩が安定していない種類でも，地域的にはまとまっているものが多い。

🔵 雄花の形状 （図 35）

テンナンショウ属の雄花は花被がなく，数本の雄しべが合着してひとつになったものと考えられている。キバナテンナンショウ（図 35C）ではほとんど柄がないが，その他の種類では明らかな柄（花糸が合着した部分）があり，その先に幾組かの葯がついている。日本産の種類では葯の合着はほとんど見られないが，シコクヒロハテンナンショウ（Ⅲの「13. シコクヒロハテンナンショウ」図 8 参照）では合着が進み，葯が横向きに並ぶ傾向がある。外国産のものでは，*A. griffithii* などヒマラヤ・中国地域の種類で，馬蹄形に合着した葯を持つものが知られる（図 35D）。また，*A. exappendiculatum* ではシコクヒロハテンナンショウに見られるような合着がさらに進んで葯が一続きとなり，ドーナツ状となる。

🔵 雌花の形状 （図 36）

テンナンショウ属の雌花も花被がなく，1 個の雌しべのみで構成される。日本産の種類では子房はほぼ円柱形でぎっしり並んでおり，先は低い円錐状に尖って半透明の房がある柱頭をつける。子房内に直生の胚珠が基底胎座に直立してつく。国外の種類では，胚珠が紡錘形をしていてややまばらにつくもの（Ⅱの図 1A 参照）や，卵状円錐形をしているもの（図 36B・C）もあり，後者

I. テンナンショウ属の特徴

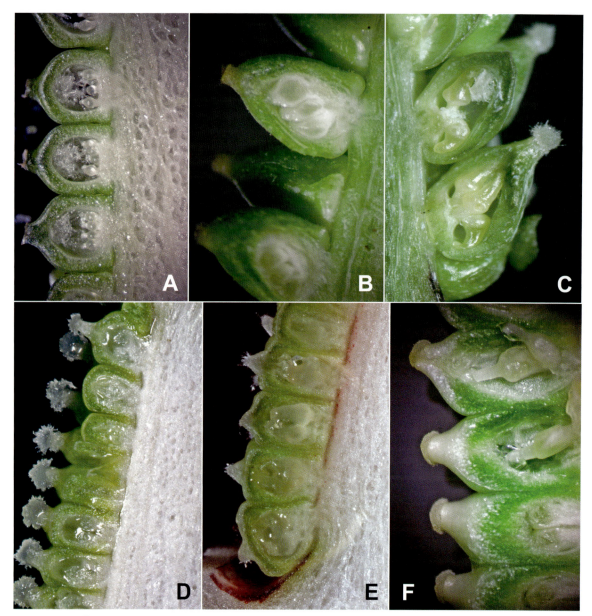

図 36　雌花の形状. A: *Arisaema kishidae*.　B: *A. tortuosum*.　C: *A. grapsospadix*.　D: *A. candidissimum*.　E: *A. franchetianum*. F: *A. costatum*. 子房の断面を示す. 下段の3種では子房室内にゼリー状の物質が認められる.
Vertical sections of pistillate flowers of *Arisaema*. In the species in D, E, F, jelly-like substance are seen in the ovaries.

では胎座がやや斜めになるものがある. 1つの子房内にある胚珠の数は種類によってかなり異なり, この特徴で区別できる種もある（邑田 1986）. 子房内はふつう中空であるが, *A. speciosum* や *A. franchetianum* などヒマラヤ・中国地域の3小葉を持つ種類には, ゼリー状の物質が充満しているものもある（図36D～F）.

● 退化花

　テンナンショウ属に近縁とされるアルム属やリュウキュウハンゲ属ではほとんど例外なく，肉穂花序の下位につく雌花群と上位につく雄花群の間に角状，毛髪状，棍棒状などいろいろな形状の突起が多数あり，退化花（中性花）と呼ばれている（Ⅳの各図参照）。テンナンショウ属では雌

図37　花序付属体と退化花．Spadix and spadix appendage of *Arisaema*. A: *Arisaema griffithii*.　B: *A. souliei*, C: *A. franchetianum*.　D: *A. sazensoo* と *A. heterophyllum* 12倍体個体の花序．E: *A. roxburghii*.　F: *A. omkoiense*.　G: *A. taiwanense* var. *brevicollum*.　H: *A. polyphyllum*.

Ⅰ．テンナンショウ属の特徴

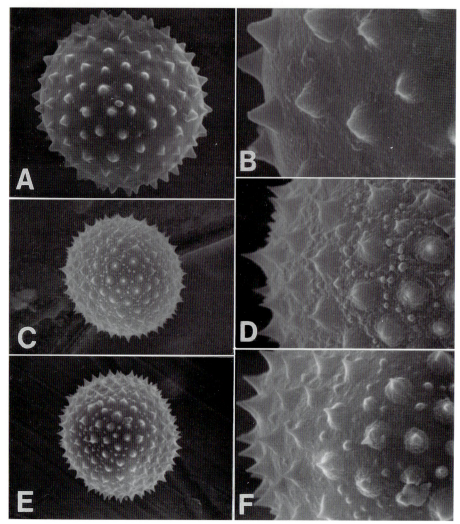

図38　テンナンショウ属の花粉．A・B: *Arisaema franchetianum*．C・D: *A. dracontium*．E・F: *A. yunnanense*．（Murata 1984 より引用）Pollen grains of *Arisaema* observed with Scanning Electron Microscope. Double spined pollen (C–F) are restricted to a few species.

花群と雄花群が接していることが特徴であり，雄花群よりも上位に，それに相当する退化花をつける種類がある（図37）．日本産の種類では，いずれも雄から雌へと完全に転換するシマテンナンショウおよびアマミテンナンショウ（オキナワテンナンショウとオオアマミテンナンショウを含む）にのみ角状の退化花がある（Ⅲの「4. シマテンナンショウ」図6,「5a. アマミテンナンショウ」図4参照）が，雌花序で発達し，雄花序では数が少ないか，ほとんど発達しない（Ⅲの「5b. オキナワテンナンショウ」図3参照）．

外国産のものを含めると，退化花は花序付属体のいろいろな部分につき，様々な形をしている．*A. fimbriatum* や *A. lihengianum* などでは長い花序付属体の基部から先まで，糸状の突起が均等に配列する（Ⅱの図8-2 L・M：*A. lihengianum* 参照）．*A. tsangpoense* ではそのような突起の腋に，腋芽状の突起がつくという稀な特徴があるが，腋芽状突起の機能はわかっていない．*A. barbatum*, *A. balansae* などでは，付属体基部の突起は短く，先にいくほど長くなる．フデボテン

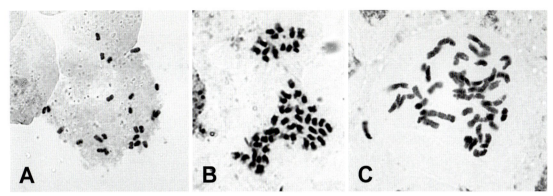

図39　テンナンショウ属の染色体像．A: *Arisaema quinquelobatum* 2n = 24．B: *A. wilsonii* 2n = 56．C: ヒロハテンナンショウ×ヒトツバテンナンショウ 2n = 約40（図12-3Jの株で，この写真は欠落していた Murata 1990b の Fig. 2G に相当する）．C: *Arisaema ovale* × *A. monophyllum* 2n = ca. 40 (this plate is the missing Fig. 2G of Murata 1990b.).

ナンショウ *A. grapsospadix* などでは付属体の先の方にだけ突起がつく．葉が放射状になるものでは，シマテンナンショウと同様に，付属体の基部にのみ突起をつける種類が多い．

🌸 花序付属体の形状

　花序付属体は基部に柄があるものとないものに大別される．柄があるものにはごく稀な例外を除き退化花がなく，柄がないものでは，退化花がつく場合もつかない場合もある．柄があるもの，ないものそれぞれに，上部が棒状で仏炎苞から大きくはみ出さないものと，鞭状〜糸状となって仏炎苞から長く伸び出すものがある．棒状のものでは先端が肥大するものがある．また退化花が多数つき，ブラシ状などの形状を呈するものがある．

🌸 花粉形態（図38）

　テンナンショウ属の花粉は一般に球状で，表面に円錐状の均一な突起があり，発芽孔はない（図38）．一部の種類では，円錐状突起の周囲に，それより小さな突起が多数つくものがある（図38C〜F）．花粉表面には，リュウキュウハンゲ属やコンニャク属 *Amorphophallus* の花粉のような粘着物質はない．これはテンナンショウ属が，体の表面に毛があるキノコバエ類をポリネーターとしていることと関連があり，付着するのに突起だけで十分なためであろう．

🌸 染色体数

　テンナンショウ属の染色体数には，信用できる出典（Petersen 1989, Watanabe et al. 1998, 2008）および筆者らの未発表データによると 2n=16, 20, 22, 24, 26, 28, 30, 39, 42, 48, 52, 56, 65, 72, 78, 84, 168 があり，28 が最も普通である（表6）．これらの数は 8, 10, 11, 12, 13, 14, 15 のうちどれかの倍数となっている．種内に倍数性が知られる種は比較的少なく，異数性は1例しか知られていない．ただし，多数のサンプルを調べれば倍数体がもっと見つかる可能性があると思われる．日本産で倍数体と考えられているものにマイヅルテンナンショウ（2n=168 で 14 の 12 倍

Ⅰ．テンナンショウ属の特徴

表6-1　テンナンショウ属各種の染色体数．Chromosome numbers of *Arisaema*.（節内の配列は学名のアルファベット順．網掛は国産種．明らかに誤りと考えられる報告は収載していない）

所属節	和名	学名	発表時の学名	染色体数(2n=)	出典
アマミ テンナンショウ節 *A.* sect. *Clavata*	シマテンナンショウ	*A. negishii*		28	Hotta 1971, Murata & Iijima 1983, Ko et al. 1987
		A. clavatum		28	Murata et al. 2006
	アマミテンナンショウ	*A. heterocephalum* subsp. *heterocephalum*		28	Murata & Ohashi 1980
	オオアマミテンナンショウ	*A. heterocephalum* subsp. *majus*		28	Murata & Iijima 1983
	オキナワテンナンショウ	*A. heterocephalum* subsp. *okinawaense*		28	Murata & Ohashi 1980
インド マムシグサ節 *A.* sect. *Tortuosa*		*A. murrayi*		28	Asana & Sutaria 1935, Patil & Dixit 1995
		A. murrayi		56	Patil & Dixit 1995
		A. sahyadricum		28	Patil & Dixit 1995
		A. tortuosum		26	Bowden 1945, Sharma & Sarkar 1967/68
		A. tortuosum		28	Hotta 1971, Mehra & Sachdeva 1976, Murata & Iijima 1983
		A. tortuosum		56	Hotta 1971, Ramachandran 1978, Murata & Iijima 1983
ウラシマソウ節 *A.* sect. *Flagellarisaema*		*A. dracontium*		56	Bowden 1940, 1945, Murata & Iijima 1983
	マイヅルテンナンショウ	*A. heterophyllum*		28	Murata & Iijima 1983, Murata 1990b, Wang 1996
	マイヅルテンナンショウ	*A. heterophyllum*		56	Wang 1996
	マイヅルテンナンショウ	*A. heterophyllum*		84	Murata & Iijima 1983
	マイヅルテンナンショウ	*A. heterophyllum*		140	Ae 1975, Ko et al. 1985
	マイヅルテンナンショウ	*A. heterophyllum*		168	Murata & Iijima 1983
	ヒメウラシマソウ	*A. kiushianum*		56	Ito 1942, Hotta 1971
		A. macrospathum		28	Pringle 1979
	タイワンウラシマソウ	*A. thunbergii* subsp. *autumnale*		28	Wang 1996
	ナンゴクウラシマソウ	*A. thunbergii* subsp. *thunbergii*		28	Ito 1942, Hotta 1971, Ko et al. 1985, Watanabe et al. 2008
	ウラシマソウ	*A. thunbergii* subsp. *urashima*		28	Hotta 1971, Watanabe et al. 1998
	ウラシマソウ	*A. thunbergii* subsp. *urashima*		42	Hotta 1971
ウンナン マムシグサ節 *A.* sect. *Franchetiana*		*A. candidissimum*		56	Marchant 1972
		A. franchetianum		56	Murata & Iijima 1983
		A. sinii		28	Murata et al. 2006
キバナ テンナンショウ節 *A.* sect. *Dochafa*		*A. flavum* subsp. *abbreviatum*	*A. flavum*	56	Murata & Iijima 1983
		A. flavum subsp. *flavum*		56	Murata 1990a
		A. flavum subsp. *tibeticum*		28	Murata 1990a
クルマバ テンナンショウ節 *A.* sect. *Sinarisaema*		*A. concinnum*		28	Mehra & Sachdeva 1976
		A. concinnum		56	Bowden 1940
		A. consanguineum		28	Kurosawa 1971, Wang 1996
		A. consanguineum	*A. formosanum*	28	Hotta 1971
		A. consanguineum		56	Murata & Iijima 1983, Wang 1996
		A. echinatum		28	Hotta 1971
		A. erubescens		28	Hotta 1971, Sharma 1970, Mehra & Sachdeva 1976
		A. exappendiculatum		28	Hotta 1971, Kurosawa 1966
		A. leschenaultii		28	Marchant 1972, Ramachandran 1978
		A. polyphyllum		28	Pancho 1971
		A. schimperianum		28	Marchant 1972
		A. taiwanense subsp. *taiwanense*		28	Murata 1985
		A. taiwanense var. *brevicollum*		28	Murata 1985
テンナンショウ節 *A.* sect. *Nepenthoidea*		*A. nepenthoides*		26	Sharma & Sarkar 1967/68
		A. nepenthoides		28	Murata 1991
		A. wattii	*A. biauriculatum*	28	Gu et al. 1992, Gu & Sun 1998
		A. wattii		28	Murata 1991
ニオイ マムシグサ節 *A.* sect. *Odorata*		*A. aridum*		16	Murata et al. 2014
		A. lidaense		24	Murata et al. 2006
		A. mairei	*A. wumengense*	22	Li 2000
		A. odoratum		22	Murata et al. 1994
		A. prazeri		26	Murata et al. 2006
		A. quinquelobatum	*A. yunnanense*	24	Murata et al. 2006（図 39A）
		A. yunnanense		48	Murata & Iijima 1983

テンナンショウ属の形態・構造の多様性

表6-2　テンナンショウ属各種の染色体数．Chromosome numbers of *Arisaema*.（節内の配列は学名のアルファベット順．網掛は国産種．明らかに誤りと考えられる報告は収載していない）

所属節	和名	学名	発表時の学名	染色体数(2n=)	出典
ヒマラヤテンナンショウ節 A. sect. Arisaema		*A. costatum*		20	Kurosawa 1971, Murata & Iijima 1983, Murata 1990
		A. dahaiense	*A. dulongense*	26	Gu et al. 1992
		A. galeatum		26	Murata 1990b
		A. griffithii		28	sharma & Sarkar 1967/68
		A. intermedium		28	Kurosawa 1971, Mehla & Sachdeva 1976
		A. ostiolatum		28	Kurosawa 1971
		A. propinquum	*A. wallichiana*	26	Sharma 1970
		A. propinquum	*A. sikkimense*	26	Sharma 1970, Bhattacharya 1978
		A. propinquum	*A. wallichiana*	28	Malik 1961
		A. propinquum		28	Mehra & Sachdeva 1976
		A. speciosum		28	Kurosawa 1966, Sharma & Sarkar 1967/68
		A. speciosum var. *mirabile*		28	Kurosawa 1966
		A. utile		28	Sharma & Sarkar 1967/68
		A. wilsonii		56	Murata 2011（図39B）
フデボテンナンショウ節 A. sect. Anomala		*A. balansae*		28	Murata et al. 2006
		A. bannanense		28	Murata et al. 2006
		A. filiforme		28	Murata 1990b
	フデボテンナンショウ	*A. grapsospadix*		28	Murata 1990b, Wang 1996
	フデボテンナンショウ	*A. grapsospadix*	*A. nanjenense*	28	Huang & Wu 1997
		A. lihengianum		28	Murata et al. 2006
		A. omkoiense	*A. album*	28	Hotta 1971
		A. omkoiense	*A. pingbianense*	28	Murata 1990b
		A. petelotii		28	Murata et al. 2006
		A. pingbianense		28	Murata et al. 2006
		A. scortechinii		30	Murata et al. 2006
マムシグサ節 A. sect. Pistillata	ヒガンマムシグサ	*A. aequinoctiale*		26	Watanabe et al. 1998
	アムールテンナンショウ	*A. amurense*		28	Murata 1986
	アムールテンナンショウ	*A. amurense*		56	Murata 1986
	ホソバテンナンショウ	*A. angustatum*		28	Ito 1942, Hotta 1971, Watanabe et al. 1998
	オドリコテンナンショウ	*A. aprile*		28	Murata 1983
		A. atrorubens		56	Marchant 1972, Kapoor & Gervais 1982
		A. bockii		26	Murata et al. 2006
	ホロテンナンショウ	*A. cucullatum*		28	Hotta 1963, 1971
	エヒメテンナンショウ	*A. ehimense*		28	Murata & Ohno 1989
	ヤマザトマムシグサ	*A. galeiforme*		28	Watanabe et al. 2008
	ハチジョウテンナンショウ	*A. hatizyoense*		26	飯嶋 1982, Watanabe et al. 1998
	イナヒロハテンナンショウ	*A. inaense*		26	Murata et al. 2006
	イシヅチテンナンショウ	*A. ishizuchiense*		28	Hotta 1971
	オモゴウテンナンショウ	*A. iyoanum* subsp. *iyoanum*		28	Hotta 1971, Watanabe et al. 2008
	シコクテンナンショウ	*A. iyoanum* subsp. *nakaianum*		28	堀田 1966
	マムシグサ	*A. japonicum*	*A. takeshimense*	28	Ko et al. 1987
	トクノシマテンナンショウ	*A. kawashimae*		28	芹沢 1980a, Watanabe et al. 2008
	キシダマムシグサ	*A. kishidae*		28	Ito 1942, Hotta 1971, Watanabe et al. 1998
	アマギテンナンショウ	*A. kuratae*		28	Watanabe et al. 2008
	ミミガタテンナンショウ	*A. limbatum*		26	Watanabe et al. 2008
		A. lobatum		28	Murata 1990b
		A. lobatum		56	Hong & Zhang 1990
		A. lobatum		約84	Murata 1991
	ヤマトテンナンショウ	*A. longilaminum*		28	Hotta, 1971
	シコクヒロハテンナンショウ	*A. longipedunculatum*		28	堀田 1966, 1971, 芹沢 1981b
	シコクヒロハテンナンショウ	*A. longipedunculatum*		56	芹沢 1981b
	ウメガシマテンナンショウ	*A. maekawae*	*A. japonicum*	28	Watanabe et al. 1998
	ウメガシマテンナンショウ	*A. maekawae*	*A. japonicum*	42	Watanabe et al. 1998
	ツクシマムシグサ	*A. maximowiczii*		28	Hotta 1971
	ヒュウガヒロハテンナンショウ	*A. minamitanii*		28	芹沢 1981b, Murata 1990b
	ハリマムシグサ	*A. minus*		26	Watanabe et al. 1998
	ヒトツバテンナンショウ	*A. monophyllum*		28	Ito 1942, Murata & Iijima 1983
	ナギヒロハテンナンショウ	*A. nagiense*		26	Kobayashi et al. 2008
	タカハシテンナンショウ	*A. nambae*		28	Watanabe et al. 1998

61

Ⅰ. テンナンショウ属の特徴

表6-3 **テンナンショウ属各種の染色体数.** Chromosome numbers of *Arisaema*.（節内の配列は学名のアルファベット順. 網掛は国産種. 明らかに誤りと考えられる報告は収載していない）

所属節	和名	学名	発表時の学名	染色体数 (2n=)	出典
マムシグサ節 *A.* sect. *Pistillata*	オオミネテンナンショウ	*A. nikoense* subsp. *australe*		28	堀田 1966, Hotta 1971, Watanabe et al. 1998
	ユモトマムシグサ	*A. nikoense* subsp. *nikoense*		28	Hotta 1971, Watanabe et al. 1998
	オガタテンナンショウ	*A. ogatae*		28	Hotta 1971
	ヒロハテンナンショウ	*A. ovale*		26	芹沢 1981b, Murata 1990b
	ヒロハテンナンショウ	*A. ovale*		39	芹沢 1981b
	ヒロハテンナンショウ	*A. ovale*		52	堀田 1966, Hotta 1971, 芹沢 1981b, Watanabe et al. 2008
	ヒロハテンナンショウ	*A. ovale*		65	Murata 1990b
	コウライテンナンショウ	*A. peninsulae*		28	Hotta 1971, Watanabe et al. 1998
	コウライテンナンショウ	*A. peninsulae*	*A. angustatum* var. *peninsulae*	42	Nishikawa 1985
	ムサシアブミ	*A. ringens*		28	Kurakubo 1940, Kishimoto 1941, Ito 1942, Hotta 1971, Murata & Iijima 1983, Watanabe et al. 1998
	カラフトヒロハテンナンショウ	*A. sachalinense*		56	Murata 1990b
	キリシマテンナンショウ	*A. sazensoo*		28	Kurakubo 1940, Hotta 1971, Murata & Iijima 1983
	セッピコテンナンショウ	*A. seppikoense*		26	Watanabe et al. 1998
	カントウマムシグサ	*A. serratum*		28	Hotta 1971
	ユキモチソウ	*A. sikokianum*		28	Hotta 1971, Murata & Iijima 1983, Watanabe et al. 1998
	ヤマジノテンナンショウ	*A. solenoclamys*		28	Ito 1942
	ヤマグチテンナンショウ	*A. suwoense*	*A. izuense*	28	Hotta 1971
	オオマムシグサ	*A. takedae*		28	Hotta 1971, Watanabe et al. 2008
	タシロテンナンショウ	*A. tashiroi*		28	Hotta 1971
	ミツバテンナンショウ	*A. ternatipartitum*		72	Hotta 1971, Watanabe et al. 1998
	アオテンナンショウ	*A. tosaense*		28	Hotta 1971, Watanabe et al. 1998
		A. triphyllum subsp. *quinatum*		28	Bowden 1940, 1945, Huttleston 1949
		A. triphyllum subsp. *pusillum*		28	Huttleston 1949, Treiber 1980
		A. triphyllum subsp. *stewardsonii*		28	Huttleston 1949, Treiber 1980
		A. triphyllum subsp. *triphyllum*		28	Huttleston 1949
		A. triphyllum subsp. *triphyllum*		56	Bowden 1940, 1945, Treiber 1980
	ナガバマムシグサ	*A. undulatifolium* subsp. *undulatifolium*		26	Watanabe et al. 1998
	ウワジマテンナンショウ	*A. undulatifolium* subsp. *uwajimense*	愛媛産の *A. undulatifolium*	26	Watanabe et al. 1998
	スルガテンナンショウ	*A. sugimotoi*		28	Hotta 1971, Watanabe et al. 1998
	ムロウテンナンショウ	*A. yamatense*		28	Ito 1942
ミナミ マムシグサ節 *A.* sect. *Attenuata*		*A. calcareum*		30	Murata et al. 2006
		A. inclusum		24	Murata & Iijima 1983
		A. laminatum		24	Murata et al. 2006
		A. roxburghii	*A. cuspidatum*	24	Larsen 1969
ムカシマムシグサ節 *A.* sect. *Tenuipistillata*		*A. jacquemontii*		28	Kurosawa 1971, Hotta 1971, Kurosawa 1971
		A. jacquemontii		52	Mehra & Sachdeva 1976, Mehra & Pandita 1979
ユキミ テンナンショウ節 *A.* sect. *Decipientia*		*A. decipiens*	*A. rhizomatum*	28	Murata & Iijima 1983
		A. decipiens		28	Sharma & Sarkar 1967/68

体），ミツバテンナンショウ（2n=72 で 12 の 6 倍体），ヒメウラシマソウおよびカラフトヒロハテンナンショウ（2n=56 で 14 の 4 倍体），ヒロハテンナンショウ（2n=26, 39, 52, 65, 78 で 13 の 2, 3, 4, 5, 6 倍体）がある。種内に異数性が知られているのはヒマラヤ地域の *A. tortuosum* のみで，2n=28 が広く分布する（2n=56 も知られている）のに対し，2n=26 は西ヒマラヤに限って分布している（Murata 1983）。近縁な種でも異なる染色体数を持つ例があり，種レベルの特徴としても見逃せないものである。

II. 世界のテンナンショウ属・節の分類

Infrageneric classification of *Arisaema*

Ⅱ. 世界のテンナンショウ属・節の分類

テンナンショウ属・節の検索と解説

本書では，Ohi-Toma et al.(2016) が最新の分子系統解析の結果に基づき提唱した，テンナンショウ属を 15 の節に分類する分類体系を採用する。節レベルの学名を確定するため Murata et al.(2013) で属内分類の歴史を総括し，タイプ種を見直して 14 節に整理した。その後，ミナミマムシグサ節からナガボマムシグサ節を分離して，合計 15 節を認めることとなった。各節の内容は従来の分類で認められていたまとまりを基礎とし，Ohi-Toma et al.(2016) の分子系統解析（第Ⅰ章図 13 参照）により再検討して再編したものである。邑田（2011）ではキバナテンナンショウを除くアフリカ産の種類を，形態的特徴に基づいてムカシマムシグサ節に含めていたが，本書では系統関係を優先してヒマラヤテンナンショウ節に分類した。節の順番は，分子系統において，おおよそ，先に分化した群から後に分化した群の順に配列している。

なお，本章の末に各節について大まかな分布図を示した（図 16〜19）。

節の検索表 （属名 *Arisaema* は *A.* と略す）

1a. 常緑性。地下茎は根茎で，枝分かれし，内部は紫色〜赤紫色。偽茎があるかまたはない。葉序は 2 列斜生 ·· **8. フデボテンナンショウ節** *A.* sect. *Anomala*

1b. 休眠期がある。地下茎は球茎で子球をつけるか，稀に根茎で，内部は白色〜黄白色。偽茎がある。葉序は 5 列縦生または 2 列斜生。

  2a. 秋咲きで夏に休眠する。地下茎は根茎。花序付属体は有柄

    ·· **12. ユキミテンナンショウ節** *A.* sect. *Decipientia*

  2b. 春咲きで冬に休眠する（ウラシマソウ節のタイワンウラシマソウのみ例外）。地下茎は球茎または根茎。花序付属体は有柄または無柄。

    3a. 葉序は 2 列斜生。

      4a. 葉身は 3 小葉，掌状または鳥足状に分裂する。花序付属体は有柄，退化花をつけない

      ·· **15. マムシグサ節** *A.* sect. *Pistillata*

      4b. 葉身は放射状に分裂する（*A. calcareum* のみ 3 小葉に分裂する）。花序付属体は無柄，ごく稀に有柄（その場合でも子房は紡錘形でない），多くは退化花をつける

      ·· **14. クルマバテンナンショウ節** *A.* sect. *Sinarisaema*

    3b. 葉序は 5 列縦生。

      5a. 花序付属体は無柄。

        6a. 花序付属体は，少なくとも雌花序では退化花をもつ。性転換後の花序は雌性，稀に両性。

        7a. 腋芽に副芽がない。葉身は 3 小葉に分裂する。

8a. 性転換後の花序は両性。花序付属体は仏炎苞外に長く伸びだし，ブラシ状となって垂れ下がる ··············· **5. ナガボテンナンショウ節** *A.* sect. *Fimbriata*

8b. 性転換後の花序は雌性。花序付属体は仏炎苞外に伸びださない
·············· **7. ミナミマムシグサ節** *A.* sect. *Attenuata*

7b. 腋芽に副芽がある。葉身は鳥足状に分裂する
·············· **10. アマミテンナンショウ節** *A.* sect. *Clavata*

6b. 花序付属体に退化花がない（ウラシマソウ節のマイヅルテンナンショウ 2 倍体のみ例外）。性転換後の花序は雌性または両性。

9a. 花序付属体は楕円状，仏炎苞の外に出ない
·············· **2. キバナテンナンショウ節** *A.* sect. *Dochafa*

9b. 花序付属体は，鞭状で（インドマムシグサ節の *A. sahyadricum* は例外），時に先が糸状となり，仏炎苞の外に露出する。

10a. 染色体数は 2n=16, 22, 24, 48 で，葉身は 3 小葉または鳥足状（〜放射状）に分裂し，中国西南部に分布する。または，2n=26 で葉身が 3 小葉に分裂し，ミャンマーからインドシナ半島まで広く分布する（*A. prazeri*）
·············· **6. ニオイマムシグサ節** *A.* sect. *Odorata*

10b. 染色体数は X=13 または 14 の倍数。葉身は鳥足状（〜放射状）に分裂する。

11a. 中国から東アジアおよび北米に分布する。花序は地面近くにつく（マイヅルテンナンショウと *A. dracontium* は例外）
·············· **9. ウラシマソウ節** *A.* sect. *Flagellarisaema*

11b. インド・ヒマラヤ地域に分布する。花序は地面から高く離れてつく
·············· **3. インドマムシグサ節** *A.* sect. *Tortuosa*

5b. 花序付属体は有柄（ただし，ヒマラヤテンナンショウ節のアフリカ産種の一部，テンナンショウ節の *A. auriculatum*，およびウンナンマムシグサ節の *A. sinii* では無柄）。

12a. 葉身は 3 小葉，掌状または鳥足状に分裂する。花序は葉より高くつき花序付属体は棒状（*A. auriculatum* では花序は葉より低くつき，花序付属体が無柄で糸状に細まる）。

13a. 雌花は紡錘形，稀に円柱形。植物体は緑色でほとんど斑がない。仏炎苞は緑色，時に紫色を帯びる。

14a. アジアに分布する。小葉は全縁。花序に退化花はない
·············· **1. ムカシマムシグサ節** *A.* sect. *Tenuipistillata*

14b. アフリカに分布する。小葉は細鋸歯縁または全縁。花序に退化花があるか，またはない ············· **4. ヒマラヤテンナンショウ節** *A.* sect. *Arisaema* の一部

13b. 雌花は円柱状。偽茎，葉柄や花序柄，仏炎苞は淡紫緑色で赤褐色や紫色などの斑が著しい············· **11. テンナンショウ節** *A.* sect. *Nepenthoidea*

Ⅱ. 世界のテンナンショウ属・節の分類

12b. 葉身は3小葉に分裂する。花序は葉より低くつく（*A. wilsonii* は例外）。

15a. 花序付属体の先は糸状となり，仏炎苞から外に伸びて垂れ下がる（*A. asperatum* および *A. burmanica* は例外）。下部は太く，多くは基部が明らかな盤状に広がって有柄。葯は著しく合着し，馬蹄形あるいは半月形に裂ける。果序は直立する
·················· **4. ヒマラヤテンナンショウ節** *A.* sect. *Arisaema* の一部

15b. 花序付属体は棒状で直立またはわずかに曲がり，先は円頭，基部は盤状に広がらず有柄（*A. sinii* のみ無柄で退化花を持つ）。葯は著しく合着せず，丸く，あるいは楕円形に裂開する。果序は垂下する
·················· **13. ウンナンマムシグサ節** *A.* sect. *Franchetiana*

🔵 Key to the sections of *Arisaema*

1a. Plant basically evergreen; underground stems rhizomatous, possibly branching, purplish inside; pseudostem absent or present; phyllotaxis spirodistichous (axillary buds or tuberlets arranged spirodistichously on tuber) ·················· **8. *A.* sect. *Anomala***

1b. Plant basically deciduous; underground stems tuberous and possibly producing tuberlets, or rarely rhizomatous, whitish inside; pseudostem present; phyllotaxis quincuncial (axillary buds or tuberlets arranged quincuncially on tuber) or spirodistichous

2a. Summer dormant; underground stems rhizomatous ·················· **12. *A.* sect. *Decipientia***

2b. Winter dormant or semi-evergreen (excepting *A. thunbergii* subsp. *autumnale*); underground stems tuberous or rarely rhizomatous

3a. Phyllotaxis spirodistichous

4a. Leaf trifoliolate or pedate; Spadix appendage stipitate ·················· **15. *A.* sect. *Pistillata***

4b. Leaf radiate (excepting *A. calcareum*); spadix appendage sessile or rarely stipitate (in the latter, pistill not spindle shaped) ·················· **14. *A.* sect. *Sinarisaema***

3b. Phyllotaxis quincuncial

5a. Spadix appendage sessile

6a. Spadix unisexual or rarely bisexual in mature individual, usually with neuter flowers (protuberances) at least in pistillate inflorescence

7a. Axillary buds solitary; leaf trifoliolate

8a. Spadix bisexual in mature individual, blush-like appendage long exerted from spathe and pendent ·················· **5. *A.* Sect. *Fimbriata***

8b. Spadix unisexual, appendage not exerted from spathe ·················· **7. *A.* sect. *Attenuata***

7b. Axillary buds accompanying accessory buds; leaf pedate ·················· **10. *A.* sect. *Clavata***

6b. Spadix unisexual or bisexual in mature individual, without neuter flowers (excepting diploids of *A. heterophyllum*)

66

9a. Spadix appendage subglobose, not exserted from spathe ·························· 2. *A.* sect. ***Dochafa***

　　9b. Spadix appendage gradually tapered to apex, usually filiform, exserted from spathe, recurved or sigmoidly curved

　　　　10a. Chromosome number 2n = 16, 24, 48; leaves trifoliolate, pedate or radiate: distribution in SW China. Or 2n=26; leaves trifoliolate and distribution from Myanmar throughout to Indochina peninsula (*A. prazeri*)·························· 6. *A.* sect. ***Odorata***

　　　　10b. Chromosome number multiple of X =13 or 14; leaves pedate or radiate

　　　　　　11a. Distribution in E Asia and N America; Inflorescence standing close to ground (excepting *A. heterophyllum* and *A. dracontium*)·················· 9. *A.* sect. ***Flagellarisaema***

　　　　　　11b. Distribution in Indo-Himalayan regions; Inflorescence standing apart from ground

　　　　　　·················· 3. *A.* sect. ***Tortuosa***

5b. Spadix appendage stipitate (excepting some African species of sect. *Arisaema* with radiate leaves, *A. auriculatum* and *A. sinii*)

　　12a. Leaf trifoliolate, pedate or palmate; inflorescence exceeding leaf blade; spadix appendage terete (in *A. auriculatum* inflorescence below leaf blade, and spadix appendage sessile and filiform)

　　　　13a. Pistil spindle shaped, rarely bottle shaped; plant body totally green, spathe sometimes purplish

　　　　　　14a. Distributed in Asia; leaflets entire; spadix without neuter flowers

　　　　　　·················· 1. *A.* sect. ***Tenuipistillata***

　　　　　　14b. Distributed in Africa; leaflets finely serrulate or entire; spadix with or without neuter flowers·················· 4. *A.* sect. ***Arisaema*** (in part)

　　　　13b. Pistil bottle shaped; plant body tinged with pale reddish green mottled with dark-purple excepting leaflets ·················· 11. *A.* sect. ***Nepenthoidea***

　　12b. Leaf trifoliolate; inflorescence below leaf blade (excepting *A. wilsonii*)

　　　　15a. Spadix appendage apex usually flagelliform, usually much exceeding spathe, pendulous (excepting *A. asperatum* and *A. burmaense*), lower part thick and base expanded into a stipitate disk; anthers dehiscing by hippocrepiform or lunate slits

　　　　　　·················· 4. *A.* sect. ***Arisaema*** (in part)

　　　　15b. Spadix appendage obclavate, nearly erect or slightly recurved, obtuse at apex and gradually narrowed at base into a stipe (excepting A. sinii with neuter flowers); anthers dehiscing by rounded or oblong pores ·················· 13. *A.* sect. ***Franchetiana***

Ⅱ. 世界のテンナンショウ属・節の分類

● 1. ムカシマムシグサ節　*Arisaema* sect. ***Tenuipistillata*** (Engl.) H. Hara in Univ. Mus. Univ. Tokyo Bull. 2: 346. (1971).

Arisaema [infragen. unranked] *Tenuipistillata* Engl. Pflanzenr. 73 (IV-23F): 195 (1920). Type: *A. jacquemontii* Blume (lectotype designated by Hara 1971).

Arisaema [sect. *Radiatisecta*] [infragen. unranked] (*§§b.) *Abyssinica* Schott, Prodr. Syst. Aroid.: 26 & 46 (1860). Type: Not designated.

　球茎を持つ夏緑性の多年草。葉序は5列縦生。偽茎は全高の約半分かそれより長い。葉身は放射状〜鳥足状に分裂する。花序は性転換後に雌性，稀に両性となる。花序付属体は有柄，上部は棒状で直立し円頭，または次第に細くなり，ときに前に曲がり，仏炎苞より短い。雌花（子房）は紡錘形でややまばらにつく。果序は直立する。

■分布：インド北部，ヒマラヤ地域，アフガニスタン，中国西部（チベット）。
■染色体数：2n=26, 52.
〔付記〕Renner et al.（2004）の分子系統解析以来，ヒマラヤ地域の *A. costatum*（ヒマラヤテンナン

図1　ムカシマムシグサ節 Sect. *Tenuipistillata*.　A: *Arisaema jacquemontii*（ヒマラヤ地域産），右上は紡錘形の雌花群．B: *A. souliei*（中国四川省産），左上は仏炎苞を開いた花序．

ショウ節）とアフリカに分布する放射状〜鳥足状の葉を持つ種類が単系統（姉妹群）となることが知られているが，形態的な特徴ではそのようにまとまらないので，邑田（2011）では紡錘形の雌花を共通の特徴として，アフリカ産の種類を便宜的にこの節に入れておいた。本書では系統関係を優先し，アフリカ産の種をヒマラヤテンナンショウ節に移した。

所属種 Species included：*A. jacquemontii* Blume, *A. souliei* Buchet, *A. wardii* Schott

2. キバナテンナンショウ節　*Arisaema* sect. *Dochafa* (Schott) H. Hara, in Univ. Mus. Univ. Tokyo Bull. 2: 344 (1971).

Dochafa Schott, Syn. Aroid.: 24 (1856). Type: *Dochafa flava* Schott (≡*A. flavum* (Forsk.) Schott).

Arisaema [sect. *Pedatisecta*] [infragen. unranked] (**§§a.) *Indo-arabica* Schott, Prodr. Syst. Aroid.: 26 & 39 (1860). Type: Not designated.

球茎を持つ夏緑性の多年草。葉序は5列縦生。偽茎は全高の半分ほどの長さ。葉身は鳥足状に分裂し，小葉はふつう7〜11枚，小葉間に葉軸が発達し，通常翼がある。花序は性転換後に両性となるか，最初から両性。花序は小さく，仏炎苞筒部の内側に蜜を分泌する。花序付属体は短く

図2-1　キバナテンナンショウ節 Sect. *Dochafa* (1). A〜C: *Arisaema flavum* subsp. *flavum*. 花序の外観（A）と内部（B）（中国雲南省産）．仏炎苞筒部の上端近くにある紫褐色の部分内側が横に連なる蜜腺になっている．Cはチベットでの野生状態（武　素功）．

II. 世界のテンナンショウ属・節の分類

図 2-2　キバナテンナンショウ節 Sect. *Dochafa*（2）．D・E: *Arisaema flavum* subsp. *abbreviatum*（ネパール産）．
F: *A. flavum* subsp. *flavum*（オマーン産）．

楕円状で無柄。雄花はほとんど無柄，雌花（子房）は円柱形で，いずれも密集する。果序は下垂する。
発芽第 1 葉の葉身は単葉で心形。
■分布：アフリカ東北部，アラビア半島，ヒマラヤ地域，アフガニスタン，チベット，中国西部。
■染色体数：2n=28, 56.
〔付記〕キバナテンナンショウ節はテンナンショウ属で最も小さい花序を持つこと，花序付属体が小さく楕円状であること，仏炎苞筒部の内側に蜜を分泌するなどの特徴がある。キバナテンナンショウ *A. flavum* は 3 つの亜種に分けられるが（Murata 1990a），チベット周辺に分布する subsp. *tibeticum* 以外は性転換せず，常に両性の花序をつける。

> 所属種 Species included：*Arisaema flavum* (Forsk.) Schott

🟢 3. インドマムシグサ節　***Arisaema* sect. *Tortuosa*** (Engl.) Nakai in Bot. Mag. (Tokyo) 43: 525. (1929); H. Hara in Univ. Mus. Univ. Tokyo Bull. 2: 344 (1971).

Arisaema [sect. *Pedatisecta*] [infragen. unranked] (**§a.) *Indica* Schott, Prodr. Syst. Aroid.: 26 & 35 (1860). Type: Not designated.

Arisaema [sect. *Radiatisecta*] [infragen. unranked] (*§a.) *Indica* Schott, Prodr. Syst. Aroid.: 26, in p. 42 'Indo-arabica' as an alternative name (1860). Type: Not designated.

Arisaema [infragen. unranked] *Tortuosa* Engl. Pflanzenr. 73 (IV-23F): 185 (1920). Type: *A. tortuosum*

図3　インドマムシグサ節 Sect. *Tortuosa*.　A: *Arisaema murrayi*（南インド産）．B: *A. sahyadricum*（南インド産），右下は両性の肉穂花序と付属体．C: *A. tortuosum*（ネパール産）．

(Wall.) Schott

　球茎を持つ夏緑性の多年草。葉序は5列縦生。偽茎は全高の半分より長い。葉身はやや放射状〜鳥足状に分裂し、小葉は多数。花序は性転換後に両性となるか、雌性。花序付属体は無柄で上部は鞭状に細まり、仏炎苞の外に伸び出すか、または細まるが仏炎苞より短い。雄花は有柄、雌花（子房）は円柱形〜円錐形で、いずれも密集する。果序は直立する。

■分布：南インド、インド・ヒマラヤ地域。
■染色体数：2n=26, 28, 56.

〔付記〕分子系統解析により伝統的な *Tortuosa* 節は地域的な3群に分かれることが明らかとなったので、中国から北米にかけて分布する2群をそれぞれ独立の節（ニオイマムシグサ節とウラシマソウ節）とし、インドマムシグサ節から除外している。インドマムシグサ節の分布域は2ヵ所に隔離しており、ヒマラヤ地域には *A. tortuosum* ただ1種が分布するが、南インドでは複雑な種分化が認められ、最近でも新分類群が発表されており（Punekar & Kumaran 2009）、分類はまだ不完全である。

> 所属種 Species included：*Arisaema jesthompsonii* Thiyagaraj & P. Daniel, *A. muricaudatum* Sivadasan, *A. murrayi* (Graham) Hook., *A. sahyadricum* S.R. Yadav, K.S. Patil & Bachulkar, *A. tortuosum* (Wall.) Schott

4. ヒマラヤテンナンショウ節　*Arisaema* sect. *Arisaema*　Type (= type of the genus, lectotype designated by Pfeiffer 1873): *A. speciosum* (Wall.) Mart. ex Schott

[*Arisaema* sect. *Trisecta* Schott, [Prodr. 25 & 27 (1860), nom. nud.] ex Engl. in DC., Monogr. Phan. 534 (1879), nom. inval. Superfl. Type (lectotype designated by H. Hara 1971): *A. speciosum* (Wall.) Mart. ex Schott]

Arisaema subsect. *Himalaiensia* Schott, Prodr. Syst. Aroid.: 25 & 27 (1860). Type (lectotype designated by Murata et al. 2013) : *Arisaema speciosum* (Wall.) Mart. ex Schott.

[*Arisaema* sect. *Speciosa* Engl. Pflanzenr. 73 (IV-23F): 151 & 193 (1920), nom. inval. superfl.　Type: *A. speciosum* (Wall.) Mart. ex Schott.]

Arisaema [infragen. unranked] *Wallichiana* Engl. Pflanzenr. 73 (IV-23F): 151 & 211 (1920). Type: *A. wallichianum* Hook. f.

Arisaema [infragen. unranked] *Lunata* Engl. Pflanzenr. 73 (IV-23F): 151 & 215 (1920). Type (lectotype designated by Murata et al. 2013) : *A. costatum* (Wall.) Schott.

図 4-1　ヒマラヤテンナンショウ節（アジア産種 1）Sect. *Arisaema* (Asian species 1).　A・B: *Arisaema costatum*（大橋広好：ネパール）．C～E: *A. lingyunense*（渡邉加奈：ミャンマー 2002/6/5）．

🌿 テンナンショウ属・節の検索と解説

図 4-2　ヒマラヤテンナンショウ節（アジア産種 2）Sect. *Arisaema* (Asian species 2)．F・G: *Arisaema elephas*（中国雲南省）．H〜J: *A. galeatum*（ネパール産），J は雄花序．K: *A. griffithii*（大橋広好：ネパール）．

　（アジア産種の記載）球茎を持つ夏緑性の多年草（例外として *A. speciosum* と *A. dahaiense* は明らかな円柱形の根茎を持つ）。葉序は 5 列縦生。偽茎は全高の半分より短い。葉柄は通常偽茎や花序柄よりはるかに長く，葉身は 3 小葉に分裂し，全縁で，しばしば緑色でない縁取りがある（図4-2K）。花序は性転換後に雌性となる。花序付属体は有柄でその上が急に太く，しばしば盤状となり，そこから上は鞭状から糸状に細まり，仏炎苞の外に長く伸び出すか，まれに仏炎苞より短い。雄花は有柄，葯は複雑に合着する。雌花（子房）は円柱形または円錐形で，内部にゼリー状物質がある。いずれも密集する。果序は直立する。

　（アフリカ産種の記載）球茎を持つ夏緑性の多年草。葉序は 5 列縦生。偽茎は全高の半分程度。

II. 世界のテンナンショウ属・節の分類

図4-3　ヒマラヤテンナンショウ節（アジア産種3）Sect. Arisaema (Asian species 3). L・M: *Arisaema handelii*（中国雲南省）. N: *A. intermedium*（大橋広好：ネパール）. O: *A. speciosum*（大橋広好：ネパール）. P: *A. utile*（大橋広好：ネパール）. Q: *A. wilsonii*（中国雲南省）.

葉柄や花序柄は長い。葉身は放射状に分裂するか，鳥足状となる場合は葉軸が発達せず時に翼があり，小葉は5～多数でしばしば細鋸歯がある。花序は性転換後に雌性または両性となるが不安定。花序付属体はほぼ有柄，柄部に退化花をつけるものもあり，上部は棒状で直立し円頭，仏炎苞より短い。雌花（子房）は紡錘形で通常ややまばらにつく。果序は直立する。
■分布：インド・ヒマラヤ地域，チベット，中国，インド北部，アフリカ東北部。
■染色体数：2n=20, 26, 28, 56.
〔付記〕アジア産種は中国からヒマラヤ地域の高所に広く分布し，ヒマラヤ地域で多様化している。学名はsect. *Trisecta* とされていたが，テンナンショウ属のタイプ種がこの節に含まれる *A. speciosum* であることが認められたため，sect. *Arisaema* に変更になった（sect. *Trisecta* は不要名となった）。しかし所属種は従来と変わっていない。Renner et al.（2004）の分子系統解析により，ヒ

テンナンショウ属・節の検索と解説

図 4-4　ヒマラヤテンナンショウ節（アフリカ産種）Sect. *Arisaema* (African species). R～X: テンナンショウ節の *A. costatum* と姉妹群になることが示されている *A. schimperianum* (R) を含むアフリカ産の種類（藤本武氏のエチオピアコレクションによる）．葉が放射状となることでは共通しているが，葉縁の形状，仏炎苞の形状，性転換後の花序の性表現，雌花の形状などが非常に多型であり，同定が困難である．

マラヤ地域の *A. costatum* とアフリカに分布する放射状～鳥足状の葉を持つ種類が単系統（姉妹群）となることが示され，Ohi-Toma et al.(2016) でも再確認された。本書ではその結果に基づき，アフリカ産種をヒマラヤテンナンショウ節に移した。しかし，アジア産種と，ムカシマムシグサ節との共通点が多いアフリカ産種の間では，形態が大きく異なるため，記載を上記のように二つに分けることとした。アフリカ産のものは変異が大きく，分類はまだ不十分であると考えられる。

> 所属種 Species included：（アジア産の種 Species in Asia）*Arisaema asperatum* N.E. Br., *A. bonatianum* Engl., *A. burmaense* P.C. Boyce & H. Li, *A. costatum* (Wall.) Mart. ex Schott, *A. dahaiense* H. Li, *A. elephas* Buchet, *A. galeatum* N.E. Br., *A. gracilentum* Brugg., *A. griffithii* Schott, *A. handelii* Stapf ex Hand.-Mazz., *A. intermedium* Blume, *A. lingyunense* H. Li, *A. ostiolatum* H. Hara, *A. parvum* N.E. Br., *A. pianmaense* H. Li, *A. propinquum* Schott, *A. speciosum* (Wall.) Mart. ex Schott, *A. tengtsungense* H. Li, *A. utile* Hook. f. ex Schott, *A. vexillatum* H. Hara

75

& H. Ohashi, *A. wilsonii* Engl.（アフリカ産の種 Species in Africa）*Arisaema addis-ababense* Chiovenda, *A. bottae* Schott, *A. ennaphyllum* Hochst. ex A. Rich., *A. mildbraedii* Engl., *A. mooneyanum* Gilbert & Mayo, *A. ruwenzoricum* N.E. Br., *A. schimperianum* Schott, *A. somalense* Gilbert & Mayo, *A. ulugurense* Gilbert & Mayo.

● 5. ナガボテンナンショウ節
Arisaema* sect. *Fimbriata (Engl.) H. Li, Fl. Reipubl. Popul. Sin. 13 (2): 123 (1979).

Arisaema [infragen. unranked] *Fimbriata* Engl., Pflanzenr. (Engler) IV 23F (Heft73): 151 (1920). Type: *A. fimbriatum* Mast.

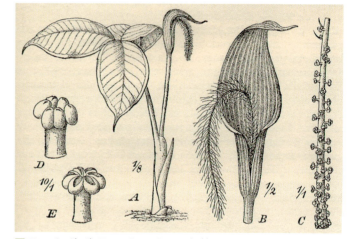

図 5　ナガボテンナンショウ節 Sect. *Fimbriata*：*Arisaema fimbriatum*（Engler 1920 より）．

球茎を持つ夏緑性の多年草。葉序は5列縦生。偽茎は全高の約半分ぐらい。葉身は3小葉に分裂する。花序は性転換後に両性となる。花序付属体は無柄で長く鞭状に伸び，仏炎苞外の全長にわたり毛髪状の退化花をつけてブラシ状となり垂れ下がる。雄花は有柄でまばらにつき，雌花（子房）は円柱形で密集する。果序は直立する。

■分布：マレー半島（マレーシア，タイ）

〔付記〕*Arisaema fimbriatum* からなる単型節で，マレー半島の石灰岩地にのみ分布する。フデボテンナンショウ節とミナミマムシグサ節の中間的な特徴を備えており，分子系統解析においても両者のどちらかの基部から分岐するが安定した結果が得られていない。

所属種 Species included：*Arisaema fimbriatum* Mast.

● 6. ニオイマムシグサ節　***Arisaema* sect. *Odorata*** J. Murata [*Arisaema* in Japan: 58 (2011), nom. nud. descr. jap.] ex J. Murata, in J. Jpn. Bot. 88: 43 (2013). Type: *A. odoratum* J. Murata & S.G. Wu

球茎を持つ夏緑性の多年草。葉序は5列縦生。偽茎は通常全高の約半分か，より短い。葉身は3小葉，または放射状～鳥足状に分裂する。花序は性転換後に両性となるか，雌性。花序付属体は無柄で上部は鞭状に細まり，仏炎苞の外に短くあるいは長く伸び出して，通常は垂下する。雄花は有柄，雌花（子房）は円柱形で，いずれも密集する。果序は直立する。

■分布：中国西部および周辺地域。

テンナンショウ属・節の検索と解説

図6　ニオイマムシグサ節 Sect. *Odorata*.　A: *Arisaema aridum*.　B: *A. lidaense*（中国雲南省産）.　C: *A. mairei*（中国四川省産）.　D: *A. odoratum*.　E: *A. prazeri*（渡邉加奈：ミャンマー）.　F〜H: *A. quinquelobatum*.　I・J: *A. saxatile*（= *A. bathycoleum*）.　K・L: *A. yunnanense*.（B・C・E を除き中国雲南省）

77

■染色体数：2n=16, 22, 24, 26, 48.

〔付記〕この節の種は従来インドマムシグサ節に含められていたが，分子系統解析により独立の群であることが明らかになった。ミャンマーからタイまで広く分布している *A. prazeri* を除けば雲南省西北部およびその隣接地域に分布が限られている。また，染色体数が節内で段階的に少なくなっていることが特徴で，*A. aridum* の 2n = 16 は属内最小である。

> 所属種 Species included：*Arisaema aridum* H. Li, *A. lidaense* J. Murata & S.G. Wu, *A. mairei* H. Lév., *A. odoratum* J. Murata & S.G. Wu, *A. prazeri* Hook. f., *A. quinquelobatum* H. Li & J. Murata, *A. saxatile* Buchet (*A. bathycoleum* Hand.-Mazz.), *A. yunnanense* Buchet

7. ミナミマムシグサ節　*Arisaema* sect. *Attenuata* (Engl.) H. Li, Fl. Reipubl. Popul. Sin. 13 (2): 127 (1979).

Arisaema [infragen. unranked] *Attenuata* Engl., Pflanzenr. 73 (IV-23F): 155 (1920). Type (lectotype designated by H. Hara 1971): *A. laminatum* Blume

Arisaema [sect. *Trisecta*] [infragen. unranked] (d.) *Sundaica* Schott, Prodr. Syst. Aroid.: 25 & 33 (1860). Type: Not designated.

Arisaema sect. *Fimbriata* [infragen. unranked] *Barbata* Engl., Pflanzenr. 73 (IV-23F): 150 & 162 (1920). Type: *A. barbatum* Buchet

球茎を持つ夏緑性の多年草。葉序は5列縦生。偽茎は全高の約半分か，より短い。葉身は3小葉に分裂する。花序は性転換後に雌性となる。花序付属体は無柄で，細棒状または先が鞭状に細まり，仏炎苞より短く，通常はその一部または全長にわたり角状〜毛髪状の退化花をつける。雄

図7-1　ミナミマムシグサ節 Sect. *Attenuata* (1).　A: *Arisaema inclusum*（ジャワ島）.　B: *A. roxburghii*.

図 7-2　ミナミマムシグサ節 Sect. *Attenuata*（2）．C〜E: *Arisaema laminatum*，栽培品（A）と南カリマンタンの自生株（D・E）．

花は有柄，雌花（子房）は円柱形で，いずれも密集する．果序は直立する．

■分布：中国，台湾，東南アジア（マレシア地域），北インド．

■染色体数：2n=24．

〔付記〕熱帯〜亜熱帯に分布し，しばしば石灰岩地に生える．この節は以前，フデボテンナンショウ節とナガボテンナンショウ節とひとつになって *Fimbriata* 節とされており，和名はフデボテンナンショウ節と呼ばれていた．しかし Gusman & Gusman（2002, 2006）が新たに *Anomala* 節を認めて，この節と狭義の *Fimbriata* 節（しかし，Hara（1971）が，狭義の *Fimbriata* 節より先に設立された *Attenuata* 節のレクトタイプに *A. laminatum* を選んでいるため，このまとまりには *Attenuata* 節を適用するのが正しい）の2つに分けた．その結果，フデボテンナンショウ *A. grapsospadix* が *Anomala* 節に所属したため，*Anomala* 節の和名をフデボテンナンショウ節とし，狭義の *Fimbriata* 節すなわち *Attenuata* 節の和名をミナミマムシグサ節とした（邑田 2011）．本書では，*Attenuata* 節をさらに2つに分け，分子系統解析の結果において独立性の高い *Arisaema fimbriatum* 1種からなる *Fimbriata* 節（ナガボテンナンショウ節とする）と，それ以外の種からなる *Attenuata* 節を認めている．*Attenuata* 節は形態的分化がそれほど大きくはないが類似の種が多数発表されており，分類学的に未解決な点が多い節である．

> 所属種 Species included：*Arisaema album* N.E.Br., *A. austroyunnanense* H. Li, *A. brinchangense* Y.W. Low, Scherberich & Gusman, *A. chauvanminhii* Luu, Q.D.Nguyen & N.L.Vu, *A. harmandii* Engl., *A. honbaense* Luu, Tich, G.Tran & V.D.Nguyen, *A. inclusum* N.E. Br., *A. kunstleri* Hook. f., *A. laminatum* Blume, *A. matsudae* Hayata, *A. microspadix* Engl., *A. nonghinense* Klinrat. & Yannawat, *A. pallidum* Engl., *A. penicillatum* N.E. Brown, *A. ramurosum* V.A.V.R., *A. roxburghii* Kunth, *A. siamicum* Gagnep., *A. sootepense* Craib, *A. treubii* Engl.

Ⅱ. 世界のテンナンショウ属・節の分類

● 8. フデボテンナンショウ節　*Arisaema* sect. *Anomala* Gusman & L. Gusman in Aroideana 26: 40 (2003). Type: *A. anomalum* Hemsl.

Arisaema subg. *Koryphephore* Miq., Fl. Nederl. Ind. 3 (2): 220 (1856); Schott, Prodr. Syst. Aroid. 56 (1860), 'Coryphephore'. Type: *A. ornatum* Miq.

図 8-1　フデボテンナンショウ節 Sect. Anomala (1). A: *Arisaema balansae*（ベトナム産）. B〜D: *A. bannaense*（中国雲南省），C は花序の性表現の変異を示す. E: *A. filiforme*（南カリマンタン）. F: *A. filiforme*（ジャワ島産）.

テンナンショウ属・節の検索と解説

図 8-2　フデボテンナンショウ節 Sect. *Anomala* (2). G・H: フデボテンナンショウ *A. grapsospadix*（台湾産），G は地下茎でつながっている 1 株で，左側に倒れているのは前のシーズンの地上部，H は両性花序. I: 果実期のフデボテンナンショウ *A. grapsospadix*（台湾）. J・K: *A. hainanense*（中国海南島産），花序は性転換後に雌性となる(K). L・M: *A. lihengianum*（中国雲南省産），花序は性転換後に両性となる(M).

常緑性の多年草。根茎は通常内部が赤紫色をおび，枝分かれする。葉序は 2 列斜生。普通葉は花序に近くついて偽茎を形成し，その腋芽に副芽を持たないか，または花序から離れてついて偽茎を形成せず（この場合，花序柄は直接，鞘状葉に囲まれる），普通葉の腋芽に副芽を伴う。葉身は 3 小葉に分裂するか，または鳥足状に分裂する場合にはすべての小葉に小葉柄が発達する（図 12 のユキミテンナンショウ節と同様）。花序は性転換後に両性となるかまたは雌性。花序付属体は無柄で細棒状，または先が鞭状～糸状に細まり，仏炎苞の外に伸び出すか，または仏炎苞より短く，通常はその一部または全長にわたって，角状～毛髪状の退化花をつける。雄花は有柄，雌花（子房）は円柱形～円錐形で，いずれも密集する。果序は直立し，円錐状の子房に由来した果実は先が尖る。

81

II. 世界のテンナンショウ属・節の分類

図8-3 フデボテンナンショウ節 Sect. *Anomala* (3). N・O: *Arisaema menghaiense*, 根茎内部(O)は紫色となる. P: *A. petelotii*. Q: *A. pingbianense*. R〜T: *A. rubrirhizomatum*, 常緑性であり，前シーズンの展開している葉と, これから展開する葉と花序を同時に見ることができる(R)．（中国雲南省，Pのみ栽培品）

■分布：アジアの熱帯・亜熱帯域に広く分布する．
■染色体数：2n=28, 30.

〔付記〕マレシア地域から，西は北インド，北は台湾まで，熱帯・亜熱帯域に広く分布する．常緑性であること，地下茎の内部が紫色を帯びること，発芽第1葉が鞘状葉で，ほぼ同時に葉身のある第2葉が出ることなど，他の群にない特徴を多く備えている．

> 所属種 Species included：*Arisaema anomalum* Hemsl., *A. balansae* Engl., *A. bannaense* H. Li, *A. brinchangense* Y.W.Low, Scherber. & Gusman, *A. chumponense* Gagnep., *A. claviforme* Brugg., J.Ponert, Rybková & Vuong, *A. filiforme* (Reinw.) Blume, *A. garetii* Gagnep., *A. grapsospadix* Hayata, *A. hainanense* C.Y. Wu & H. Li et al., *A. hippocaudatum* S.C. Chen & H. Li, *A. langbiangense* Luu, Nguyen-Phi & H.T.Van, *A. lihengianum* J. Murata & S.G. Wu, *A. menglaense* Y.H. Ji, H. Li & Z.F. Xu, *A. pattaniense* Gagnep., *A. petelotii* K. Krause, *A. petiolulatum* Hook. f., *A. pingbianense* H. Li, *A. rubrirhizomatum* H. Li & J. Murata, *A. scortechinii* Hook. f., *A. tsangpoense* J.T. Yin & Gusman, *A. umbrinum* Ridlay, *A. wrayi* Hemsl.

9. ウラシマソウ節　*Arisaema* sect. *Flagellarisaema* (Nakai) H. Hara in Univ. Mus. Univ. Tokyo Bull. 2: 326 (1971).

Arisaema (sect. *Pedatisecta*) [infragen. unranked] (** § b.) *Japonica* Schott, Prodr. Syst. Aroid.: 26 & 38 (1860). Type: *A. thunbergii* Blume.

Arisaema [sect. *Pedatisecta*] [unranked] (** § c.) *Boreali-americana* Schott, Prodr. Syst. Aroid.: 26 & 38 (1860). Type: Not designated.

Muricauda Small, Fl. S.-E. U.S. 227 (1903). Type: *Muricauda dracontium* (L.) Small (≡*Arum dracontium* L.)

Flagellarisaema Nakai in J. Jap. Bot. 25: 6 (1950). Type: *Flagellarisaema thunbergii* (Blume) Nakai (≡*A. thunbergii* Blume)

Heteroarisaema Nakai in J. Jap. Bot. 25: 6 (1950). Type: *Heteroarisaema heterophyllum* (Blume) Nakai (≡*A. heterophyllum* Blume)

球茎を持つ夏緑性の多年草。葉序は5列縦生。偽茎は通常全高の半分より長いか，または短い。葉身はやや放射状〜鳥足状に分裂する。花序は性転換後に雌性となるか，両性。花序付属体は無

図9　ウラシマソウ節 Sect. *Flagellarisaema*. A: *Arisaema dracontium*（北米産）. B: *A. heterophyllum*（中国四川省）.

83

柄で上部は鞭状に細まり，仏炎苞の外に伸び出して，通常は直立し，その先が長く垂れるものもある．雄花は有柄，雌花（子房）は円柱形で，いずれも密集する．果序は直立する．
■分布：中国，台湾，朝鮮半島，日本，アメリカ合衆国，メキシコ．
■染色体数：2n=28, 42, 56, 84, 168.

〔付記〕マイヅルテンナンショウ *A. heterophyllum* など，この節の種類の一部は従来，*Tortuosa* 節に含まれていたが，分子系統解析の結果，ウラシマソウなどに近縁であることが明らかとなった．しかし，形態的なまとまりははっきりしていない．一般に春に成長を始めるが，ナンゴクウラシマソウの亜種とされるタイワンウラシマソウは秋咲きである．

> 所属種 Species included (*Species in Japan)：*Arisaema cordatum* N.E. Br., *A. dracontium* (L.) Schott, **A. heterophyllum* Blume マイヅルテンナンショウ, **A. kiushianum* Makino ヒメウラシマソウ, *A. macrospathum* Benth., **A. thunbergii* Blume ナンゴクウラシマソウ

● 10. アマミテンナンショウ節　*Arisaema* sect. *Clavata* (Engl.) H. Ohashi & J. Murata in J. Fac. Sci. Univ. Tokyo sect. 3, Bot. 12: 238 (1980).

Arisaema [infragen. unranked] *Clavata* Engl., Pflranzenr. 73 (IV-23F): 171 (1920). Type: *A. clavatum* Engl.

球茎を持つ夏緑性の多年草．葉序は5列縦生．横並びの副芽列を生じる．偽茎は通常全高の半分程度．葉身は放射状に分裂する．花序は性転換後に雌性となる．花序付属体は無柄で下部に角状の退化花をつけ，上部は棒状で直立，または上部が前に曲がるか，鞭状に細まり，仏炎苞の外にやや伸び出す．雄花は有柄，雌花（子房）は円柱形で，いずれも密集する．果序は直立する．

図10-1　アマミテンナンショウ節 Sect. *Clavata*．A〜C: *Arisaema clavatum*（中国四川省），雌花序（Bの左側2本）では角状の退化花が発達する．

テンナンショウ属・節の検索と解説

図 10-2　アマミテンナンショウ節 Sect. *Clavata*.　D・E: *Arisaema ilanense*（台湾），花序付属体の先が不定形に肥大して仏炎苞の外に伸び出す．

■分布：日本，台湾，中国．
■染色体数：$2n=28$．
〔付記〕腋芽に横並びの副芽を生じることで独特な群である．花序付属体の基部（特に雌花序の場合）に角状の退化花があることは共通であるが，先端の形は多様である．

> 所属種 Species included (*Species in Japan)：*Arisaema clavatum* Buchet, **A. heterocephalum* Koidz. アマミテンナンショウ, *A. hunanense* Hand.-Mazz., *A. ilanense* J.C. Wang, **A. negishii* Makino シマテンナンショウ, *A. silvestrii* Pamp.

11. テンナンショウ節　*Arisaema* sect. *Nepenthoidea* (Engl.) Gusman & L. Gusman [Gen. *Arisaema* 61 (2002), comb. nud.] ex J. Murata, *Arisaema* in Japan: 63 (2011).

Arisaema [infragen. unranked] *Nepenthoidea* Engl., Pflanzenr. 73(IV-23F): 208 (1920). Type: *A. nepenthoides* (Wall.) Mart. ex Schott.

Arisaema [infragen. unranked] *Auriculata* Engl., Pflanzenr. 73(IV-23F): 163 (1920). Type: *A. auriculatum* Buchet

球茎を持つ夏緑性の多年草．葉序は 5 列縦生．腋芽は走出枝となるか，またはならない．偽茎は全高の約半分より短いかまたは長い．葉柄は通常偽茎より長く，葉身は 3 小葉またはやや放射状～鳥足状に分裂する．花序は性転換後に雌性となる．花序付属体は有柄で棒状，希にほぼ無柄

Ⅱ. 世界のテンナンショウ属・節の分類

図11　テンナンショウ節 Sect. *Nepenthoidea*. A: *Arisaema auriculatum*（中国四川省）. B: *A. nepenthoides*（ネパール産）. C: *A. wattii*（ミャンマー）.

で鞭状となり仏炎苞の外に伸び出す。雄花は有柄。雌花（子房）は円柱形で，いずれも密集する。果序は直立する。

■分布：ヒマラヤ地域，チベット，中国西部。

■染色体数：2n=28.

〔付記〕Hara（1971）が *A. nepenthoides* をテンナンショウ属のタイプに選んだので，*A. nepenthoides* を含むこの節の学名は自動的に sect. *Arisaema* となり，これに対してテンナンショウ節という和名をつけた（邑田 1988）。しかし，後になって属のタイプが *A. speciosum* と認められたため，sect. *Arisaema* は *A. speciosum* を含むヒマラヤテンナンショウ節の学名となり，テンナンショウ節の学名が変更となった。本書では形態的に非常にまとまっている *A. nepenthoides*, *A. meleagris*（Gusman & Gusman [2006] の指摘にもあるように，*A. shimienense* と同一種と考える），*A. wattii* の3種のほか，花序付属体が糸状に伸びることにより従来はインドマムシグサ節などに含められていた *A. auriculatum* をテンナンショウ節に含めている。分子系統解析の結果ではテンナンショウ節が単系統となっていないが，*A. auriculatum* を除く3種がきわめて似ていることと，*A. auriculatum* と *A. meleagris* が姉妹群となることを考慮してひとつにまとめた。

所属種 Species included：*Arisaema auriculatum* Buchet, *A. meleagris* Buchet, *A. nepenthoides* (Wall.) Mart. ex Schott, *A. wattii* Hook. f.

12. ユキミテンナンショウ節　*Arisaema* sect. *Decipientia* (Engl.) H. Li in C.Y. Wu & H. Li, Fl. Reipubl. Popularis Sin. 13(2): 166. (1979).

Arisaema [infragen. unranked] *Decipientia* Engl., Pflanzenr. 73(IV-23F): 195 (1920). Type: *A. decipiens* Schott

円柱状で分枝する根茎をもつ冬緑性の多年草で秋咲き。葉序は5列縦生。偽茎は通常全高の半分程度。葉身は放射状に分裂し，外側の小葉にも小葉柄が発達する。花序は性転換後に雌性となる。花序付属体は有柄，太棒状で直立し，頂部は円錐状に狭まり，鈍頭で，縦筋およびトゲ状の凹凸がある。雄花は有柄，雌花（子房）は円柱形で，いずれも密集する。果序は直立する。
■分布：北インド，中国。
■染色体数：2n=28。

図12　ユキミテンナンショウ節 Sect. *Decipientia*. 開花期の *Arisaema decipiens*（中国雲南省）で，中央の株では楕円状の地下茎が露出して見えている．花序付属体の基部は有柄（右下），全ての小葉の柄が発達することはフデボテンナンショウ節の鳥足状葉に似ている（左下）.

所属種 Species included：*Arisaema decipiens* Schott

13. ウンナンマムシグサ節　*Arisaema* sect. *Franchetiana* (Engl.) H. Hara, Univ. Mus. Univ. Tokyo Bull. 2: 326 (1971).

Arisaema [infragen. unranked] *Franchetiana* Engl., Pflanzenr. 73(IV-23F): 184 (1920). Type: *A. franchetianum* Engl.

球茎を持つ夏緑性の多年草。葉序は5列縦生。偽茎は全高の半分より短い。葉柄は通常偽茎よりはるかに長く，葉身は3小葉に分裂する。花序は性転換後に雌性となる。花序付属体は有柄で棒状（*A. sinii* では無柄で基部に退化花の突起がつく），しばしば前に曲がるが仏炎苞の外に伸び出さない。雄花は有柄。雌花（子房）は円柱形で，内部にゼリー状物質がある。いずれも密集する。果序は下垂する。

Ⅱ. 世界のテンナンショウ属・節の分類

図 13 ウンナンマムシグサ節 Sect. Franchetiana. A・B: *Arisaema fargesii*. C: *A. franchetianum*. D: 白い仏炎苞をつける *A. candidissimum*（右）と，*A. franchetianum* と *A. candidissimum* の推定雑種（左）（以上中国雲南省）. E～G: *A. sinii*. 雌花序の付属体の基部には退化花がある（F）. 果実は下を向く（G）（E・F は中国湖北省，G は中国雲南省）.

■分布：中国。
■染色体数：2n=28, 56.

〔付記〕ウンナンマムシグサ節とテンナンショウ節の一部は地下茎の形状がよく似ている。これらは形態的にヒマラヤテンナンショウ節とマムシグサ節の中間に位置する。*A. sinii* の花序付属体には退化花があり，他の種と異質であるが，分子系統解析の結果に従ってこの節に含めた。

> 所属種 Species included：*A. candidissimum* W.W. Smith, *A. fargesii* Buchet, *A. franchetianum* Engl., *A. lichiangense* W.W. Smith, *A. sinii* K. Krause

14. クルマバテンナンショウ節　*Arisaema* sect. *Sinarisaema* Nakai, J. Jap. Bot. 25(1): 6. 1950. Type: *A. formosanum* Hayata

[*Arisaema* sect. *Radiatisecta* Schott, Prodr. Syst. Aroid.: 26 & 42 (1860), nom. nud.]

Arisaema [sect. *Radiatisecta*] [unranked] (*§§a.) *Indica* Schott, Prodr. Syst. Aroid.: 26 & 44 (1860). Type: Not designated.

[*Arisaema* sect. *Peltatisecta* Schott, Prodr. Syst. Aroid.: 27 & 48 (1860), nom. nud.]

Arisaema [infragen. unranked] *Radiatisecta* Engl. in DC. Monogr. Phan.: 550 (1879). Type: Not designated.

Arisaema sect. *Exappendiculata* H. Hara in Univ. Mus. Univ. Tokyo Bull. 2: 353, (1971). Type: *A. exappendiculatum* Hara.

Arisaema subsect. *Exappendiculata* (H. Hara) J. Murata, J. Fac. Sci. Univ. Tokyo. Sect. 3, Bot. 13: 475 (1984).

図 14-1　クルマバテンナンショウ節 Sect. *Sinarisaema*（1）．A・B: *Arisaema calcareum*（中国雲南省）．C・D: *A. costatum*（ネパール産）．

II. 世界のテンナンショウ属・節の分類

図14-2 クルマバテンナンショウ節 Sect. *Sinarisaema*（2）．E〜K: *Arisaema consanguineum*（A は中国四川省，他は中国雲南省），葉や花序の形状が非常に多型である．

　球茎（ごく希に根茎）を持つ夏緑性の多年草。葉序は2列斜生。偽茎は通常全高の半分より長い。葉柄は通常偽茎より短く，または長く，葉身は放射状，ごく希に3小葉に分裂する。花序は性転換後に雌性となる。花序付属体は無柄で棒状，通常直立し，多くは基部に角状の退化花がある（*A. exappendiculatum* では付属体が著しく退化する）。雄花は有柄，雌花（子房）は円柱形で，いずれも密集する。果序は直立，ときに垂下する。
■分布：ヒマラヤ地域，中国，台湾，フィリピン，インドシナ半島，インド，セイロン。
■染色体数：2n=28, 30, 56。
〔付記〕この節は従来から放射状の葉を持つことでひとつにまとめられていた。最近になって地下茎が根茎である *A. muratae* が発見され，また分子系統解析の結果から，葉が3小葉に分裂する *A. calcareum*（= *A. jinshajianense*）がこの群にまとまることが明らかとなった。*A. calcareum* は染色体数が 2n=30 である点でも特異である。クルマバテンナンショウ節とマムシグサ節との形態の共通点は少ないが，葉序が2列斜生であることは共通であり，分子系統解析で互いに最も近縁であることと合致している。

テンナンショウ属・節の検索と解説

図 14-3　クルマバテンナンショウ節 Sect. *Sinarisaema* (3). L: *Arisaema consanguineum* (= *A. formosanum*, 台湾). M〜O: *A. echinoides* (中国雲南省), 地下茎から送出枝(O)を出す. P: *A. exappendiculatum* (ネパール産), 仏炎苞は舷部も巻いており平開しない. Q: *A. linearifolium* (中国雲南省). R: *A. polyphyllum* (フィリピン産). S: *A. sukotaiense* (中国雲南省). T: *A. taiwanense* var. *taiwanense* (台湾).

> 所属種 Species included：*Arisaema barnesii* C.E.C. Fisch., *A. calcareum* H. Li, *A. ciliatum* H. Li, *A. concinnum* Schott, *A. consanguineum* Schott, *A. constrictum* E. Barnes. *A. echinatum* (Wall.) Schott, *A. echinoides* H. Li, *A. erubescens* (Wall.) Schott, *A. exappendiculatum* H. Hara, *A. fraternum* Schott, *A. jingdongense* H. Peng & H. Li, *A. kerrii* Craib, *A. leschenaultii* Blume, *A. linearifolium* Gusman & J.T.Yin, *A. madhuanum* Nampy & Manudev, *A. muratae* Gusman & J.T. Yin, *A. peerumedense* J.Mathew, *A. polyphyllum* (Blanco) Merr., *A. psittacus* E. Barnes, *A. saracenioides* E. Barnes & C.E.C. Fisch., *A. sukotaiense* Gagnep., *A. taiwanense* J. Murata, *A. translucens* C.E.C. Fisch., *A. tuberculatum* C.E.C. Fisch., *A. wangmoense* M.T.An, H.H.Zhang & Q.Lin, *A. zhui* H. Li

⬤ 15. マムシグサ節　*Arisaema* sect. *Pistillata* (Engl.) Nakai in Bot. Mag. (Tokyo) 43: 525 (1929); Nakai in J. Jap. Bot. 25(1) : 6 (1950).

Arisaema subsect. *Japonica* Schott, Prodr. Syst. Aroid.: 25 & 31 (1860). Type (lectotype designated by Murata et al. 2013): *A. ringens* Schott.

Arisaema [sect. *Trisecta*] [unranked] (c.) *Boreali-americana* Schott, Prodr. Syst. Aroid.: 25 ʻ*Borealia Americana*ʼ & 32 (1860), p.p. Type (lectotype designated by Murata et al. 2013): *A. atrorubens* Blume.

Arisaema [sect. *Pedatisecta*] [unranked] (**§§b.) *Japonica* Schott, Prodr. Syst. Aroid.: 26 & 40 (1860). Type: Not designated.

Arisaema [sect. *Pedatisecta*][unranked] (**§§c.) *Boreali-americana* Schott, Prodr. Syst. Aroid.: 26 & 41 (1860). Type: *A. quinatum* Schott.

[*Arisaema* sect. *Pedatisecta* Schott Prodr. Syst. Aroid. 34 (1869), nom. nud.]

Arisaema [unranked] *Pedatisecta* Engl., Monogr. Phan. (A. DC. & C. DC.) 2: 541 (1879). Type (lectotype designated by Murata 1991): *A. japonicum* Blume.

Arisaema [unranked] *Pistillata* Engl., Pflanzenr. 73(IV-23F): 199 (1920). Type (lectotype designated by Nakai 1950): *A. serratum* (Thunb.) Schott （Hara が 1971 年に選んだ *A. triphyllum* は不適）

Arisaema [unranked] *Ringentia* Engl., Pflanzenr. 73(IV-23F): 209 (1920). Type: *A. ringens* Schott.

Arisaema sect. *Ringentia* (Engl.) Nakai, Bot. Mag. (Tokyo) 43: 526 (1929).

Ringentiarum Nakai, J. Jap. Bot. 25: 6 (1950). Type: *A. ringens* Schott.

Arisaema sect. *Colocasiarum* Nakai, J. Jap. Bot. 25: 6 (1950). Type: *A. ternatipartitum* Makino.

Arisaema sect. *Pedatisecta* (Engl.) J. Murata in Kew Bull. 46: 127 (1991).

Arisaema sect. *Lobata* Gusman & L. Gusman, [Gen. *Arisaema*: 215 (2002), nom. nud.] ex Gusman & L. Gusman, Gen. *Arisaema*, ed. 2: 260 (259) (2006). Type: *Arisaema lobatum* Engl.

　球茎を持つ夏緑性の多年草。葉序は 2 列斜生。偽茎は短くまたは長く，葉柄は明らか，葉身は 3 小葉〜鳥足状に分裂する。花序は性転換後に雌性となる。花序付属体は有柄で棒状，先はしば

テンナンショウ属・節の検索と解説

図15　マムシグサ節 Sect. *Pistillata*．A・B: *Arisaema amurense*，A は韓国済州島，B はロシア・ウラジオストク産．C・D: *A. bockii*（中国湖北省産），仏炎苞の色は緑と紫褐色がある．E・F: *A. lobatum*，E は中国四川省，F は中国雲南省で下向きの果実を示す．G: *A. triphyllum*（北米産）．

しば前に曲がるが仏炎苞の外に伸び出さない．雄花は有柄．雌花（子房）は円柱形で，いずれも密集する．果序は直立（*A. lobatum* では垂下）する．

■分布：中国，朝鮮半島，日本（南千島を含む），ロシア（日本海沿岸地域），アメリカ合衆国．
■染色体数：2n=26, 28, 39, 42, 52, 56, 65, 72, 78．

〔付記〕Gusman & Gusman（2002, 2006）は *A. lobatum* に基づく単型節 sect. *Lobata* を設立した．分子系統解析によると，*A. lobatum* を独立させてもマムシグサ節が側系統群となることはないが，ミツバテンナンショウや北米の *A. triphyllum* も同等の分化を示していることを考慮し，ここでは葉序の共通点などを重視してマムシグサ節に含めた．

所属種 Species included (*Species in Japan*)：*Arisaema abei* Seriz. ツルギテンナンショウ, *A. aequinoctiale* Nakai & F. Maek. ヒガンマムシグサ, *A. amurense* Maxim., *A. angustatum* Franch. & Sav. ホソバテンナンショウ, *A. aprile* J. Murata オドリコテンナンショウ, *A. bockii* Engl., *A. cucullatum* M. Hotta ホロテンナンショウ, *A. ehimense* J. Murata & J. Ohno エヒメテンナンショウ, *A. galeiforme* Seriz. ヤマザトマムシグサ, *A. hatizyoense* Nakai ハチジョウテンナンショウ, *A. inaense* (Seriz.) Seriz. ex K. Sasam. & J. Murata イナヒロハテンナンショウ, *A. ishizuchiense* Murata イシヅチテンナンショウ, *A. iyoanum* Makino オモゴウテンナンショウ, *A. japonicum* Blume マムシグサ, *A. kawashimae* Seriz. トクノシマテンナンショウ, *A. kishidae* Makino ex Nakai キシダマムシグサ, *A. kuratae* Seriz. アマギテンナンショウ, *A. limbatum* Nakai & F. Maek. ミミガタテンナンショウ, *A. lobatum* Engl., *A. longilaminum* Nakai ヤマトテンナンショウ, *A. longipedunculatum* M. Hotta シコクヒロハテンナンショウ, *A. maekawae* J. Murata & S. Kakish. ウメガシマテンナンショウ, *A. maximowiczii* (Engl.) Nakai ツクシマムシグサ, *A. mayebarae* Nakai ヒトヨシテンナンショウ, *A. minamitanii* Seriz. ヒュウガヒロハテンナンショウ, *A. minus* (Seriz.) J. Murata ハリママムシグサ, *A. monophyllum* Nakai ヒトツバテンナンショウ, *A. nagiense* Tom. Kobay., K. Sasam. & J. Murata ナギヒロハテンナンショウ, *A. nambae* Kitam. タカハシテンナンショウ, *A. nikoense* Nakai ユモトマムシグサ, *A. ogatae* Koidz. オガタテンナンショウ, *A. ovale* Nakai ヒロハテンナンショウ, *A. peninsulae* Nakai コウライテンナンショウ, *A. planilaminum* J. Murata ミクニテンナンショウ, *A. pseudoangustatum* Seriz. ミヤママムシグサ, *A. ringens* (Thunb.) Schott ムサシアブミ, *A. sachalinense* (Miyabe & Kudo) J. Murata カラフトヒロハテンナンショウ, *A. sazensoo* (Blume) Makino キリシマテンナンショウ, *A. seppikoense* Kitam. セッピコテンナンショウ, *A. serratum* (Thunb.) Schott カントウマムシグサ, *A. sikokianum* Franch. & Sav. ユキモチソウ, *A. solenochlamys* Nakai ex F. Maek. ヤマジノテンナンショウ, *A. sugimotoi* Nakai スルガテンナンショウ, *A. suwoense* Nakai ヤマグチテンナンショウ, *A. takedae* Makino オオマムシグサ, *A. tashiroi* Kitam. タシロテンナンショウ, *A. ternatipartitum* Makino ミツバテンナンショウ, *A. tosaense* Makino アオテンナンショウ, *A. triphyllum* (L.) Schott, *A. undulatifolium* Nakai ナガバマムシグサ, *A. unzenense* Seriz. ウンゼンマムシグサ, *A. xuanweiense* H. Li, *A. yamatense* (Nakai) Nakai ムロウテンナンショウ

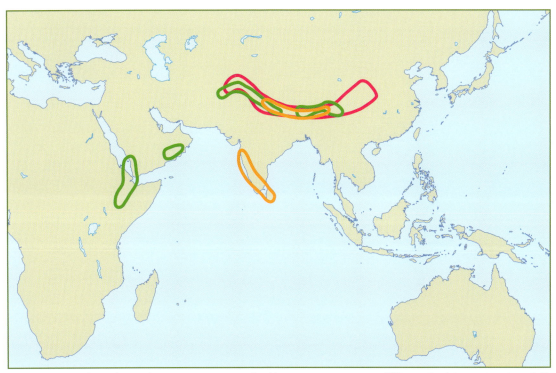

図16　節の分布図（その1）：1. ムカシマムシグサ節 Sect. *Tenuipistillata*（○）；2. キバナテンナンショウ節 Sect. *Dochafa*（○）；3. インドマムシグサ節 Sect. *Tortuosa*（○）

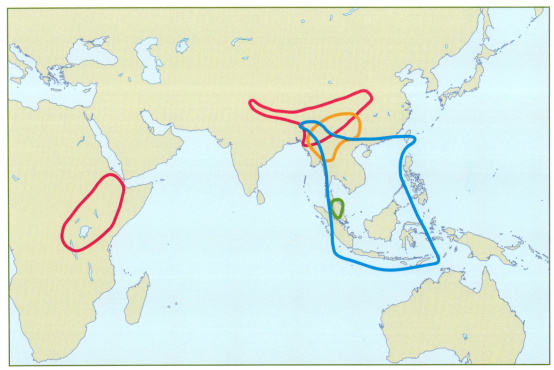

図17　節の分布図（その2）：4. ヒマラヤテンナンショウ節 Sect. *Arisaema*（○）；5. ナガボテンナンショウ節 Sect. *Fimbriata*（○）；6. ニオイマムシグサ節 Sect. *Odorata*（○）；7. ミナミマムシグサ節 Sect. *Attenuata*（○）

Ⅱ. 世界のテンナンショウ属・節の分類

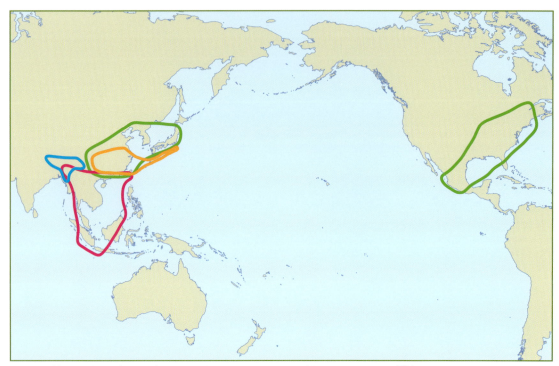

図18　節の分布図（その3）：8. フデボテンナンショウ節 Sect. *Anomala*（○）；9. ウラシマソウ節 Sect. *Flagellarisaema*（○）；10. アマミテンナンショウ節 Sect. *Clavata*（○）；11. テンナンショウ節 Sect. *Nepenthoidea*（○）

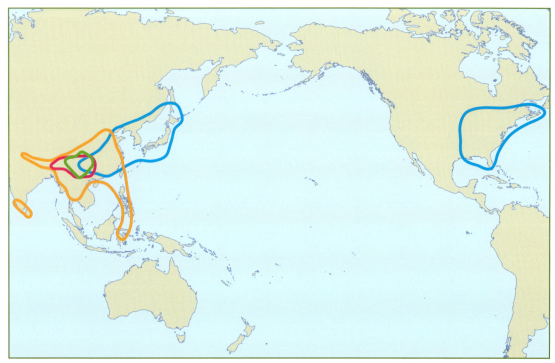

図19　節の分布図（その4）：12. ユキミテンナンショウ節 Sect. *Decipientia*（○）；13. ウンナンマムシグサ節 Sect. *Franchetiana*（○）；14. クルマバテンナンショウ節 Sect. *Sinarisaema*（○）；15. マムシグサ節 Sect. *Pistillata*（○）

Ⅲ. 日本産テンナンショウ属の図鑑
Enumeration of *Arisaema* in Japan

日本産テンナンショウ属全種の検索表

（※本検索表における「葉」は最大の普通葉を指す）

A. 花序付属体に柄がない。葉序は 5 列縦生。

  B. 葉は通常 2 枚。花序付属体の基部に角状突起（中性花）がある。球茎上の腋芽は横並びの副芽列を伴う。（**アマミテンナンショウ節**）

    C. 花序付属体は鞭状で，先が仏炎苞の外に出る ················ **4. シマテンナンショウ** *A. negishii*

    C. 花序付属体は棒状で直立し，仏炎苞の外に出ない。

      D. 仏炎苞は舷部内側が紫褐色。沖縄島に分布する

         ················ **5b. オキナワテンナンショウ** *A. heterocephalum* subsp. *okinawaense*

      D. 仏炎苞は全体が緑色。

        E. 花序付属体は太棒状で先は膨らまない。徳之島の低地に分布する

           ················ **5c. オオアマミテンナンショウ** *A. heterocephalum* subsp. *majus*

        E. 花序付属体は細棒状で先が急に膨らむ。徳之島，奄美大島の山地に分布する

           ················ **5a. アマミテンナンショウ** *A. heterocephalum* subsp. *heterocephalum*

  B. 葉は 1 枚。花序付属体の基部に突起がない。球茎上の腋芽は単生（鞘状葉 1 枚に 1 個の腋芽が生じる）。（**ウラシマソウ節**）

    C. 仏炎苞は緑色。性転換後の花序は両性。花粉表面には円錐形の突起と，その間に不定形の小さな凹凸がある。頂小葉はその脇の小葉に比べ明らかに小さい

       ················ **1. マイヅルテンナンショウ** *A. heterophyllum*

    C. 仏炎苞は紫色。性転換後の花序は雌性。花粉表面には円錐形の突起だけがある。頂小葉はその脇の小葉に比べ，同大か大きい。

      D. 仏炎苞は筒部の長さ 5 cm 以上で口部の内側に白い T 字紋がない。染色体数 2n = 28。

        E. 花序付属体は仏炎苞口部付近で膨らみ，その部分は通常白色で細かい襞に被われる

           ················ **2a. ナンゴクウラシマソウ** *A. thunbergii* subsp. *thunbergii*

        E. 花序付属体は全体平滑で仏炎苞口部から見える範囲はおおむね紫褐色

           ················ **2b. ウラシマソウ** *A. thunbergii* subsp. *urashima*

      D. 仏炎苞は筒部の長さ 3 〜 4 cm で口部の内側に白い T 字紋がある。染色体数 2n = 56

     ················ **3. ヒメウラシマソウ** *A. kiushianum*

A. 花序付属体は有柄。葉序は 2 列斜生。（**マムシグサ節**）

  B. 葉は通常 2 枚でほぼ同大，どちらも無柄の 3 小葉をつける。

    C. 小葉は縁に微鋸歯が連なり，先は短く尖る。仏炎苞舷部は平坦。花後に白色の地下走出枝を出す。染色体数 2n = 72 ················ **6. ミツバテンナンショウ** *A. ternatipartitum*

    C. 小葉は全縁，先は尾状に尖る。仏炎苞は鎧状にふくらむ。走出枝を出さない。染色体数 2n = 28 ················ **7. ムサシアブミ** *A. ringens*

B. 葉は 1 枚または 2 枚，通常 5 枚以上の小葉を鳥足状または掌状につける（ユキモチソウ *A. sikokianum* など小葉数の少ないものは稀に有柄の 3 小葉をもつ）。

  C. 仏炎苞筒部に平行に隆起する縦筋がある。染色体数は 13 の倍数（26, 52, 65, 78 稀に 39）。（ヒロハテンナンショウ群）

    D. 腋芽は（2–）3 個が横並びに生じ，隣り合った（2–）3 個の子球（子イモ）に発達する。仏炎苞の口辺は狭く反曲し 舷部は広卵形〜狭卵形。染色体数 2n=26, 52, 65, 78 稀に 39 ……………………………………………… 9. **ヒロハテンナンショウ** *A. ovale*

    D. 腋芽は単生。仏炎苞の口辺は狭い耳状に反曲するか，ほとんど反曲せず，舷部は倒卵形〜狭三角状卵形。染色体数 2n = 26。

      E. 仏炎苞の口辺は広く開出し，舷部は卵形から倒卵形，葉に遅れて開く。長野県に分布する ……………………………… 10. **イナヒロハテンナンショウ** *A. inaense*

      E. 仏炎苞の口辺はほとんど開出せず，舷部は狭三角状卵形，葉より先に開く。兵庫県および岡山県に分布する ……………………… 11. **ナギヒロハテンナンショウ** *A. nagiense*

  C. 仏炎苞筒部に平行に隆起する縦筋がない。球茎上の腋芽は単生。染色体数 2n = 26, 28 または 56。

    D. 葉柄から偽茎への移行部は花序柄に密着して広がらない。

      E. 花序は葉よりも著しく，あるいはやや遅れて開く。葯は輪状に癒合する ……………………………… 13. **シコクヒロハテンナンショウ** *A. longipedunculatum*

      E. 花序は葉よりも先に出て，明らかに早く開く。葯は独立または馬蹄形に癒合する。

        F. 葉は 1 枚，大型個体では稀に 2 枚。仏炎苞は紫色。四国に分布する ……………………………………… 14. **イシヅチテンナンショウ** *A. ishizuchiense*

        F. 葉は 2 枚，時に 1 枚。仏炎苞は緑色，ときに紫色。本州に分布する。

          G. 花序柄は花時に葉柄と同長または長い。

            H. 果実は葉よりも低くつく …………………… 12b. **ヤマナシテンナンショウ** *A. nikoense* subsp. *nikoense* var. *kaimontanum*

            H. 果実は葉よりも高くつく。

              I. 仏炎苞は通常黄緑色，稀に紫褐色。花序付属体は太棒状 …………… 12a. **ユモトマムシグサ** *A. nikoense* subsp. *nikoense* var. *nikoense*

              I. 仏炎苞は通常汚紫色。花序付属体は棒状 ……………………… 12c. **オオミネテンナンショウ** *A. nikoense* subsp. *australe*

          G. 花序柄は花時に葉柄より明らかに短い。

            H. 花序付属体は棒状で直径 5 mm 以上 ……………………… 12d. **カミコウチテンナンショウ** *A. nikoense* subsp. *brevicollum*

            H. 花序付属体は細棒状で直径 3 mm 以下 ……………………… 12e. **ハリノキテンナンショウ** *A. nikoense* subsp. *alpicola*

    D. 葉柄から偽茎への移行部はやや広がって襟状に開出する。

      E. 仏炎苞は葉よりも明らかに早く開き，紫からオリーブ色，稀に紫褐色または黄緑色，

白い縦筋がある。

F. 発芽第1葉は単葉心形。子房あたり平均胚珠数は10個以上。果実は夏に熟す（ナガバマムシグサは例外）。（ヒガンマムシグサ群）

  G. 小葉は5–7個。染色体数 2n = 28。‥‥‥‥‥‥ **24. タカハシテンナンショウ** *A. nambae*

  G. 小葉は7個以上，染色体数 2n = 26。

    H. 兵庫県に分布する。植物体は以下の種に比べて小さい。小葉は雌で7–9個，花序柄／葉柄の比は雄で0.9以下，雌で1.4以下 ‥‥‥ **25. ハリママムシグサ** *A. minus*

    H. 瀬戸内海の島嶼を除き，兵庫県に分布しない。植物体は前種に比べて大きい。小葉は雌で9–17個，花序柄／葉柄の比は雄で1.0以上，雌で1.5以上。

      I. 仏炎苞の口部の反曲幅は3 mm以下。伊豆半島に分布する

        ‥‥‥‥‥ **26a. ナガバマムシグサ** *A. undulatifolium* subsp. *undulatifolium*

      I. 仏炎苞の口部の開出幅は4 mm以上。伊豆半島に分布しない。

        J. 小葉は雄雌ともに11個以下，広披針形から楕円形。

          K. 仏炎苞の口部は広く耳状に広がり，開出部の幅8 mm以上

            ‥‥‥‥‥‥‥‥‥‥ **28. ミミガタテンナンショウ** *A. limbatum*

          K. 仏炎苞の口部はやや耳状に広がり，開出部の幅8 mm未満

            ‥‥‥‥‥‥‥‥‥‥ **27. ヒガンマムシグサ** *A. aequinoctiale*

        J. 小葉は雄で9個以上，雌で11個以上，線形から狭楕円形

        ‥‥‥‥‥ **26b. ウワジマテンナンショウ** *A. undulatifolium* subsp. *uwajimense*

F. 発芽第1葉は3小葉に分裂する。子房あたり平均胚珠数は8個以下。果実は秋以後に熟す。

  G. 小葉は5個で葉軸は発達しない‥‥‥‥‥‥ **16. オドリコテンナンショウ** *A. aprile*

  G. 小葉は7個以上で葉軸が発達する。

    H. 2葉があれば大きさの差が著しい。西日本に分布する。染色体数 2n = 28。

      ‥‥‥‥‥‥‥‥‥‥‥‥‥‥‥‥‥‥ **40. マムシグサ** *A. japonicum*

    H. 2枚の葉はほぼ同大。八丈島に固有。染色体数 2n = 26

      ‥‥‥‥‥‥‥‥‥‥‥‥ **29. ハチジョウテンナンショウ** *A. hatizyoense*

E. 仏炎苞は葉と同時または遅れて開くか，あるいは早く開く。早く開く種では仏炎苞が黄緑色（ムロウテンナンショウ *A. yamatense*，ホソバテンナンショウ *A. angustatum* とウメガシマテンナンショウ *A. maekawae*），または紫褐色で白筋がない（ヒトヨシテンナンショウ *A. mayebarae*）。

F. 葉は，小葉間の葉軸が発達せず，掌状に分裂する（カラフトヒロハテンナンショウ *A. sachalinense* の大型個体では葉軸が発達する）。小葉は5–7個。

  G. 頂小葉はその隣の側小葉と同大かより小さい。花序付属体は棒状で，仏炎苞の筒部からほとんど外に出ない。九州に分布する‥‥‥‥ **15. オガタテンナンショウ** *A. ogatae*

  G. 頂小葉はその隣の側小葉より大きい。花序付属体は棒状から棍棒状で，仏炎苞の筒部より長く，先が外に出る。北海道または本州に分布する。

H. 花序柄は偽茎および葉柄とほぼ同長，花序は地面から離れてつく。染色体数
　　　2n=56。北海道と樺太に分布する
　　　　　　　………………………………… 8. カラフトヒロハテンナンショウ *A. sachalinense*
　　H. 花序柄は偽茎および葉柄より明らかに短く，花序は地面近くにつく。染色体数
　　　2n = 28。静岡県に分布する ……………………… 17. アマギテンナンショウ *A. kuratae*
F. 葉は，小葉間の葉軸が発達し，鳥足状に分裂する。小葉は 5 個（キシダマムシグサ *A. kishidae*，ユキモチソウ *A. sikokianum*），または 7 個以上。
　G. 徳之島に分布する。仏炎苞は葉と同時に開き，口部は耳状に反曲する
　　　　　　　………………………………… 30. トクノシマテンナンショウ *A. kawashimae*
　G. 徳之島に分布しない。仏炎苞口部は耳状に反曲しない（反曲する種では，仏炎苞
　　　が葉より明らかに遅れて開く）。
　　H. 仏炎苞舷部は先が細く尖り，尾状から糸状に長く伸びる。
　　　I. 仏炎苞舷部（細い先端部分を含む）は筒部より長い。
　　　　J. 仏炎苞舷部は縁に沿って内側に曲がり，やや幌状となり，細長い先端は内
　　　　　巻きになる ……………………………… 23. ホロテンナンショウ *A. cucullatum*
　　　　J. 仏炎苞舷部は縁に沿って内側に曲がらない。
　　　　　K. 仏炎苞は半透明。小葉の先も通常尾状に細く尖る
　　　　　　　　………………………………… 38. アオテンナンショウ *A. tosaense*
　　　　　K. 仏炎苞は不透明。小葉は鋭頭から鋭尖頭。
　　　　　　L. 小葉は 5–7（–9）個。偽茎の長さは葉柄の 3.5 倍以下。花序付属体は先
　　　　　　　端付近で直径 3 mm 以上 ……………… 21. キシダマムシグサ *A. kishidae*
　　　　　　L. 小葉は 7–17。偽茎の長さは葉柄の 4 倍以上。花序付属体は先端付近で
　　　　　　　直径 3 mm 未満。
　　　　　　　M. 葉は通常 2 個。仏炎苞舷部の縁は全縁。四国に分布する
　　　　　　　　　………………………………… 51. エヒメテンナンショウ *A. ehimense*
　　　　　　　M. 葉は通常 1 個．仏炎苞舷部はしばしば微鋸歯縁。九州に分布する
　　　　　　　　………………………………… 31. ツクシマムシグサ *A. maximowiczii*
　　　I. 仏炎苞舷部は筒部より明らかに短い …… 32. タシロテンナンショウ *A. tashiroi*
　　H. 仏炎苞舷部は鋭頭から鋭尖頭，ユキモチソウ *A. sikokianum* では稀に短尾状から
　　　尾状に尖る。
　　　I. 仏炎苞は質厚く，ややスポンジ状から革状。
　　　　J. 葉は通常 2 個。仏炎苞はややスポンジ状，舷部は直立または斜上する。花
　　　　　序付属体は先が頭状にふくらむ……………… 18. ユキモチソウ *A. sikokianum*
　　　　J. 葉は通常 1 個，時に 2 個。仏炎苞は革質で前〜下向きに曲がる。花序付属
　　　　　体は棒状で先が膨らまない………… 19. キリシマテンナンショウ *A. sazensoo*
　　　I. 仏炎苞は薄く，草質。
　　　　J. 葉は通常 1 個，時に 2 個。

K. 仏炎苞の色や質は筒部と舷部の間で急に変わる。

L. 仏炎苞は長さ 12 cm 以下，舷部は狭三角状卵形で先が尖り，やや革質，内側は緑色で基部にハの字状の紫褐色の紋があるか稀になく，時に全体紫褐色，斜上または前に曲がる。花序付属体は細く，先端近くで直径 3 mm 以下。本州中部以北に分布する

·· **42. ヒトツバテンナンショウ** *A. monophyllum*

L. 仏炎苞は長さ 11 cm 以上，舷部は狭卵形から卵形でやや革質，鈍頭または鈍角に尖り，内側は全体オリーブ色，下に垂れる。花序付属体はやや太く先端近くで直径 2.5 mm 以上。本州の中国地方および四国に分布する 。

M. 仏炎苞舷部は狭卵形で外面は通常内面と同じく緑色

··········· **37a. オモゴウテンナンショウ** *A. iyoanum* subsp. *iyoanum*

M. 仏炎苞舷部は卵形で外面は通常口縁部と同じく紫褐色

··········· **37b. シコクテンナンショウ** *A. iyoanum* subsp. *nakaianum*

K. 仏炎苞の色や質は筒部と舷部の間で急に変わらない。

L. 仏炎苞は緑色または紫色を帯び舷部の幅 4.5 cm 未満，口部は狭く反曲する。

M. 小葉は楕円形。仏炎苞は緑色で舷部は筒部より短く，7 本以上の白い縦筋がある。九州に分布する

····················· **20. ヒュウガヒロハテンナンショウ** *A. minamitanii*

M. 小葉は線形から披針形。仏炎苞は紫褐色〜赤紫色，時に緑がかっており，舷部は通常筒部より長く，5 本以下の白い縦筋がある

····························· **22. セッピコテンナンショウ** *A. seppikoense*

L. 仏炎苞は紫褐色で舷部の幅 4.5 cm 以上，口部が耳状に張り出す

···························· **49. ヤマグチテンナンショウ** *A. suwoense*

J. 葉は通常 2 個，時に 1 個。

K. 仏炎苞は緑色または紫褐色で，舷部内側に隆起する縦筋はないか不明。

L. 仏炎苞内面に細乳頭状突起が密布して白緑色となるか，または花序付属体の先端に著しい横皺がある。

M. 仏炎苞内面に細乳頭状突起が密布する。花序付属体は平滑。本州に分布する。

N. 花序付属体の先端は急に膨らまず，濃緑色で光沢のある円頭で終わる ························· **34. ムロウテンナンショウ** *A. yamatense*

N. 花序付属体の先端は大豆状の膨らみで終わる

························· **43. スルガテンナンショウ** *A. sugimotoi*

M. 仏炎苞内面は平滑。花序付属体の先端に著しい横皺がある。四国に分布する ················ **39. ツルギテンナンショウ** *A. abei*

日本産テンナンショウ属全種の検索表

L. 仏炎苞内面は平滑，まれに不明の細かい凹凸がある。花序付属体は平滑。

  M. 花序付属体は先端近くで直径 2 mm 以上。本州に分布する。

    N. 仏炎苞は葉に遅れて開く。

      O. 仏炎苞は緑色で白筋は目立たず，舷部は広卵形〜卵形で中央は淡色，基部は広く，口部を取り巻く耳状部に移行して開出する
           46. ミクニテンナンショウ *A. planilaminum*

      O. 仏炎苞舷部は緑色で白筋があり，舷部は卵形〜卵状狭三角形で不透明またはやや半透明，口部は耳状に開出しない。

        P. 仏炎苞舷部は卵状狭三角形で先は次第に尖り，不透明，内面に微細な凹凸が，縁に微鋸歯がある
           33c. アマギミヤママムシグサ
           A. pseudoangustatum var. *amagiense*

        P. 仏炎苞舷部は卵形で先はやや尾状に尖り，内面や縁に微細な凹凸がない。

          Q. 舷部は緑色，筒部は口部に向かってやや開き，舷部とほぼ同長   33a. ミヤママムシグサ
            A. pseudoangustatum var. *pseudoangustatum*

          Q. 舷部は緑色で時に紫がかり，やや半透明，筒部は細筒状で，舷部より長い   33b. スズカマムシグサ
            A. pseudoangustatum var. *suzukaense*

    N. 仏炎苞は葉と同時に，またはやや早く開く。

      O. 仏炎苞は紫褐色で白筋が目立たず，舷部の中央が盛り上がって匙状に膨らむ。九州に分布する   41. ヒトヨシテンナンショウ
           A. mayebarae

      O. 仏炎苞は緑色で白筋があり，舷部の中央は盛り上がらない。本州に分布する。

        P. 仏炎苞舷部は内面が粉白色を帯び，口部は狭く反曲し，耳状とならない   36. ウメガシマテンナンショウ *A. maekawae*

        P. 仏炎苞舷部内面は粉白色を帯びず，口部は開出してやや耳状となる   35. ホソバテンナンショウ *A. angustatum*

  M. 花序付属体は先端近くで直径 1.5 mm 以下。長崎県に分布する
           53. ウンゼンマムシグサ *A. unzenense*

K. 仏炎苞は緑色または紫色を帯び，舷部内側にうねって隆起する細い縦筋がある。

  L. 仏炎苞舷部は明らかに盛り上がる。花序付属体は棒状で先が膨らまない。

M. 仏炎苞舷部は広卵形から三角状卵形，基部は狭まるか狭まらず，縦筋は白い。

N. 仏炎苞は少なくとも外側は緑色で時に白っぽく，舷部は筒部より短く内側は通常紫色で白筋が目立つ

·········· **45. ヤマジノテンナンショウ** *A. solenochlamys*

N. 仏炎苞は通常紫褐色で白い縦筋があり，舷部は筒部と同長または長い··········· **50. ヤマザトマムシグサ** *A. galeiforme*

M. 仏炎苞舷部は卵形から狭卵形で基部はくびれ，中央が盛り上がり，縦筋は半透明で中央で幅広くなる

·········· **52. コウライテンナンショウ** *A. peninsulae*

L. 仏炎苞舷部は平坦またはわずかに盛り上がる。花序付属体は棒状，棍棒状または頭状。

M. 仏炎苞舷部は狭三角状で細長く尖る

·········· **48. ヤマトテンナンショウ** *A. longilaminum*

M. 仏炎苞舷部は卵形または狭卵形。

N. 仏炎苞は筒部が白色，口部は広く耳状に開出して舷部と同色，舷部は通常紫褐色で目立つ白筋があり，卵形から広卵形で筒部と同長またはより長く，通常やや垂れ下がる。花序付属体は太い棒状から棍棒状，時に頭状·········· **47. オオマムシグサ** *A. takedae*

N. 仏炎苞は緑色または紫褐色を帯び，白い縦筋があり，口部は開出または反曲し，狭い耳状，舷部は卵形から狭卵形で通常筒部より短い。花序付属体は棒状で，時に棍棒状から頭状

·········· **44. カントウマムシグサ** *A. serratum*

Key to the species of *Arisaema* in Japan

*Leaf defined here means the largest normal foliage leaf.

A. Spadix appendage sessile; phyllotaxis quincuncial (axillary buds or tuberlets arranged quincuncially on tuber)

    B. Leaves* 2; spadix appendage with horn-like protuberances (neuter flowers) near base (always in pistillate inflorescence but occasionally in staminate); axillary buds mostly accompanying laterally arranged accessory buds (Sect. *Clavata*)

        C. Spadix appendage long exserted from tube of spathe, whip-like, apex filiform ·········· **4. *A. negishii***

        C. Spadix appendage within spathe, narrowly clavate or cylindrical, apex obtuse or somewhat capitate

            D. Blade of spathe dark purple inside. Distribution on Okinawa island

··· **5b. *A. heterocephalum* subsp. *okinawaense***

            D. Blade of spathe totally green

                E. Spadix appendage slender cylindrical, apex clavate. Growing in lower places of Tokunoshima island ·· **5c. *A. heterocephalum* subsp. *majus***

                E. Spadix appendage thick cylindrical. Growing on mountains of Amami-oshima and Tokunoshima islands ·············· **5a. *A. heterocephalum* subsp. *heterocephalum***

    B. Leaf* 1; spadix appendage without protuberances; axillary buds solitary (Sect. *Flagellarisaema*)

        C. Spathe basically green; spadix bisexual or staminate; pollen grains granulate between spinules; terminal leaflet much smaller than adjacent lateral leaflets ····························· **1. *A. heterophyllum***

        C. Spathe basically purplish brown; spadix unisexual; pollen grains smooth between spinules; terminal leaflet larger than or nearly as large as adjacent lateral leaflets

            D. Spathe without T-shaped mark inside, tube of spathe more than 5 cm long; chromosome number normally 2n = 28 ································ **2. *A. thunbergii***

                E. Spadix appendage inflated, crisped, and usually creamy near base

··· **2a. *A. thunbergii* subsp. *thunbergii***

                E. Spadix appendage totally smooth and dark purplish ·········· **2b. *A. thunbergii* subsp. *urashima***

            D. Spathe with white T-shaped mark inside, tube of spathe 3–4 cm long; chromosome number 2n = 56 ·············· **3. *A. kiushianum***

A. Spadix appendage stipitate; phyllotaxis spirodistichous (axillary buds or tuberlets arranged spirodistichously on tuber) (Sect. *Pistillata*)

    B. Leaves 2, rarely 1; upper and lower leaves nearly of same size; leaflets always 3, sessile

        C. Leaflets densely serrulate, apex mucronate; blade of spathe flat; stoloniferous after anthesis; chromosome number 2n = 72 ···························· **6. *A. ternatipartitum***

        C. Leaflets entire, apex filiform; blade of spathe saccate-galeate; without stolon; chromosome number 2n = 28 ··························· **7. *A. ringens***

    B. Leaves 1 or 2, pedate or sometimes more or less digitate; lower leaf larger than upper one; leaflets of lower leaf normally 5 or more, rarely 3 (3 only in *A. sikokianum*), terminal leaflet usually petiolulate

        C. Tube of spathe with raised longitudinal white stripes on outer surface; chromosome number 2n = multiple of 13 (26, 52, 65, 78 or rarely 39)

Ⅲ．日本産テンナンショウ属の図鑑

D. Axillary buds usually (2 or) 3 occurring side by side at each node so that tuberlets (2 or) 3 together; mouth of spathe reflexed, blade widely to narrowly ovate; chromosome number 2n = 26, 52, 65, 78 or rarely 39 ··· 9. *A. ovale*

D. Axillary buds solitary so that tuberlets being solitary; mouth of spathe narrowly auricled or scarcely expanded; blade ovate to obovate or narrowly deltoid ovate; chromosome number 2n = 26

  E. Mouth of spathe narrowly auricled, blade ovate to obovate, unfolding after leaf blade; restricted to Nagano Pref. ··· 10. *A. inaense*

  E. Mouth of spathe scarcely expanded, blade narrowly deltoid ovate, unfolding before leaf blade; in Hyogo and Okayama Prefs. ··· 11. *A. nagiense*

C. Tube of spathe without raised longitudinal stripes; axillary buds always 1 at each node so that tuberlets being solitary; chromosome number 2n = 26, 28 or 56

  D. Mouth of pseudostem tightly embracing peduncle, not recurved

    E. Inflorescence usually emerging much later than leaves; spathe unfolding much later than or simultaneously with leaf blade; anther cells frequently fused into ring and circumscissilely dehiscent ··· 13. *A. longipedunculatum*

    E. Inflorescence emerging before leaves; spathe unfolding distinctly earlier than leaf blade; anther cells dehiscing by short slits to pores

      F. Leaf 1, rarely 2 in large individual; spathe purplish; restricted to Shikoku

··· 14. *A. ishizuchiense*

      F. Leaves 2, rarely 1; spathe green or purplish to dark purple; restricted to Honshu

··· 12. *A. nikoense*

        G. Peduncle as long as or longer than petiole

          H. Infructescence below leaf blade

··· 12b. *A. nikoense* subsp. *nikoense* var. *kaimontanum*

          H. Infructescence above leaf blade

            I. Spathe usually greenish, rarely dark purple. Spadix appendage thick cylindrical

··· 12a. *A. nikoense* subsp. *nikoense* var. *nikoense*

            I. Spathe usually purplish brown. Spadix appendage cylindrical

··· 12c. *A. nikoense* subsp. *australe*

        G. Peduncle distinctly shorter than petiole

          H. Spadix appendage more than 5 mm in diameter

··· 12d. *A. nikoense* subsp. *brevicollum*

          H. Spadix appendage less than 3 mm in diameter ··············· 12e. *A. nikoense* subsp. *alpicola*

  D. Mouth of pseudostem narrowly expanding, forming an undulating membranaceous collar

    E. Spathe unfolding distinctly before leaf blade, purplish brown or olive green, rarely dark purple or yellowish green, with longitudinal white stripes

      F. Plumule leaf heart-shaped; ovules more than 10 (on average) per ovary; fruits ripe in summer excepting *A. undulatifolium* (*A. undulatifolium* group)

        G. Leaflets 5–7; chromosome number 2n = 28 ··· 24. *A. nambae*

        G. Leaflets 7 or more; chromosome number 2n = 26

          H. Plants generally small; leaflets 7–9 in pistillate plants, length ratio of peduncle/petiole

Key to the species of *Arisaema* in Japan

usually less than 0.9 in staminate plants and 1.4 in pistillate plants

·· 25. ***A. minus***

H. Plants generally large; leaflets 9–17 in pistillate plants, length ratio of peduncle/petiole usually more than 1 in staminate plants and 1.5 in pistillate plants

 I. Mouth of spathe scarcely reflexed, reflexed part less than 3 mm wide; distribution on Izu peninsula ···································· 26a. ***A. undulatifolium*** subsp. ***undulatifolium***

 I. Mouth of spathe widely reflexed, reflexed part (auricle) more than 4 mm wide; not on Izu peninsula

  J. Leaflets usually less than 11 in both staminate and pistillate plants; leaves widely lanceolate to elliptic

   K. Mouth of spathe widely auricled, auricle more than 8 mm wide

·· 28. ***A. limbatum***

   K. Mouth of spathe narrowly auricled, auricle less than 8 mm wide

·· 27. ***A. aequinoctiale***

  J. Leaflets usually 9 or more in staminate and 11 or more in pistillate plants; leaves linear to narrowly elliptic ···················· 26b. ***A. undulatifolium*** subsp. ***uwajimense***

F. Plumule leaf ternate; leaflets 7 or more; ovules less than 8 (on average) per ovary; fruits ripe in autumn or later

 G. Leaves digitate with 5 leaflets ·· 16. ***A. aprile***

 G. Leaves pedate with more than 7 leaflets

  H. Upper leaf (if present) much smaller than lower leaf; restricted to western Japan; chromosome number 2n = 28 ··· 40. ***A. japonicum***

  H. Upper leaf nearly as large as lower leaf; endemic to Hachijojima island; chromosome number 2n = 26 ··· 29. ***A. hatizyoense***

E. Spathe usually unfolding simultaneously with or after leaf blade, if unfolding before blade then spathe yellowish green (*A. yamatense*, *A. angustatum* and *A. maekawa*e) or dark purple and without longitudinal stripes (*A. mayebarae*)

 F. Leaf more or less digitate; rachis between terminal leaflet and adjacent leaflets slightly developed (occasionally well developed in large individuals of *A. sachalinense*); leaflets 5–7

  G. Terminal leaflet equal to or smaller than adjacent leaflets; spadix appendage cylindrical, scarcely exceeding tube of spathe; distribution in Kyushu ····················· 15. ***A. ogatae***

  G. Terminal leaflet larger than adjacent leaflets; spadix appendage cylindrical or subclavate, exceeding tube of spathe; distribution in Hokkaido and Honshu

   H. Peduncle nearly as long as pseudostem and petiole; chromosome number 2n = 56; distribution in Hokkaido (and Sakhalin) ·································· 8. ***A. sachalinense***

   H. Peduncle much shorter than pseudostem and petiole; chromosome number 2n = 28; distribution in Honshu (Shizuoka Pref.) ······································· 17. ***A. kuratae***

 F. Leaf pedate; rachis between terminal leaflet and adjacent leaflets well developed; leaflets 5 (in *A. kishidae*, *A. sikokianum*), or 7 or more

  G. Spathe and leaf blade unfolding simultaneously; mouth of spathe auricled; distribution in the Ryukyus (Tokunoshima) ····························· 30. ***A. kawashimae***

G. Mouth of spathe rarely auricled (if auricled, then spathe opening much later than leaf blade); distribution outside of the Ryukyus

  H. Blade of spathe caudate, tail thread-like or a beak

  I. Blade of spathe (including caudate part) much shorter than tube ··········· 32. *A. tashiroi*

  I. Blade of spathe (including caudate part) longer than tube

  J. Blade of spathe incurved along margin, somewhat cucullate, apex long acuminate to involute beak ················· 23. *A. cucullatum*

  J. Blade of spathe not incurved along margin

  K. Spathe semi-translucent; leaflets cuspidate ················· 38. *A. tosaense*

  K. Spathe opaque; leaflets acute to acuminate

  L. Leaflets 5–7(–9); pseudostem less than 3.5 times longer than petiole; spadix appendage more than 3 mm across at apex ················· 21. *A. kishidae*

  L. Leaflets 7–17; pseudostem more than 4 times longer than petiole; spadix appendage less than 3 mm across at apex

  M. Leaves usually 2; blade of spathe smooth on margin; distribution in Shikoku ················· 51. *A. ehimense*

  M. Leaves usually 1; blade of spathe frequently papillate-serrulate on margin; distribution in Kyushu················· 31. *A. maximowiczii*

  H. Blade of spathe acute to long acuminate, rarely cuspidate to caudate (in *A. sikokianum*)

  I. Spathe thick, rather spongy or leathery

  J. Leaves usually 2; blade of spathe spongy, erect or ascending; spadix appendage distinctly capitate ················· 18. *A. sikokianum*

  J. Leaf 1 or 2; blade of spathe leathery, declining; spadix appendage cylindrical ················· 19. *A. sazensoo*

  I. Spathe thin, herbaceous

  J. Leaf 1, seldom 2

  K. Texture and coloration are sharply demarcated between tube and blade of spathe

  L. Spathe less than 12 cm long, blade ascending or bent forward, narrowly deltoid-ovate, usually with a dark purple transverse mark inside; spadix appendage less than 3 mm across at apex; distribution in central and northern Honshu ················· 42. *A. monophyllum*

  L. Spathe more than 11 cm long, blade declined, ovate to narrowly ovate or narrowly elliptic or widely deltoid-ovate, without transverse mark inside; spadix appendage more than 2.5 mm across at apex; distribution in Shikoku and western Honshu

  M. Spathe blade narrowly ovate, green outside ················· 37a. *A. iyoanum* subsp. *iyoanum*

  M. Spathe blade ovate, dark-purple outside ················· 37b. *A. iyoanum* subsp. *nakaianum*

  K. Texture and coloration not demarcated between tube and blade of spathe

  L. Blade of spathe greenish or purplish, less than 4.5 cm wide, mouth narrowly reflexed

M. Leaflets elliptic; spathe greenish, blade shorter than tube, with 7 or more longitudinal white stripes; distribution in Kyushu ········ 20. *A. minamitanii*

M. Leaflets linear to lanceolate; spathe dark purple or greenish, blade much longer than tube, with 5 or fewer longitudinal stripes; distribution in Honshu ·················· 22. *A. seppikoense*

L. Blade of spathe basically purplish, more than 4.5 cm wide, mouth distinctly auricled ···················· 49. *A. suwoense*

J. Leaves 2, seldom 1

K. Blade of spathe smooth or finely papillose inside, green or dark purple

L. Blade of spathe distinctly papillose and velvety inside, or spadix appendage creased in upper part

M. Blade of spathe papillose inside; spadix appendage smooth; distribution in Honshu

N. Apex of spadix appendage rounded and glossy green

·················· 34. *A. yamatense*

N. Spadix appendage terminated with swollen green knob of 5–8 mm in diameter ·················· 43. *A. sugimotoi*

M. Blade of spathe smooth; spadix appendage creased; distribution in Shikoku

·················· 39. *A. abei*

L. Blade of spathe smooth or very weakly papillose inside, spadix appendage smooth

M. Spadix appendage more than 2 mm across at apex; distribution in Honshu

N. Spathe unfolding after leaf blade

O. Spathe green without distinct white lines, blade widely ovate to ovate, basally paler and expanded to the auricles of mouth

·················· 46. *A. planilaminum*

O. Spathe green with white lines, blade ovate to narrowly deltoid ovate, opaque or semitranslucent, mouth part not auricled

P. Blade of spathe narrowly deltoid ovate, gradually narrowed to apex, opaque, with minute papillae on ventral surface and margin

·················· 33c. *A. pseudoangustatum* var. *amagiense*

P. Blade of spathe ovate, caudate to apex, without minute papillae

Q. Blade of spathe green, occasionally tinged with purple, semitranslucent, tube as long as blade, slightly open to mouth

·········· 33a. *A. pseudoangustatum* var. *pseudoangustatum*

Q. Blade of spathe green, tube slender and much longer than blade

·················· 33b. *A. pseudoangustatum* var. *suzukaense*

N. Spathe unfolding simultaneously with leaf blade

O. Spathe totally dark purple, without distinct stripes, blade distinctly arched ·················· 41. *A. mayebarae*

O. Spathe green with longitudinal white stripes, blade not arched

P. Blade of spathe ventrally somewhat farinose, mouth without distinct auricles ·· 36. *A. maekawae*

P. Blade of spathe not farinose, mouth reflexed to auricles ··· 35. *A. angustatum*

M. Spadix appendage less than 1.5 mm across at apex; distribution in Kyushu (Nagasaki Pref.) ······································· 53. *A. unzenense*

K. Blade of spathe covered with longitudinal raised nerves inside, purplish or green

　L. Blade of spathe distinctly arched; spadix appendage cylindrical

　　M. Blade of spathe widely ovate to triangular-ovate, basally slightly constricted or not, with distinct or indistinct longitudinal white stripes

　　　N. Spathe greenish outside; blade of spathe usually purplish inside, with indistinct longitudinal white stripes, shorter than tube ··· 45. *A. solenochlamys*

　　　N. Spathe usually dark purple outside and inside, with longitudinal white stripes; blade of spathe nearly as long as tube ··········· 50. *A. galeiforme*

　　M. Blade of spathe ovate to narrowly ovate, basally constricted, usually arched, with longitudinal semi-translucent white stripes expanded at midsection ··· 52. *A. peninsulae*

　L. Blade of spathe slightly or not arched; spadix appendage cylindrical, clavate or capitate

　　M. Blade of spathe narrowly triangular, long acuminate ··· 48. *A. longilaminum*

　　M. Blade of spathe ovate to narrowly ovate, apex acute, acuminate or caudate

　　　N. Spathe usually dark purple with distinct white stripes, distinctly auricled at mouth, blade ovate to widely ovate, as long as or longer than tube; spadix appendage clavate to capitate ································· 47. *A. takedae*

　　　N. Spathe green or dark purple with white stripes, narrowly auricled at mouth, blade ovate to narrowly ovate, usually shorter than tube; spadix appendage cylindrical or occasionally capitate ··············· 44. *A. serratum*

環境省レッドリスト2017に記載のテンナンショウ属

　日本産テンナンショウ属のほぼ3分の1が『環境省レッドリスト2017』に絶滅危惧植物として掲載されている（カッコ内の和名，学名は本書で正名として採用するもの）。そのうちの10種（2018年現在）は「絶滅のおそれのある野生動植物の種の保存に関する法律」に定める「国内希少野生動植物種」に指定され，個体の捕獲，譲渡し等が原則禁止されることとなった。以下にレッドリストのカテゴリー別に各種を掲載する。○は国内希少野生動植物種，◎は特定国内希少野生動植物種を表す。テンナンショウ属は研究対象として興味深いだけではなく，園芸的にも人気があるが，夏に蒸し暑い日本の気候では長期的栽培がきわめて困難である。そのこともあって自生地からの採取が後を絶たず，特に希少種の個体数減少の大きな原因となっている。保全のためのモニタリングが必要である。本書では撮影地の記載を都道府県や市町村などの行政単位にとどめるなどの配慮をした。右の数字は本書第III章の種番号を表す。

　Endangered species of *Arisaema* listed in the 4th version of the Japanese Red List (The Ministry of Environment, 2nd revised in 2017). Categories CR=Critical, EN=Endangered, VU=Vulnerable follow IUCN Red List categories and Criteria (2001). Collection and transfer of the species marked with circles and double circles are prohibited by low.

●絶滅危惧IA類（CR）

◎オドリコテンナンショウ *Arisaema aprile* ……………………………………………… 16
◎ホロテンナンショウ *Arisaema cucullatum* …………………………………………… 23
オオアマミテンナンショウ *Arisaema heterocephalum* subsp. *majus* …………………… 5c
○オキナワテンナンショウ *Arisaema heterocephalum* subsp. *okinawaense* …………… 5b
◎イナヒロハテンナンショウ *Arisaema inaense* ………………………………………… 10
◎イシヅチテンナンショウ *Arisaema ishizuchiense* subsp. *ishizuchiense*（*A. ishizuchiense*）……… 14
トクノシマテンナンショウ *Arisaema kawashimae* ……………………………………… 30
◎アマギテンナンショウ *Arisaema kuratae* ……………………………………………… 17
ヤクシマヒロハテンナンショウ *Arisaema longipedunculatum* var. *yakumontanum*
　　　（シコクヒロハテンナンショウ *A. longipedunculatum*）……………………………… 13
ヒュウガヒロハテンナンショウ *Arisaema minamitanii* ………………………………… 20
◎ナギヒロハテンナンショウ *Arisaema nagiense* ……………………………………… 11
◎ツクシテンナンショウ（オガタテンナンショウ）*Arisaema ogatae* ………………… 15
◎セッピコテンナンショウ *Arisaema seppikoense* ……………………………………… 22

●絶滅危惧IB類（EN）

○ツルギテンナンショウ *Arisaema abei* …………………………………………………… 39
アマミテンナンショウ *Arisaema heterocephalum* subsp. *heterocephalum* ……………… 5a
オモゴウテンナンショウ *Arisaema iyoanum* subsp. *iyoanum* ………………………… 37a
シコクテンナンショウ *Arisaema iyoanum* subsp. *nakaianum* ………………………… 37b
シコクヒロハテンナンショウ
　　　Arisaema longipedunculatum var. *longipedunculatum*（*A. longipedunculatum*）……… 13
タカハシテンナンショウ *Arisaema nambae* ……………………………………………… 24
オオミネテンナンショウ *Arisaema nikoense* subsp. *australe* ………………………… 12c
カラフトヒロハテンナンショウ *Arisaema sachalinense* ……………………………………… 8

●絶滅危惧II類（VU）

マイヅルテンナンショウ *Arisaema heterophyllum* ……………………………………… 1
カミコウチテンナンショウ
　　　Arisaema ishizuchiense subsp. *brevicollum*（*A. nikoense* subsp. *brevicollum*）……… 12d
ハリママムシグサ *Arisaema minus* ……………………………………………………… 25
ユキモチソウ *Arisaema sikokianum* ……………………………………………………… 18

1. マイヅルテンナンショウ

Arisaema heterophyllum Blume, Rumphia 1: 110 (1835).

図1 マイヅルテンナンショウ（宮崎県霧島山 1980/5/31）。川の氾濫原の疎林やその周辺の湿地、草原などに生える。そのような環境は河川整備とゴルフ場などの開発でほとんど失われたため、各地で絶滅し、標本だけで産地が知られている場合が多い。しかし最近また、各地で再発見されるようになった。*Arisaema heterophyllum* on Mt. Kirishima in Kyushu. This species prefers sunny and wet places and grows around ponds or on river banks.

図2 マイヅルテンナンショウの2倍体（左、中国四川省産）と12倍体（右、日本産）。日本産のものは染色体数が168本の12倍体で、両性花序には雌花群、雄花群が明らかで角状突起がない。台湾および中国の中・南部には染色体数が28本の2倍体が広く分布しており、両性花序では雄花の数が少なく、上部に角状不定形の突起を生ずるのが普通である。小石川植物園で撮影。Diploid individual with 2n = 28 chromosomes from Sichuan, China (left) and dodecaploid individual with 2n = 168 chromosomes from Japan (right) cultivated in the Botanical Gardens, University of Tokyo.

Arisaema thunbergii Blume var. *β. heterophyllum* (Blume) Engl. in Candolle & Candolle, Monogr. Phan. 2: 546 (1879).

Arisaema heterophyllum Blume var. *nigropunctatum* Makino in Bot. Mag. Tokyo 25: 228 (1911).

Arisaema brachyspathum Hayata, Icon. Pl. Formosan. 5: 241 (1915).

Arisaema takeoi Hayata, Icon. Pl. Formosan. 5: 246 (1915).

Arisaema kwangtungense Merrill in Philipp. J. Sci. 15: 228 (1919).

Arisaema multisectum Engl., Pflanzenr. 73 (4-23F): 186 (1920).

Arisaema ambiguum Engl., Pflanzenr. 73 (4-23F): 187 (1920)

Arisaema limprichtii K. Krause in Repert. Spec. Nov. Regni Veg. Beih. 12: 314 (1922).

図3 マイヅルテンナンショウの両性（雌性）花序．仏炎苞筒部を開いたところ．花序付属体の基部には柄がない．12倍体（左）では雌花群の上に雄花群がまばらに続くが，2倍体（右）では，雌花群の上に雌花が変形したような角状の突起がつき，その一部に葯のようなものがついていて，実質的には雌花序となっている．The inflorescences of *A. heterophyllum* with pistillate flowers in the lower part (left = dodecaploid, right = diploid, corresponding to Fig. 2). The spathe tubes are opened to show the spadices.

図4 マイヅルテンナンショウの雄花序．仏炎苞を取り除いたところ．12倍体（左）では角状突起がまったくなく，2倍体（右）では突起が少ないか，またはない．The staminate inflorescences of *A. heterophyllum* (left = dodecaploid, right = diploid).

113

Arisaema stenospathum Hand.-Mazz. in Anz. Akad. Wiss. Wien, Math.-Nat. 1924, 61: 122 (1925).

Arisaema manshuricum Nakai, Iconogr. Pl. Asiae Orient. 3: 199 (1939).

Heteroarisaema koreanum (Engl.) Nakai in J. Jap. Bot. 25: 6 (1950).

Heteroarisaema manshuricum (Nakai) Nakai in J. Jap. Bot. 25: 6 (1950).

Heteroarisaema heterophyllum (Blume) Nakai in J. Jap. Bot. 25: 6 (1950), in Bull. Natl. Sci. Mus., Tokyo no. 31: 126 (1952).

[*Arisaema heterophyllum* Blume f. *nigropunctatum* Sugim., Keys Herb. Pl. Jap. 2. Monocotyl.: 242 (1973), nom. nud.]

本州，四国，九州および朝鮮半島，台湾，中国にかけて広く分布する多年草。水辺の草地，疎林下に多く生える。高さ40〜80 cm（高さ150 cmを超える大型個体の報告もある）。雌雄偽異株で雄株から両性株へと転換する。葉は地下の球茎につき，葉序は5列縦生，腋芽は単生し時に子球に発達する。6月頃地上に葉と花序を展開する。葉は1個で偽茎部は長く，直立し，葉柄部は

図5 果実期のマイヅルテンナンショウ（大野：大分県別府市 2016/10/7）．果実が大きいため直立したままでは支えきれない．この後，果実はさらに赤熟する．
The fruiting individuals of *A. heterophyllum*.

図6 開花前のマイヅルテンナンショウ（大野：大分県別府市 2016/5/29）．偽茎基部は白い膜状の鞘状葉に囲まれる．中央小葉は上を向いている．花序は葉よりも後で開く．*Arisaema heterophyllum* just coming up on the ground.

ウラシマソウ節 *Arisaema* sect. *Flagellarisaema*

はるかに短い．葉身は鳥足状に分裂し，小葉は 17 〜 21 枚，線形，長楕円形または倒披針形となり，先はやや急に尖り，中央のもの（頂小葉）はその両側に比べ著しく小さい．花序は葉が展開した後，偽茎部の開口部から現われ，展開時には葉身とほぼ同じ高さか，両性株ではときに著しく低くつき，仏炎苞は緑色で筒部は細長く，舷部は卵形で基部が広く開出する．両性株では雄花群が雌花群の上につき，花序付属体は無柄で先に向かって鞭状に細まり，苞外に出て直立する．花粉表面には円錐状突起のほかに大小の鋭い小突起がある．1 子房中に 3 〜 4 個の胚珠がある．果実は秋に赤熟する．

■染色体数 : 2n = 168 あるいは 2n = 140（日本，韓国から，おそらく中国東北部まで分布するもの），2n = 28（台湾，中国産のもの）．

■分布 : 本州，四国，九州，（韓国，台湾，中国）．

〔付記〕本種の外部形態はヒマラヤ地域産の *A. tortuosum* (Wall.) Schott，中国産の *A. yunnanense*，北米産の *A. dracontium* (L.) Nutt. とよく似ている．しかも，花粉表面の円錐状の突起の間に，鋭い小突起があるという特徴も共有している．それにもかかわらず系統的には，*A. tortuosum* はインドマムシグサ節に，*A. yunnanense* はニオイマムシグサ節に，*A. dracontium* と本種はウラシマソウ節に所属することが示されている（第Ⅰ章 30 〜 31 頁図 13）．

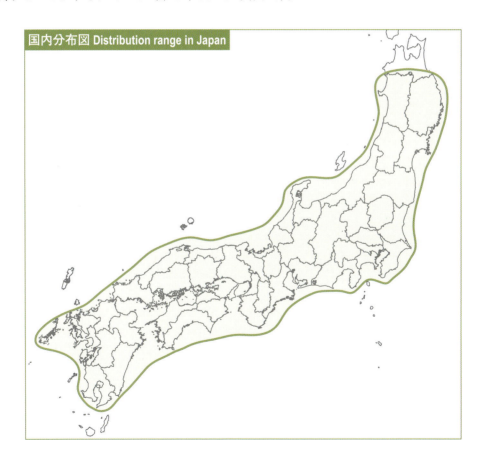

国内分布図 Distribution range in Japan

Ⅲ. 日本産テンナンショウ属の図鑑

 2a. ナンゴクウラシマソウ

Arisaema thunbergii Blume, Rumphia 1: 105 (1835) subsp. ***thunbergii***

Arisaema thunbergii Blume var. *pictum* Nakai, Rep. Tsurusima Shiroyama: 38 (1927), in Bot. Mag. Tokyo 42: 455 (1928).

Arisaema urashima H. Hara var. *pictum* (Nakai) Honda, Nom. Pl. Jap.: 504 (1939).

Flagellarisaema thunbergii (Blume) Nakai in J. Jap. Bot. 25: 6 (1950).

Flagellarisaema thunbergii (Blume) Nakai var. *corniculatum* Sakata in J. Jap. Bot. 33: 29 (1958).

[*Arisaema thunbergii* Blume f. *pictum* (Nakai) Sugim., Keys Herb. Pl. Jap. 2. Monocotyl.: 246 (1973), comb. nud.]

[*Arisaema thunbergii* Blume f. *corniculatum* (Sakata) Sugim., Keys Herb. Pl. Jap. 2. Monocotyl.: 246 (1973), comb. nud.]

林下，林縁に生える多年草。高さ30〜60 cm。雌雄偽異株で雄株から雌株へと完全に転換する。葉は地下の球茎につき，葉序は5列縦生，腋芽は単生し，子球に発達して多数つき，放射状に5列に並ぶ。3〜5月頃地上に葉と花序を展開する。葉は1枚で偽茎部は短くて膜状の鞘状葉に囲まれ，葉柄部ははるかに長い。葉身は鳥足状に分裂し，小葉は11〜17枚，広線形〜披針形で両端が狭まり，濃緑色で光沢があり，主脈に沿ってしばしば白斑がある。花序柄は短

◀ 図1　ナンゴクウラシマソウ（愛媛県僧頭 1983/4/13）．ナンゴクウラシマソウはウラシマソウほど子イモを作らないので，このように群生することは珍しい．*Arisaema thunbergii* subsp. *thunbergii* in Ehime prefecture.

ウラシマソウ節 *Arisaema* sect. *Flagellarisaema*

図2　ナンゴクウラシマソウの仏炎苞（内側）．舷部は半球状に盛り上がっているため，平らに広げることはできない．先はやや尾状に尖るのが普通．筒部の上端で少しくびれており，その内側にいろいろな形の白い模様が出ることがある．左側の個体ではそれが直線状となっている．時には，ヒメウラシマソウのT字斑に似た模様になることもある．The opened spathes of *A. thunbergii* subsp. *thunbergii*, viewed from inside, showing the inflated spathe blade and the color variation.

図3　ナンゴクウラシマソウの雄花序（左）と花序付属体の膨大部の拡大写真（右）．花序付属体の基部には柄がない．仏炎苞の開口部あたりがふくらみ，細かい襞が密生する．多くはクリーム色であるが，黒紫色を帯びてウラシマソウに近づくものもある．この襞はキノコの襞に擬態しているようで，テンナンショウ属の本来のポリネーターであるキノコバエを誘引するのに役立つものと思われる．A staminate spadix and its appendage of *A. thunbergii* subsp. *thunbergii*. The distinctly thickened basal part of the appendage is creamy white and finely crispate presenting appearance of the lamellae of mushrooms.

く，花序は地上近くに立ちあがり，仏炎苞は筒部が太い筒状で上にやや開き，口部はややくびれてから反曲し，舷部は三角状広卵形で先は細く狭まり，舷部の外側は紫褐色，筒部の内側は白味を帯びる．花序は雄または雌，付属体は無柄で基部は太く，黄白色で肥大し，著しいしわがあり，次第

117

III. 日本産テンナンショウ属の図鑑

図4 常緑林の暗い林床に生えるナンゴクウラシマソウ（大野：安芸宮島 2017/5/15）．このような環境では，ウラシマソウに比べて葉の紫色が強く，小葉が細くて主脈に沿って白くなるものが多い．*Arisaema thunbergii* subsp. *thunbergii* growing under evergreen forest. This subspecies is more hardy in such dark condition than subsp. *urashima* and typically has a dark purplish leaf with slenderer leaflets whitish along the midvein.

に細く長く糸状に伸び，仏炎苞外で立ち上がり，さらに垂れ下がる．1子房中に5〜7個の胚珠がある．果実は秋遅くに赤く熟す．発芽第1葉は地下性の鞘状葉で，2年目にはじめて地上葉（普通葉）が出る．

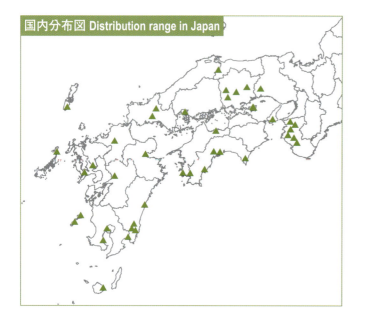

■染色体数：2n = 28.

■分布：本州西部（近畿地方，中国地方），四国，九州．（韓国南部島嶼）．

〔付記〕ナンゴクウラシマソウとウラシマソウの分布域は瀬戸内海周辺などで重なっているが，一般にナンゴクウラシマソウがより高くて暗い所に生育する．しかし，境界付近では花序付属体の特徴が中間的である個体が出ることが知られている．

118

ウラシマソウ節 Arisaema sect. Flagellarisaema

2b. ウラシマソウ

Arisaema thunbergii Blume subsp. ***urashima*** (H.Hara) H. Ohashi & J. Murata in J. Fac. Sci. Univ. Tokyo, sect. 3, Bot. 12: 307 (1980).

図1 ウラシマソウ雌株（伊豆大島2005/4/9）．ウラシマソウは林床にも広がるが，明るい所にもよく出てくる．ウラシマソウは地下の球茎に多数の子球（子イモ）を作り栄養繁殖を行うのに適している．親株の脇に出ている葉は，地下の球茎にできた子球から伸びた葉である．*Arisaema thunbergii* subsp. *urashima* growing in open habitat in the Izu-oshima island. This subspecies vigorously produces offsprings by proliferation.

Arisaema urashima H. Hara in J. Jap. Bot. 11: 822 (1935).

Arisaema thunbergii Blume var. *monostachyum* Nakai in Bot. Mag. Tokyo 49: 586 (1935).

Arisaema urashima H. Hara var. *monostachyum* (Nakai) H. Hara in J. Jap. Bot. 11: 823 (1935).

Arisaema thunbergii Blume var. *urashima* (H. Hara) Makino, Makino's Ill. Fl. Jap.: 774, pl. 2322 (1940).

Flagellarisaema urashima (H. Hara) Nakai in J. Jap. Bot. 25: 6 (1950).

Arisaema urashima H. Hara var. *kashimense* Hayashi in Bull. Gov. Forest Exp. Sta. no. 170: 83 (1964).

[*Arisaema urashima* H. Hara f. *alboflagellatum* Sugim., Keys Herb. Pl. Jap. 2. Monocotyl.: 246 (1973), nom. nud.]

図2 タイワンウラシマソウ *Arisaema thunbergii* Blume subsp. *autumnale* J.C. Wang, J. Murata & H. Ohashi. 台湾特産の亜種で1996年に発表された．ナンゴクウラシマソウやウラシマソウに比べ，仏炎苞の縦の白筋が著しいことで区別されるほか，雄株（左）と雌株（右）の間で形態差が大きいことも特徴である．野生のものは秋に開花するが，温室で栽培すると必ずしも秋に開花するとは限らず，春に開花することもある（Omori et al. 2004）． Subsp. *autumnale* is endemic to Taiwan and set flowers after summer. It shows distinct sexual dimorphism (Omori et al. 2004).

ウラシマソウ節 *Arisaema* sect. *Flagellarisaema*

　北海道南部から本州および四国，九州北部の林下，林縁に生える多年草。高さ30〜60 cm。雌雄偽異株で雄株から雌株へと完全に転換する。葉は地下の球茎につき，葉序は5列縦生，腋芽は単生し，子球に発達して多数つき，放射状に5列に並ぶ。3〜4月頃地上に葉と花序を展開する。葉は1枚で偽茎部が短く膜状の鞘状葉に囲まれ，葉柄部ははるかに長い。葉身は鳥足状に分裂し，小葉は11

図3　ウラシマソウの果実（大西憲太郎：愛媛県松山市 2017/11/24）．通常の環境では稔りにくく，日当りがよく，やや乾いた場所で見ることが多い．ウラシマソウの仲間の果実は完熟までに時間がかかり，葉はすでに分解してなくなっている．果実は角張り，先が凹んでいる．A ripe infructescence of *A. thunbergii* subsp. *urahima*. The accompanying leaf has decayed and lost. The fertile infructescences of this species are rare but more frequently seen in open and semi-dry habitat.

図4　ウラシマソウ雄株（東京都小石川 2015/ 4/6）．タイプ産地の小石川植物園で撮影．Staminate individuals of *A. thunbergii* subsp. *urahima* in the type locality, Botanical Gardens, Koishikawa, Tokyo.

III. 日本産テンナンショウ属の図鑑

図5 ウラシマソウの球茎．前年の腋芽は葉序を反映して5方向に並んでいる．これらがさらにふくらんで子球（子イモ）となり，脱落して栄養繁殖を行う．The top vies of the tuber of *A. thunbergii* subsp. *urahima* with axillary buds in a quincuncial arrangement. Axillary buds are developing into tubercles.

〜21枚，狭楕円形で両端が狭まり，濃緑色〜緑色で光沢があり，ときに白斑がある．花序柄は短く，花序は地上近くに立ちあがり，仏炎苞は筒部がおおむね白っぽくて細かい紫斑があり，太い筒状で上に開き，口縁部は開出して紫褐色，舷部は少なくとも内側が紫褐色，広卵形で先は細く狭まる．花序付属体は紫褐色，無柄で基部はやや太く，次第に細く長く糸状に伸び，仏炎苞外で立ち上がり，さらに下に垂れ下がる．まれに結実し，秋遅くに赤熱する．

■染色体数：2n = 28, 42．

■分布：北海道南部，本州，四国東北部，九州（北部）．

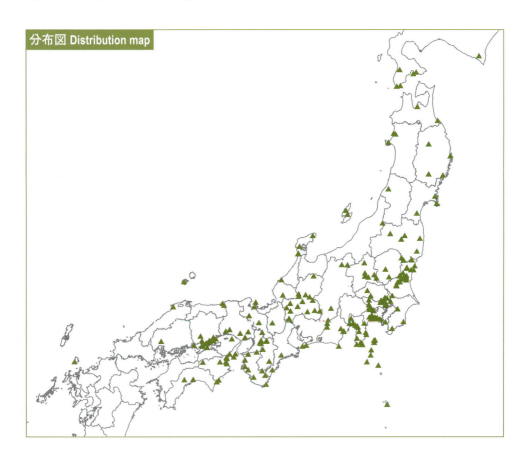

分布図 Distribution map

ウラシマソウ節 Arisaema sect. Flagellarisaema

3. ヒメウラシマソウ

Arisaema kiushianum Makino in J. Jap. Bot. 2: 3 (1918).
Flagellarisaema kiushianum (Makino) Nakai in J. Jap. Bot. 25: 6 (1950).

図1　ヒメウラシマソウ（図2の集団のうちの1株）（大野：山口県周南市 2017/5/23）．ヒメウラシマソウの葉はウラシマソウに比べて中央の小葉が特に大きく、かつ小葉の数が少ないことが特徴である．ふつう斜面に生え、葉面は光の来る方向に傾く．花序は葉の下に隠れて遠くからは目立たない．*Arisaema kiusianum*, one of the individual in the population in Fig. 2.

　本州中国地方西部および九州の林下に生える多年草。高さ15〜30 cm。雌雄偽異株で雄株から雌株に完全に転換する。球茎にはウラシマソウと同様に子球を生じるが各子球はやや先が尖る。5月頃地上に葉と花序を展開する。葉の偽茎部は短く、膜状の鞘状葉に囲まれ、通常、地上に出ない。葉柄部ははるかに長く、斜面に生じる場合には外側に傾く。葉身は鳥足状に分裂し、小葉は7〜13枚、長楕円形で両端が狭まり、中央のものが最も大きく、外側に向かって急に小さくなる。花序柄は短く、花序は地上近くに立ち上がる。仏炎苞はウラシマソウに比べて小さく、筒部は太

Ⅲ．日本産テンナンショウ属の図鑑

図2　急斜面に群生するヒメウラシマソウ（大野：山口県周南市 2017/5/15）．A dense population of *A. kiushianum* growing on a steep slope in Yamaguchi prefecture.

図3　ヒメウラシマソウの雄株（左）と雌株（右）（大野：山口県周南市 2017/5/23）．川に面した石垣の上で咲いていた，日当たりが良く平らな場所では葉は上に向いて広がる．A pistillate (right) and a staminate individuals of *A. kiushianum* in Yamaguchi prefecture.

図4　ヒメウラシマソウの果序（大野：熊本県阿蘇市 2004/8/23）．果実が膨らみ熟してきている．果序は角張っている．An infructescence of *A. kiushianum* just before red ripened.

ウラシマソウ節 *Arisaema* sect. *Flagellarisaema*

図5 ヒメウラシマソウの花序（拡大）. 仏炎苞内側にあるT字斑がよく目立つ.
An inflorescence of *A. kiushianum*, The white T-shaped mark is typical of this species.

図6 ヒメウラシマソウの雄花序（左）と雌花序（右）. 多くのテンナンショウ属植物と同様に, 株が大きくなると, 花序が雄から雌に変わる. A staminate (left) and a pistillate (right) spadices of *A. kiushianum*.

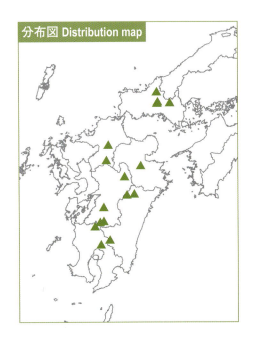

分布図 Distribution map

短く口部でいったん狭まり, 横に幅広く開出して舷部に移行し, 舷部は三角状の広卵形で, 外面は紫緑色を帯び, 白色の筋があり, 内側は紫褐色で明瞭なT字形の白斑があって目立つ. 花序付属体は基部でやや太く, 次第に細まり, ウラシマソウと同様に苞外に伸び出すがそれほど長くはならない. 1子房中に7〜9個の胚珠がある. 果実は秋に葉が枯れて後に完熟し, 赤色となる.

■染色体数：2n = 56.
■分布：本州西部（山口県），九州。

125

4. シマテンナンショウ (ヘンゴダマ)

Arisaema negishii Makino in J. Jap. Bot. 1: 41 (1918).

Arisaema negishii Makino f. *viridiappendiculatum* Makino in J. Jap. Bot. 1: 41 (1918).
Pleuriarum negishii (Makino) Nakai in Bull. Natl. Sci. Mus., Tokyo no. 31: 126 (1952).

図1　シマテンナンショウ雄株（大野：八丈島 2011/3/4）．シマテンナンショウでは，2枚の普通葉がほぼ同大．雄の花序柄は葉柄とほぼ同じ長さになる．花序付属体は紫色で目立ち，雄花序のものは雌花序と比べてやや長い．A staminate individual of *A. negishii* in Hachijojima island, Tokyo. Two pedate leaves are usually the same size. The peduncle is nearly as long as the petioles in staminate individuals. The spadix appendage is green or purple, slightly longer in staminate inflorescences than pistillate ones.

　林下・林縁に生える多年草。高さ20〜60 cm。雌雄偽異株で雄株から雌株へと完全に転換する。地下の球茎上に横並びの腋芽列を生じる。1〜3月頃地上部を出し，鞘状葉の中から緑色の葉と花序をほぼ同時に展開する。葉は5列縦生，鞘状葉は革質で筒状に巻く。葉は通常2個つきほぼ同大，葉柄の偽茎部はその上の葉柄部とほぼ等長，葉身は鳥足状に分裂し，小葉は9〜15枚，狭楕円形で両端は次第に狭まる。雄株では花序柄は葉柄よりやや短く，仏炎苞は白い縦筋がなく，筒部はやや太い筒状。口縁部は狭く反り返り波状の縮れがある。舷部は卵形で，基部でやや狭まり，ふちはときに紫色を帯びる。花序軸上には雄花がまばらにつき，花序付属体は緑色，しばしば紫色を帯び，長さ10〜15 cm，無柄で，先に向かって鞭状に細まり，仏炎苞の外に伸び出す。雌株では花序柄は葉柄より明らかに短く，花序付属体の基部に突起状の退化花がある。1子房中に2

アマミテンナンショウ節 *Arisaema* sect. *Clavata*

図2　八丈島三原山の斜面林縁に群生するシマテンナンショウ（大野：八丈島 2011/3/4）．写真のような明るい林床や林縁を好み，林が茂って暗くなるとすっかりなくなってしまう． *Arisaema negishii* growing at the evergreen forest margin in the slope of Mt. Miharayama, Hachijojima island.

図3　開花初期のシマテンナンショウ（大野：八丈島 2011/3/4）．葉がまだ伸びきっていない．この個体の花序付属体は白緑色である． *Arisaema negishii* at the early stage of flowering. Leaves are not fully expanded. This individual has greenish spadix appendage.

図4　シマテンナンショウの完熟した果実（大野：八丈島産 2017/9/3）．果実の先端に花柱が突起になって残り，触るとチクチクする．この状態になると葉や茎が枯れて地上に横たわる． A mature infructescence of *A. negishii*.

〜4個の胚珠がある．果実は夏に熟す．主に種子で繁殖するが，発芽した年は地上に葉を出さず，2年目に，はじめて緑色の葉を展開することはウラシマソウと同様である．球茎は食用となる．本種はアマミテンナンショウ節において，中国大陸産の *A. hunanense* Hand.-Mazz. によく似ている．

127

III. 日本産テンナンショウ属の図鑑

図5 シマテンナンショウ雌株（八丈島三原山 1978/4/5）．雌の花序柄は葉柄に比べてはるかに短い．このことには，果実を支える柄が短く，倒れ難くなるという意味があると考えられる．A pistillate individual of *A. negishii* on the Mt. Miharayama, Hachijojima island. In the pistillate individual the peduncle is shorter than the petiole and the inflorescence are situated below leaves.

図6 仏炎苞を取り外して見たシマテンナンショウ雌花序と花序付属体．雌花序では角状突起が顕著である．The pistillate spadix inside the spathe, showing the protuberances above pistillate flowers.

←図7 シマテンナンショウの芽生え．手前の土を取り除いて地下部を見たところ．子葉は先を種子の中にとどめたまま伸びて，茎頂部分を外に押し出す．その部分（胚軸＋茎）は球状にふくらむと同時に根を伸ばす．そして成長期の終わりには小さな球茎が形成される．このようにシマテンナンショウは，ウラシマソウ類と同様に，種子が発芽した年には地下に根を伸ばすが，地上には何も出てこない．発芽2年目に地上にはじめて緑葉を出す．The subterranean seedlings of *A. negishii*. The juvenile tubers with roots are pushed out from the seed by the elongated cotyledon. The first green leaf comes up on the ground next year.

■染色体数：$2n = 28$．

■分布：本州（伊豆諸島：青ヶ島，八丈島，御蔵島，三宅島）．

〔付記〕東京大学植物標本室に神奈川県産の標本があるが，それ以外の記録はなく自然分布は疑わしい．

アマミテンナンショウ節 Arisaema sect. Clavata

5a. アマミテンナンショウ

Arisaema heterocephalum Koidz., Pl. Nov. Amami-ohsim.: 12 (1928) subsp. ***heterocephalum***

図1　アマミテンナンショウ雄株（奄美大島 1978/3/20）．アマミテンナンショウは奄美大島，徳之島の山地の上部に生え，オオアマミテンナンショウやオキナワテンナンショウに比べて小型，小葉が細くて数が多い．また，花序付属体が細い傾向がある．雄株では花序が葉よりやや高くつく．A staminate individual of *A. heterocephalum* on the Mt. Katsuudake, Amami-oshima island. In staminate individual the peduncle is longer than the petiole and the inflorescence are emergent above leaves.

山地林下の石灰岩崩壊地に生える多年草，高さ 15 〜 50 cm。雌雄偽異株で雄株から雌株へと完全に転換する。地下の球茎上に横並びの腋芽列を生じる。12 〜 2 月頃基部を数枚の鞘状葉に囲まれた葉 2 〜 3 枚を地上に展開し，花序柄に 1 個の花序を頂生する。葉序は 5 列縦生，鞘状葉は革質で筒状に巻く。葉柄は下部が筒状に合着して偽茎部となり，上部は開出して葉柄部となる。葉身は鳥足状に分裂し，小葉は 13 〜 21 枚，広線形から倒披針形で外側に向かって次第に小さくなる。雄株では花序柄は葉柄とほぼ等長，仏炎苞は葉に遅れて開き，緑色で白い縦筋があり，筒部はやや上に開いた筒状となり淡色，舷部は卵形で前に曲がる。花序軸上には雄花がまばらにつき，

129

Ⅲ. 日本産テンナンショウ属の図鑑

図2　アマミテンナンショウ雌株（大野：奄美大島湯湾岳 2017/3/3）．葉だけが先に展開し，花序は地上近くにあって，仏炎苞がまだ開いていない．Two pistillate individuals of *A. heterocephalum* on the Mt. Yuwandake, Amami-oshima island. The unopened inflorescence is situated near ground.

分布図 Distribution map

花序付属体は柄がなく，棒状で上部が次第に肥大する．雌株では花序柄は葉柄より著しく短く，仏炎苞の筒部はやや細い円筒状，花序軸上には雌花が密集してつき，その上部に突起状の退化花があり，花序付属体は細棒状で先はやや急に肥大する．種子の表面は淡褐色で紫斑がある．発芽第1葉は5小葉を持つ．

■染色体数：$2n = 28$．
■分布：琉球（奄美諸島：奄美大島，徳之島）．

アマミテンナンショウ節 *Arisaema* sect. *Clavata*

図3　アマミテンナンショウ雌株（手前）（徳之島井之川岳 1980/2/15）．雌株は全体に背が低く，花序が葉より低くつく．背後の雄株では花序柄が長いのと対照的である． A pistillate individuals of *A. heterocephalum* with a staminate one behind, on the Mt. Inokawadake, Tokunoshima island, in calcareous habitat. The peduncle is much shorter than the petiole and the inflorescence is situated below the leaves.

図4　アマミテンナンショウの花序．仏炎苞を取り除いたところ．花序付属体の基部には柄がない．雌花序（右）では，雌花群の上に角状の白い突起がついている．雄花序（左）では突起が少ないか，またはない．花序付属体は雌のほうが雄よりやや細長く．先端だけ急にふくらむ傾向があり，中国産で近縁な *Arisaema clavatum*（clavatum は棍棒状という意味）に似ている． The spadices and its appendages of *A. heterocephalum* (left = staminate, right = pistillate, with protuberances). They are similar to *A. clavatum* in China.

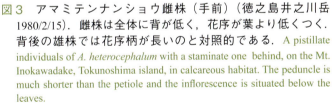

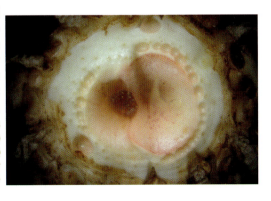

図5　アマミテンナンショウの偽茎を取り除いて，来年開く休眠芽の周辺を見たところ．左側の色の濃い部分は今年の花序柄の基部で，花序に一番近い葉（n 葉）の腋芽列がその左に並んでいる．右側の大きな芽が来年開く休眠芽で，花序から二番目（n-1 葉）の腋芽である．その副芽列が押し出されて，右外側に1列に並んでいる． The arrangement of axillary buds of *A. heterocephalum* at the top part of the tuber. The sheath leaves of the previous year's growth are removed. The peduncle (left) and the main axillary buds including next year's growth (right) are surrounded each by a series of small but distinct accessory buds.

131

5b. オキナワテンナンショウ

Arisaema heterocephalum Koidz. subsp. *okinawaense* H. Ohashi & J. Murata in J. Fac. Sci. Univ. Tokyo, sect. 3, Bot. 12: 293, f. 4a (1980); Murata & Ohashi in J. Jap. Bot. 55: 165 (1980).

Arisaema heterocephalum Koidz. var. *okinawaense* (H. Ohashi & J. Murata) Seriz. in J. Jap. Bot. 57: 42 (1982).

山地林下の石灰岩崩壊地に生える多年草，一般にアマミテンナンショウより大きく，高さ15～50 cm。雌雄偽異株で雄株から雌株へと完全に転換する。葉は地下の球茎につき，葉序は5列縦生，腋芽には副芽があって横並びの腋芽列を生じる。12～2月頃基部を数枚の鞘状葉に囲

図1　オキナワテンナンショウ雌株（沖縄島嘉津宇岳 1986/2/19）．琉球石灰岩の割れ目に入っている．A pistillate individual of *A. heterocephalum* subsp. *okinawaense* on the Mt. Katsuudake, Okinawa island, in calcareous habitat.

図2　オキナワテンナンショウ雄株（沖縄島安和岳 1980/2/10）．葉を3枚つけた大きな雄株である．地下の球茎から，昨年果実をつけた花序柄の残骸がまだ立っている．これを見ると，同一株が雌から雄に性転換したこと，雌花序の柄は短かったが，雄になって葉柄と同じぐらい長くなったことがわかる．A staminate individual of *A. heterocephalum* subsp. *okinawaense* with three leaves on the Mt. Awadake, Okinawa island. The fruiting peduncle of the previous year arising from the same individual indicates the sex change accompanying the change of the length of the peduncle.

アマミテンナンショウ節 *Arisaema* sect. *Clavata*

図3　オキナワテンナンショウの雄花序．仏炎苞筒部を開いたところ．雄花序では雄花群の上に角状の突起がほとんどない．The staminate inflorescences of *A. heterocephalum* subsp. *okinawaense*. Spathes are open to show the spadix and the spadix appendage.

図4　オキナワテンナンショウの球茎（イモ）．アマミテンナンショウと同様に，横並びの腋芽列が明らかである．これらの腋芽は通常では発芽しない．しかしアマミテンナンショウ3亜種の球茎は割れやすく，割れて分割されると腋芽が成長して子株ができる．イノシシなどに攪乱されることにより個体数が増えるのかもしれない．The tuber of *A. heterocephalum* subsp. *okinawaense*. The sheath leaves of the previous year's growth are removed. Laterally arranged accessory buds are seen.

分布図 Distribution map

←図5　オキナワテンナンショウの種子．他の2亜種と同様に，種子に紫色の斑紋がある．テンナンショウ属の種子は一般に乳白色〜淡褐色で紫色の色素を持たず，このような種子は特徴的である．The seeds of *A. heterocephalum* subsp. *okinawaense* with unique dark purple dots.

まれた葉2〜3枚を地上に展開し，花序柄に1個の花序を頂生する．葉序は5列縦生，鞘状葉は革質で筒状に巻く．葉柄は下部が筒状に合着して偽茎部となり，上部は開出していわゆる葉柄となる．葉身は鳥足状に分裂し，小葉は11〜19枚，狭楕円形から楕円形で外側に向かって次第に小さくなる．雄株では花序柄は葉柄とほぼ等長．仏炎苞は葉に遅れて開き，筒部はやや上に開いた筒状となり外面が紫緑色で白い縦筋があり，内面は通常白色，舷部は外面が紫緑色，内面は紫褐色で光沢があり，筒部より長く，狭卵形で前に曲がって垂れる．花序軸上には雄花がまばらにつき，花序付属体は柄がなく棒状〜細棒状，上部が紫褐色でやや肥大する．雌株では花序柄は葉柄より著しく短く，仏炎苞の筒部はやや細い円筒状，花序軸上には雌花が密集してつき，その上部に突起状の退化花があり，花序付属体は棒状で先は肥大しない．

■染色体数：2n = 28．　■分布：琉球（沖縄島）．

5c. オオアマミテンナンショウ

Arisaema heterocephalum Koidz. subsp. ***majus*** (Seriz.) J. Murata in Acta Phytotax. Geobot. 36: 137 (1985).

Arisaema heterocephalum Koidz. var. *majus* Seriz. in J. Jap. Bot. 57: 41, f. 1 (1982).

　林下の石灰岩崩壊地に生える多年草。アマミテンナンショウの3亜種のうちで最も大きく，高さ25〜60cm。雌雄偽異株で雄株から雌株へと完全に転換する。葉は地下の球茎につき，葉序は5列縦生，腋芽には副芽があって横並びの腋芽列を生じる。12〜2月頃基部を数枚の鞘状葉に囲まれた葉2〜3枚を地上に展開し，花序柄に1個の花序を頂生する。葉序は5列縦生，鞘状葉は革質で筒状に巻く。葉柄は下部が筒状に合着して偽茎部となり，上部は開出していわゆる葉柄となる。偽茎や葉柄は通常

図1　オオアマミテンナンショウ雌株（徳之島 1982/1/20）．雌花序の柄は短く，花序は葉より下につく．日陰に生えるものではこのように葉軸が急角度に開出する傾向がある．A pistillate individuals of *A. heterocephalum* subsp *majus* in Tokunoshima island. The peduncle is much shorter than the petiole and the inflorescence is situated below the leaves. The pseuostem, petiole and peduncle of this subspecies usually green without maculation.

アマミテンナンショウ節 *Arisaema* sect. *Clavata*

図2 オオアマミテンナンショウ雌株．オオアマミテンナンショウは一般に，他の2亜種のように偽茎や葉柄に斑がないのが普通であるが，時にはこのような個体も見られる．花序付属体が太いこと以外ではアマミテンナンショウと区別できない．図1に示す個体から10 mほど離れた所にあった．A pistillate individual of *A. heterocephalum* subsp. *majus* that is similar to subsp. *heterocephalum*. It was found near by the individual in Fig. 1.

図3 オオアマミテンナンショウの自生地のひとつ（大野：徳之島 2017/3/5）．低地で人里に近い藪の縁などに生えるため，畑や宅地化により個体数が減少している．町で保護されている．The natural habitat of *A. heterocephalum* subsp. *majus* in Tokunoshima island.

緑色でほとんど斑がない．葉身は鳥足状に分裂し，小葉は16〜29枚，広線形から倒披針形で外側に向かって次第に小さくなる．雄株では花序柄は葉柄とほぼ等長，仏炎苞は葉に遅れて開き，緑色で白い縦筋があり，筒部はやや上に開いた筒状となり舷部は卵形で前に曲がり，先はやや反り返る．花序軸上には雄花がまばらにつき，花序付属体は柄がなく，太棒状で上部が肥大する．雌株では花序柄は

135

Ⅲ．日本産テンナンショウ属の図鑑

図4　オオアマミテンナンショウ雄株（徳之島 1982/1/20）．花序柄は雌株より相対的に長いが，花序は葉の上に出ていない．Staminate individuals of *A. heterocephalum* subsp. *majus*. The peduncle is longer than that of the pistillate individual but the inflorescences do not exeed from the leaves.

図5　オオアマミテンナンショウの雄花序．小石川植物園栽培．The pistillate inflorescence of *A. heterocephalum* subsp. *majus*. The long spadix appendage is clearly seen above the spathe mouth.

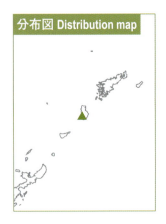

←図6　オオアマミテンナンショウの発芽第1葉．他の2亜種と同様に，第1葉から5小葉に分裂している．The plumule leaves of *A. heterocephalum* subsp. *majus* have five leaflets. This character is unique in *A. heterocephalum* (Murata 1986b, in Japanese).

葉柄より著しく短く，仏炎苞の筒部はやや細い円筒状で，花序軸上には雌花が密集してつき，その上部に突起状の退化花があり，花序付属体は棒状で長く，仏炎苞口部から長く露出する．発芽第1葉は5小葉を持つ．

■染色体数：2n = 28．　■分布：琉球（徳之島）．

〔付記〕本亜種は中国産の *Arisaema clavatum* Engl.（84頁参照）によく似ており，花序付属体の形だけが異なる．

6. ミツバテンナンショウ

Arisaema ternatipartitum Makino in Bot. Mag. Tokyo [6: 47 (1892), nom. nud.] 15: 134 (1901).

図1 ミツバテンナンショウ（愛媛県石鎚山 1977/5/6）．四国ではブナ帯の沢沿いの急斜面に群生することが多い．花序は葉よりも早く展開する．*Arisaema ternatipartitum* growing on the locky slope along a stream on the Mt. Ishizuchi, Ehime prefecture.

Ⅲ. 日本産テンナンショウ属の図鑑

図2 開花初期のミツバテンナンショウ（大野：静岡市 2017/4/12）．著しい早咲きタイプで，緑葉はまだ鞘状葉に隠れている．*Arisaema ternatipartitum* at the early stage of flowering.

図3 本州のミツバテンナンショウ（大野：静岡市 2004/4/30）．*Arisaema ternatipartitum* in Honshu.

マムシグサ節 Arisaema sect. Pistillata

　九州，四国および静岡県の山地の林下に生える多年草で，急傾斜の岩礫地に多い．高さ12～30 cm．雌雄偽異株で雄株から雌株に完全に転換する．葉は地下の球茎につき，葉序は2列斜生，腋芽は単生し，花後に白色の走出枝となって伸長し，先端に子球を生じた後に切れる．休眠芽は4～5月頃に地上に伸び出し，まず花序を展開し，次いで葉を開く．葉は1～2個つきほぼ同大，偽茎部と葉柄部はほぼ等長，葉身は3

図4　果実期のミツバテンナンショウ（愛媛県石鎚山 1980/10/21）．A fruiting individual of *A. ternatipartitum* on the Mt. Ishizuchi, Ehime prefecture.

図5　群生するミツバテンナンショウ（大野：静岡市 2004/4/30）．西日本の分布域から遠く離れて静岡県に隔離分布している．走出枝（図6）を出して移動することができるので，群落は林内のより生育条件の良い場所へ移動する．A large population of *A. ternatipartitum* growing on the slope of the mountain in Shizuoka prefecture. This is a single population in central Honshu, far apart from the populations in western Japan. ➡

139

Ⅲ. 日本産テンナンショウ属の図鑑

←図6 ミツバテンナンショウの地下走出枝．花が終わってから，前年の腋芽が走出枝となって伸び，先端に子イモを形成する．1979年7月5日に宮崎県で採集した標本．A herbarium specimen of *A. ternatipartitum* showing subterranean runners which extend after flowering.

小葉に分裂し，小葉はひし状卵形，ふちに微細な鋸歯をもつことは独特である．花序柄は長く，偽茎部とほぼ等長．仏炎苞は淡褐色で赤紫色を帯び，筒口部は耳状に広く開出する．舷部は卵形で先は短く尖り，前に曲がる．雄花群はややまばらに，雌花群は密集してつき，花序付属体は仏炎苞と同色，基部に柄があり，棒状から太棒状で直立する．1子房中に7〜14個の胚珠がある．果実は秋に赤熟する．

〔付記〕日本では3小葉をもつ種として他にムサシアブミがあるが，本種は走出枝を出すこと，葉のふちに細鋸歯をもつこと，仏炎苞の形がまったく異なることにより，後者と容易に区別することができる．

■染色体数：2n = 72．
■分布：本州（静岡，山口県），四国，九州．

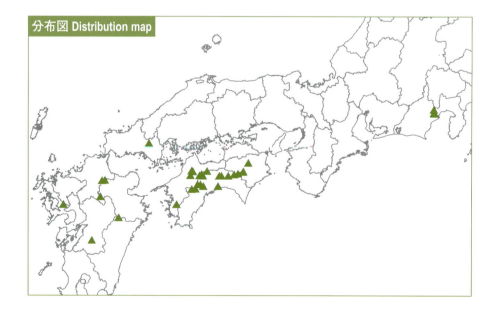

分布図 Distribution map

マムシグサ節 *Arisaema* sect. *Pistillata*

7. ムサシアブミ

Arisaema ringens (Thunb.) Schott in Schott & Endlicher, Melet. Bot.: 17 (1832).

Arum ringens Thunb. in Trans. Linn. Soc. London 2: 337 (1794).

Arisaema praecox de Vriese ex K. Koch in Allg. Gartenzeitung 1857: 85 (1857).

Arisaema sieboldii de Vriese ex K. Koch in Allg. Gartenzeitung 1857: 85 (1857).

Arisaema ringens (Thunb.) Schott var. *praecox* (K. Koch) Engl. in Candolle & Candolle, Monogr. Phan. 2: 535 (1879).

Arisaema ringens (Thunb.) Schott var. *sieboldii* (K. Koch) Engl. in Candolle & Candolle, Monogr. Phan. 2: 534 (1879).

図1　ムサシアブミ（大野：愛媛県大洲市 2017/4/27）．暖地の海岸近くの林下に群生するが，最近は次第に北上しているようである．栽培が容易なため，各地で栽培され，野生化もしている．葉の裏面や葉柄，仏炎苞の筒部外面などが粉白色を帯びることが多い．条件の良い所に生えた株は，大人が両腕を広げたくらいの大きさになる．*Arisaema ringens* growing in the sea costal bush.

141

Arisaema arisanense Hayata, Icon. Pl. Formosan. 6: 100 (1916).

Arisaema ringens (Thunb.) Schott var. *glaucescens* Nakai in Bot. Mag. Tokyo 45: 106 (1931).

Arisaema taihokense Hosokawa in J. Jap. Bot. 12: 214 (1936).

Arisaema glaucescens (Nakai) Nakai, Iconogr. Pl. As. Orient. 3(1): 202 (1939).

Arisaema glaucescens (Nakai) Nakai var. *viridiflorum* Nakai, Iconogr. Pl. As. Orient. 3(1): 202, pl. 74 (1939).

Ringentiarum ringens (Thunb.) Nakai in J. Jap. Bot. 25: 6 (1950).

Ringentiarum glaucescens (Nakai) Nakai in J. Jap. Bot. 25: 6 (1950).

[*Arisaema ringens* (Thunb.) Schott f. *praecox* (de Vries ex K.Koch) T.Koyama in Ohwi, Fl. Jap. Engl. ed.: 258 (1965), comb. nud.]

[*Arisaema ringens* (Thunb.) Schott f. *sieboldii* (de Vries ex K.Koch) T.Koyama in Ohwi, Fl. Jap. Engl. ed.: 258 (1965), comb. nud.]

[*Arisaema ringens* (Thunb.) Schott f. *glaucescens* (Nakai) Sugim., Keys Herb. Pl. Jap. 2. Monocotyl.: 244 (1973), comb. nud.]

　西日本および東アジアの暖帯から亜熱帯の沿岸地域の林中に分布する多年草。高さ70 cmに達する。雌雄偽異株で雄株から雌株に完全に転換する。葉は地下の球茎につき，葉序は2列斜生，腋芽は単生し，うち数個は子球に発達する。2～4月頃地上に葉と花序を出す。葉は2個で同大，偽茎部は短く，葉柄部は長く，葉身は無柄の3小葉に分裂する。小葉はひし状楕円形で長さは15

←図2　ムサシアブミの花序．仏炎苞は図3の個体のように緑色だけのものもあるし，口部周辺と舷部の先が黒紫色になるものもある．花序付属体は常に純白色である．高知県産，小石川植物園栽培．The inflorescences of *A. ringens*.

マムシグサ節 *Arisaema* sect. *Pistillata*

図3　全体が緑色のムサシアブミ（沖縄県嘉津宇岳 1986/2/19）．琉球地方にはこのような色合いで全体が小型のものが多い．*Arisaema ringens* with green spathe, growing on the Mt. Katsuudake, Okinawa prefecture.

図4　ムサシアブミの果序（大西憲太郎：愛媛県松山市 2017/11/24）．葉は枯れ落ちている．果序はマムシグサのように縦に長くならない．果実は角張らず丸みを帯びている．ムサシアブミは個体数が多いわりに，果実を見ることが少ないようである．A mature infructescence of *A. ringens*. The accompanying leaves are decayed and lost.

図5　ムサシアブミの種子．アマミテンナンショウと同様に紫色の斑がある．The seeds of *A. ringens*, which have purplish dots similar to those of *A. heterocephalum*.

III. 日本産テンナンショウ属の図鑑

国内分布図 Distribution range in Japan

cm 内外から，雌株ではときに 30 cm 以上に達し，先は細く尖り，やや尾状となり全縁，上面には著しい光沢があり，下面はしばしば粉白色となる．花序柄は短く，花序は偽茎部のすぐ上に位置し，仏炎苞は葉と同時に開き，外面が緑色，内面は黒紫色または緑色で両面に白い縞があり，筒部の口縁には内面と同色の著しい耳状部があり，舷部は上半が卵形で前方に突出するが中央部は袋状になって彎曲し，鐙（特に古代の鐙の舌部）のようである．花序付属体は白色，有柄で棒状，ゆるやかに前に曲がって仏炎苞舷部の袋状部に収まる．1 子房中に 3 〜 4 個の胚珠がある．果序は球状にまとまり，果実は秋遅くから朱赤色に熟す．

■染色体数：2n = 28.
■分布：本州（愛知県・福井県以西），四国，九州，琉球．（韓国南部，台湾，中国）．
〔付記〕最近では関東地方でも各地で逸出している．

マムシグサ節 *Arisaema* sect. *Pistillata*

8. カラフトヒロハテンナンショウ

Arisaema sachalinense (Miyabe & Kudo) J. Murata in J. Fac. Sci. Univ. Tokyo, sect. 3, Bot. 14: 66 (1986).

Arisaema amurense Maxim. var. *sachalinense* Miyabe & Kudo in J. Fac. Agric. Hokkaido Imp. Univ. 26: 282 (1932).

図1　明るい落葉樹の林縁に生えるカラフトヒロハテンナンショウ．（礼文島 2012/6/19）
Arisaema sachalinense growing on the deciduous forest edge in the Rebun island, Hokkaido.

145

III. 日本産テンナンショウ属の図鑑

　北海道東北部から樺太にかけて分布する多年草。高さ17〜50 cm。葉は地下の球茎につき，葉序は2列斜生，腋芽は単生し，子球に発達する。5〜6月頃地上に葉と花序を出す。葉は1または2個で，偽茎部は葉柄部とほぼ同長，斑紋はなく，開口部は広がらない。葉身は5〜9小葉に分裂し，小葉間の葉軸はやや発達する。小葉は楕円形〜披針形で先が尖り，全縁。花序柄は淡緑色で葉柄部より短く，偽茎の開口部から

←図2　1葉と紫色の仏炎苞を持つカラフトヒロハテンナンショウ雄個体. *Arisaema sachalinense* with one leaf and a purple spathe.

図3　2葉を持つカラフトヒロハテンナンショウ雌個体. 花序柄は短く，2枚の葉が同等に発達している. *Arisaema sachalinense* with two leaves. The peduncle is much shorter than the petioles.

マムシグサ節 *Arisaema* sect. *Pistillata*

図4　1葉と緑色の仏炎苞を持つカラフトヒロハテンナンショウ雄個体．*Arisaema sachalinense* with one leaf and a green spathe.

←図5　地上に伸び出してきたカラフトヒロハテンナンショウ（礼文島 1986/5）．盛んに子イモを作るため，しばしば群生する．
Arisaema sachalinense before flowering.

Ⅲ. 日本産テンナンショウ属の図鑑

図6　カラフトヒロハテンナンショウの花序の側面（左）と背面（右）.
A side view (left) and a back view of the inflorescence of *A. sachalinense*.

抜き出る．仏炎苞は葉身に遅れて開き，緑色で半透明な白色の縦条があり，筒部の口辺は狭く開出し，舷部は卵形で先が尖る．花序付属体は有柄で棒状．

■染色体数：2n = 56.　■分布：北海道（利尻，礼文島），樺太，海馬島．

〔付記〕本種はヒロハテンナンショウやアムールテンナンショウ *Arisaema amurense* Maxim.（93頁図15A・B参照）と混同されたことがある．ヒロハテンナンショウからは，腋芽が1節に各1個つき，仏炎苞に隆起する縦条がなく，染色体数が14の倍数であることなどで明らかに区別できる．しかしアムールテンナンショウとの違いは，小葉数がより多い傾向がある程度で，明らかな区別点は見つかっていない．利尻島や礼文島では，同所的に生えているコウライテンナンショウとの区別が難しいが，染色体数が4倍体であること，鞘状葉や偽茎，葉柄などに斑紋がないことなどで区別できる．

国内分布図 Distribution range in Japan

148

9. ヒロハテンナンショウ

Arisaema ovale Nakai in Bot. Mag. Tokyo 49: 423 (1935).

Arisaema amurense Maxim. f. *integrifolium* Makino in Bot. Mag. Tokyo 15: 131 (1901).

Arisaema sadoense Nakai in Bot. Mag. Tokyo 49: 584 (1935), as 'sodoense,' pro parte, excl. specim. ex Sachalin.

Arisaema robustum (Engl.) Nakai var. *ovale* (Nakai) Kitam. in Kitamura & Murata in Acta Phytotax. Geobot. 22(3): 73 (1966).

Arisaema robustum (Engl.) Nakai var. *abense* Sugim., Shizuoka-ken Shokubutsu-shi: 486 (1967).

Arisaema robustum (Engl.) Nakai f. *abense* Sugim., Keys Herb. Pl. Jap. 2. Monocotyl.: 564 (1973).

Arisaema robustum (Engl.) Nakai var. *furusei* Sugim., Keys Herb. Pl. Jap. 2. Monocotyl.: 564 (1973).

Arisaema amurense Maxim. subsp. *robustum* (Engl.) H. Ohashi & J. Murata var. *ovale* (Nakai) H. Ohashi & J. Murata in J. Fac. Sci. Univ. Tokyo, sect. 3, Bot. 12: 292 (1980).

図1 スギ林下に群生するヒロハテンナンショウ（奥日光湯滝付近）．ヒロハテンナンショウは図6で示すように多数の子イモを作り，効率よく栄養繁殖して，しばしば群生する．この写真では仏炎苞の白筋が外側に隆起するのがよくわかる． *Arisaema ovale* growing in the *Cryptomeria japonica* forest in Nikko, Tochigi prefecture. The large one is a pistillate and smaller ones are staminate individuals. The white stripes on the spathe are raised outward.

図2 ササ藪の縁に咲くヒロハテンナンショウ（大野：上高地 2016/5/21）．上高地付近では，仏炎苞が緑色の株だけでなく，紫色の株も生育している． *Arisaema ovale* in Kamikochi, Nagano prefecture.

Arisaema amurense Maxim. var. *robustum* auct. non Engl.: Oka, Fl. Yamaguchi Pref.: 214 (1972); Serizawa in Acta Phytotax. Geobot. 32: 24 (1981).

Arisaema ovale Nakai var. *sadoense* (Nakai) J. Murata in J. Fac. Sci. Univ. Tokyo, sect. 3, Bot. 14: 64 (1986).

　北海道西南部，本州の主に日本海側，および九州北部に分布する多年草．高さ 15 ～ 70 cm．葉は地下の球茎につき，葉序は 2 列斜生，腋芽は副芽を伴いふつう 3 個ずつ横に並んだ腋芽群となり，すべてが子球に発達する．5 ～ 6 月頃地上に葉と花序を出す．葉は通常 1 個で，偽茎部は葉柄部より短く，葉身は 5 ～ 7 小葉に分裂し，小葉間の葉軸は発達しない．小葉は卵状楕円形～狭倒卵形で先が尖り，全縁．花序柄は葉柄部より短く，襟状に波うつ偽茎の開口部から抜き出る．仏炎苞は葉身に遅れて開き，緑色または紫褐色で著しく隆起する白色の縦条があり，筒部の口辺は狭く開出し，舷部は卵形で先が尖る．花序付属体は有柄で棒状，時に著しい太棒状．1 子房中に 8 ～ 10 個の胚珠がある．果実は秋に赤く熟す．

■染色体数：2n = 26, 39, 52, 65, 78．

マムシグサ節 *Arisaema* sect. *Pistillata*

図3 アシウテンナンショウ型のヒロハテンナンショウ．若狭湾周辺地域には仏炎苞が紫褐色で花序付属体が特に太いものが見られる．しかし，付属体が常に太いとは限らないし，次頁の図5の株のように仏炎苞が着色するものは他地域にも見られ，区別が困難である．福井県産．小石川植物園栽培．*Arisaema ovale* from Fukui prefecture. Nakai (1935) described *A. ovale* Nakai based on a specimen with a thick spadix appendage and a dark purple spathe. Such plants are frequently found in Fukui and Kyoto prefectures but also in other areas. ➡

図4 西日本のヒロハテンナンショウ．ヒロハテンナンショウは西日本でも福岡県まで日本海側の山地に分布するが，西日本のものは小葉が細くて鋭く尖る傾向がある．（兵庫県氷ノ山 2007/5/25）
Arisaema ovale on the Mt. Hyonosen, Hyogo prefecture. This species widely distributed from southern Hokkaido westward to Kyushu mainly in Japan sea side. The plants in western Japan tends to have slenderer leaflets.

151

図6 ヒロハテンナンショウの球茎．腋芽が副芽を伴って約3個ずつ並ぶことは他種に見られない特徴である．*A tuber of A. ovale*. The collateral axillary buds is a unique character of this species.

図5 仏炎苞が紫褐色のヒロハテンナンショウ．青森県産．小石川植物園栽培．*Arisaema ovale* with purple spathe from Aomori prefecture.

■分布：北海道南部，本州，九州北部．

〔付記〕仏炎苞が紫褐色で，花序が葉に比べて大きなものをアシウテンナンショウとして区別することもあるが，仏炎苞の色には地域的なまとまりがない．種内に染色体倍数性があることが知られており，最近の研究結果（笹村 未発表）では，東北地方北部から北海道に5倍体，6倍体があり，4倍体は本州から九州にかけて広く分布し，2倍体は岩手県や福島県，静岡県に極限されることが明らかになっている．3倍体の産地は愛知県で1ヵ所だけが知られる．

マムシグサ節 *Arisaema* sect. *Pistillata*

10. イナヒロハテンナンショウ

Arisaema inaense (Seriz.) Seriz. ex K. Sasam. & J. Murata in Acta Phytotax. Geobot. 59: 38 (2008).

Arisaema amurense Maxim. var. *inaense* Seriz. in Acta Phytotax. Geobot. 32: 25 (1981).

Arisaema ovale Nakai var. *inaense* (Seriz.) J. Murata in J. Fac. Sci. Univ. Tokyo, sect. 3, Bot. 14: 66 (1986).

中部山岳のブナ帯に分布する多年草。高さ25〜50cm。葉は地下の球茎につき，葉序は2列斜生，腋芽は単生し，子球に発達する。5〜6月頃地上に葉と花序を出す。葉は通常1個で，偽茎部は葉柄部とほぼ同長，葉身は5〜7小葉に分裂し，小葉間の葉軸は発達しない。小葉は狭楕円形で先が尖り，全縁。花序柄は襟状に波うつ偽茎の開口部から短く抜き出る。仏炎苞は葉身に遅れて開き，淡紫褐色でやや緑色を帯び，筒部に著しく隆起する白色の縦条があって舷部に続き，筒部の口辺は狭く開出し，舷部は倒卵形で先が尖り，筒部よりも長い。花序付属体は有柄で太棒状，先はやや頭状に膨らみ仏炎苞筒部から短く露出し淡紫褐色。果実は秋に赤く熟す。

■染色体数：2n = 26.

■分布：本州（長野，岐阜県）。

図1　イナヒロハテンナンショウ（長野県安曇野市 1992/6）．ブナ林下の沢沿いで見られる．仏炎苞の舷部が倒卵形で立ち上がること，細くて平行な白筋が目立つこと，花序付属体が太棒状円頭で筒口部からあまり伸び出さないといった特徴がある．*Arisaema inaense* growing along a stream in the *Fagus crenata* forest in Nagano prefecture.

Ⅲ. 日本産テンナンショウ属の図鑑

図2 イナヒロハテンナンショウ（大野：長野県 2017/6/5）.
Arisaema inaense in Nagano prefecture.

図3 斜面に咲くイナヒロハテンナンショウ（大野：長野県 2017/6/5）．前年は14株が集まって咲いていたが，この年は開花4株に減っていた．株元には大きな掘り跡が残っていた． *Arisaema inaense* in Nagano prefecture.

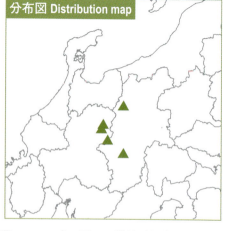

分布図 Distribution map

↑図4 果実をつけたイナヒロハテンナンショウ（大野：長野県 2017/9/14）．図2の雌株が果実をつけていた．夏を過ぎて周りの草丈が伸びている． *Arisaema inaense* with infructescence.

マムシグサ節 *Arisaema* sect. *Pistillata*

11. ナギヒロハテンナンショウ

Arisaema nagiense Tom. Kobay., K. Sasam. & J. Murata in Acta Phytotax. Geobot. 59: 38 (2008).

兵庫県・鳥取県・岡山県の山地に生える多年草。高さ10〜40 cm。葉は地下の球茎につき，葉序は2列斜生，腋芽は単生し，時に子球に発達する。5〜6月頃地上に葉と花序を出す。葉は通

図1　ナギヒロハテンナンショウ（大野：岡山県 2008/5/4）．左は雌株，右は雄株．葉はまだ展開途中で，完全に展開するまでに葉柄はさらに長くなる．A pistillate (left) and a staminate (right) individuals of *A. nagiense* in Okayama prefecture.

155

Ⅲ．日本産テンナンショウ属の図鑑

図2 開花盛期のナギヒロハテンナンショウ（松本哲也：岡山県 2015/5/6）．葉はほぼ完全に展開しているが，葉軸はほとんど発達しない．*Arisaema nagiense* at the mid flowering stage. Leaves are fully opened but the rachides are scarcely developed.

図3 ナギヒロハテンナンショウの球茎．腋芽は1個ずつ独立している．A tuber of *A. nagiense*. The axillary buds are solitary in each node and developing into tuberlets.

常1個で，葉柄部は偽茎部よりやや長くなり，葉身は5〜7小葉に分裂し，小葉間の葉軸は発達しない．小葉は線形〜狭披針形で先が尖り，全縁．花序柄は葉柄部より短く，襟状に波うつ偽茎の開口部から抜き出る．仏炎苞は葉身より早く開き，外面は緑色を帯びた紫褐色で，筒部に著しく隆起する白色の縦条があり，筒部の口辺は狭く開出し，舷部は内面が紫褐色で光沢があり，狭三角形〜三角状狭卵形で先が細まり，筒部よりも長い．花序付属体は有柄で棒状，仏

🌱 マムシグサ節 *Arisaema* sect. *Pistillata*

図4 ナギヒロハテンナンショウ雄株（小林：兵庫県 2007/5/23）．林縁のササ原などに生える．A pistillate individual of *A. nagiense* with a fully opened leaf.

図5 咲き始めのナギヒロハテンナンショウ．仏炎苞は開き始めているが，葉はまだ鞘状葉の内側に折り畳まれて隠れている．（小林：兵庫県 2007/5）In *Arisaema nagiense* the inflorescence opens much earlier than the leaf.

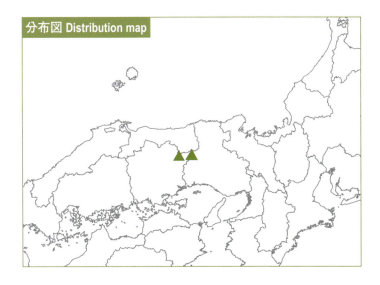

分布図 Distribution map

炎苞筒部からほとんど露出せず，紫褐色で先は色が薄く黄色がかっている．果実は秋に赤く熟す．

■染色体数：2n = 26.

■分布：本州（兵庫，鳥取，岡山県）．

157

12a. ユモトマムシグサ

Arisaema nikoense Nakai in Bot. Mag. Tokyo 43: 531 (1929) subsp. ***nikoense*** var. ***nikoense***

Arisaema amurense Maxim. f. *denticulatum* Makino in Bot. Mag. Tokyo 15: 131 (1901).

Arisaema alpestre Nakai, Iconogr. Pl. As. Orient. 2(3): 156, pl. 59 (1937).

 [*Arisaema nikoense* Nakai var. *alpestre* (Nakai) Sugim. in Amatores Herb. 16: 36 (1954), comb. nud.]

Arisaema nikoense Nakai f. *variegatum* Sugim., Shizuoka-ken Shokubutsu-shi: 486 (1967).

 [*Arisaema nikoense* Nakai f. *alpestre* (Nakai) Sugim., Keys Herb. Pl. Jap. 2. Monocotyl.: 244 (1973), comb. nud.]

Arisaema nikoense Nakai f. *kubotae* H. Ohashi & J. Murata in J. Fac. Sci. Univ. Tokyo, sect. 3, Bot. 12: 300 (1980).

図1　ユモトマムシグサ（日光湯元 2016/5/22）．和名は栃木県日光湯元にちなんでつけられた．
Arisaema nikoense var. *nikoense* in Tochigi prefecture.

図2　ユモトマムシグサの葉柄の開口部．ぴったりと偽茎を囲み，襟状に広がらない．The mouth part of the petiole-sheath of *A. nikoense* var. *nikoense* appressed to the pseudostem.

マムシグサ節 *Arisaema* sect. *Pistillata*

図3　ユモトマムシグサ（大野：長野県駒ヶ根市 2017/5/19）．花序は葉よりも高い位置につく．明るい針葉樹林の中で咲いていた．*Arisaema nikoense* var. *nikoense* in Komagane, Nagano prefecture.

159

III. 日本産テンナンショウ属の図鑑

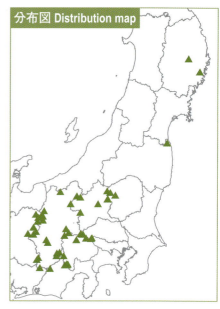

分布図 Distribution map

図4　ユモトマムシグサ（東馬：八ヶ岳 2008/6/28）．Nakai (1937) はこの地域のものにタカネテンナンショウ *A. alpestre* と名付けた．*Arisaema nikoense* var. *nikoense* on the Mt. Yatsugatake, Nagano prefecture.

　本州中部以北の山地のブナ帯林下に生える多年草。高さ 15 〜 50 cm。葉は地下の球茎につき，葉序は 2 列斜生，腋芽は単生し，ときに子球に発達する。5 月頃地上に葉と花序を出し，まず花序を展開する。葉は 2 個，ときに 1 個，偽茎部と葉柄部はほぼ等長，通常緑色，ときに黒紫色，偽茎部の開口部は花序柄に密着し，襟状に開出しない。葉身は 5（〜 7）小葉に分裂し，小葉間に葉軸はほとんど発達しない。小葉は狭楕円形ないし披針形で両端は次第に狭まり，ときに不規則な鋸歯がある。花序柄は花時には葉柄よりはるかに長く，仏炎苞はまれに全体が紫褐色のものがあるが，通常は緑色で白条は目立たず，筒部は淡色，口部はやや開出し，舷部は長卵形で先は次第に尖り，ときにやや鈍頭。花序付属体は淡色で有柄，棒状〜棍棒状。1 子房中に 8 〜 11 個の胚珠がある。果実は秋に赤熟し，果序は葉よりも明らかに高くつく。

■染色体数：2n = 28.

■分布：本州中・北部。

〔付記〕分子系統では染色体基本数が異なるヒロハテンナンショウの仲間と姉妹群であることが示されている。

マムシグサ節 *Arisaema* sect. *Pistillata*

図5 ユモトマムシグサ（東馬：長野県 2009/6/6）．このように仏炎苞が黒紫色のものはクボタテンナンショウと呼ばれる．
Arisaema nikoense var *nikoense* with dark purple spathe found in Nagano prefecture.

図6 果実をつけたユモトマムシグサ（大野：長野県伊那市 2017/9/15）．果序は葉面より明らかに高くつく．
Arisaema nikoense var. *nikoense* with an infructescence above leaf blade.

161

12b. ヤマナシテンナンショウ

Arisaema nikoense subsp. ***nikoense*** var. ***kaimontanum*** Seriz. in J. Jap. Bot. 61: 28. f. 3 (1986).

図 1 開花初期のヤマナシテンナンショウ（大野：山梨県 2017/6/16）．緑色の株と紫褐色が強い株が混生して見られる．仏炎苞が先に展開するため，開花初期は花序が葉面より高い位置にある．開花期後半になると，葉柄が伸びて仏炎苞は葉に隠れるようになる．ユモトマムシグサより標高の高い場所に分布している．
A dense population of *A. nikoense* var. *kaimontanum*. Greenish and dark purplish individuals are frequently growing together.

ユモトマムシグサに似て全体が小型．仏炎苞は緑色または紫褐色で紫褐色のものはオオミネテンナンショウに似る．果序は葉と同高かより低くつく．果実は秋に熟す．
■分布：山梨県北岳周辺地域．
〔付記〕芹沢（1986）によりユモトマムシグサの変種として発表された植物で，大きさや色彩の変異が大きい．しかし，花序柄が短く，果序が葉より高くならない点で区別できる．北岳周辺地域以外にも分布が広がっている可能性があり，今後の検討が必要である．

分布図 Distribution map

🌱マムシグサ節 *Arisaema* sect. *Pistillata*

図2　ヤマナシテンナンショウ（東馬：山梨県 2007/6/20）．図1より開花過程が進み，葉が広がり，葉柄が長くなってきている．*Arisaema nikoense* var. *kaimontanum*.

図3　果実をつけたヤマナシテンナンショウ（大野：山梨県 2017/9/15）．図1と同じ集団で，この時期には果序が葉面よりも低い位置になっていることがわかる．*Arisaema nikoense* var. *kaimontanum*, which has an infructescence lower than the leaf blade.

163

12c. オオミネテンナンショウ

Arisaema nikoense Nakai subsp. ***australe*** (M. Hotta) Seriz. in J. Jap. Bot. 61: 28 (1986).

Arisaema nikoense Nakai var. *australe* M. Hotta in Acta Phytotax. Geobot. 22: 96 (1966).

Arisaema nikoense Nakai f. *purpureum* Sugim., Shizuoka-ken Shokubutsu-shi: 486 (1967).

図1　オオミネテンナンショウ（大峰山 1978/6/4）．ユモトマムシグサに比べ全体小型，仏炎苞は紫褐色で明らかな白条があり，花序付属体は細い．*Arisaema nikoense* subsp. *austrare* on Mt. Omine, Nara prefecture. This subspecies is generally smaller than subsp. *nikoense*. The spathe is usually dark-purplish with white stripes and the spadix appendage is slenderer.

マムシグサ節 *Arisaema* sect. *Pistillata*

図2　シカに食べ尽くされた林床に生えるオオミネテンナンショウ（大野：静岡県 2017/5/28）．有毒であるため，食べ残されたと見られる．*Arisaema nikoense* subsp. *austrare* in Shizuoka prefecture, growing solitary in the forest bed cleared up by the feeding damage of deers.

図3　西日本のオオミネテンナンショウ（大野：奈良県 2017/6/3）．葉の展開が終わっているが，花序は葉面よりも上にある．*Arisaema nikoense* subsp. *austrare* in western Japan.

図4　東日本のオオミネテンナンショウ（大野：伊豆半島 2016/5/1）．*Arisaema nikoense* subsp. *austrare* in eastern Japan.

165

III. 日本産テンナンショウ属の図鑑

図5 果実をつけたオオミネテンナンショウ（大野：静岡県 2017/9/20）．果序は葉より高い位置についている．*Arisaema nikoense* subsp. *austrare* with mature fruits.

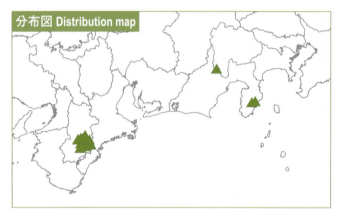

図6 オオミネテンナンショウ（大峰山）．ユモトマムシグサと同様，花序は葉よりもはるかに早く展開する．*Arisaema nikoense* subsp. *austrare* at early flowering stage.

　紀伊半島および静岡県の山地のブナ帯林下に生える多年草。高さ15～50 cm。葉は地下の球茎につき，葉序は2列斜生，腋芽は単生し，ときに子球に発達する．5月頃地上に葉と花序を出し，まず花序を展開する．葉は2個，ときに1個，偽茎部と葉柄部はほぼ等長，通常緑色，ときに紫褐色を帯び，偽茎部の開口部は花序柄に密着し，襟状に開出しない．葉身は5（～7）小葉に分裂し，小葉間に葉軸はほとんど発達しない．小葉は狭楕円形ないし披針形で両端は次第に狭まり，ときに不規則な鋸歯がある．花序柄は花時には葉柄よりはるかに長く，仏炎苞は通常紫褐色で時に緑色を交え，白条が目立ち，筒部は淡色，口部は開出せず，舷部は卵形で先は次第に尖り，花序付属体は淡紫褐色で斑があり有柄，細棒状～やや棍棒状．果実は秋に赤熟する．

■染色体数：2n = 28.
■分布：本州（静岡県，紀伊半島）．

166

マムシグサ節 Arisaema sect. Pistillata

 12d. カミコウチテンナンショウ

Arisaema nikoense Nakai subsp. ***brevicollum*** (H. Ohashi & J. Murata) J. Murata, comb. nov.

Arisaema ishizuchiense Murata var. *brevicollum* H. Ohashi & J. Murata in J. Fac. Sci. Univ. Tokyo, sect. 3, Bot. 12: 294, f. 4 b (1980).

Arisaema nikoense Nakai var. *brevicollum* (H. Ohashi & J. Murata) Seriz. in J. Jap. Bot. 56: 91 (1981).

Arisaema ishizuchiense Murata subsp. *brevicollum* (H. Ohashi & J. Murata) Seriz. in J. Jap. Bot. 61: 25 (1986).

本州の飛騨山脈および白山の亜高山帯の林下に見られる多年草。高さ15〜25 cm。雌雄偽異株で雄株から雌株へ完全に転換する。葉は地下の球茎につき，葉序は2列斜生，腋芽は単生し，ときに子球に発達する。5月頃地上に葉と花序を出し，まず花序を展開する。葉は1個，まれに2個，偽茎部はやや短く，葉柄は葉身の展開時には偽茎部より長くなる。葉身は5（〜7）小葉に分裂し，小葉間に葉軸はほとんど発達しない。小葉は狭楕円形ないし倒披針形で両端は次第に狭まり，ときに波状の不規則な粗い鋸歯がある。花序柄は葉柄より明らかに短く，仏炎苞は高さ4〜7 cm，赤紫褐色で斑があり，筒部は太い円筒状で上に向かって開き，口辺部はやや開出し，舷部は卵形で先はやや尖る。花序付属体は仏炎苞とほぼ同色，有柄で太棒状〜棍棒状。

■分布：本州（岐阜，長野，福井県）。

〔付記〕カミコウチテンナンショウとハリノキテンナンショウは，イシヅチテンナンショウの種内分類群とされていたが，分子系統解析によりユモトマムシグに近縁であることが明らかになったのでその亜種に組み替えた。

図1　カミコウチテンナンショウ雄株（上高地 1979/6/8）．*Arisaema nikoense* subsp. *brevicollum* in Kamikochi, Nagano prefecture.

Ⅲ. 日本産テンナンショウ属の図鑑

図2　完全に葉が展開したカミコウチテンナンショウ雌株（大野：上高地 2017/6/6）．葉の展開が終わり，図1の時期に比べ葉柄が長く伸びたのがわかる．A pistillate individual of *A. nikoense* subsp. *brevicollum* in late flowering stage. The leaf is fully expanded.

←図3　カミコウチテンナンショウの生育環境（大野：上高地 2017/6/6）．Natural habitat of *A. nikoense* subsp. *brevicollum* in Kamikochi, Nagano prefecture.

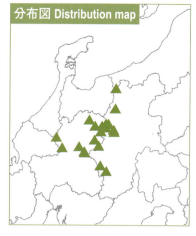

分布図 Distribution map

168

マムシグサ節 *Arisaema* sect. *Pistillata*

12e. ハリノキテンナンショウ

Arisaema nikoense Nakai subsp. *alpicola* (Seriz.) J. Murata, Arisaema in Japan 125 (2011).

Arisaema ishizuchiense Murata subsp. *brevicollum* (H. Ohashi & J. Murata) Seriz. var. *alpicola* Seriz. in J. Jap. Bot. 61: 25 (1986).

中部地方日本海側の多雪の山地に分布する多年草。高さ10～30 cm。葉は地下の球茎につき，葉序は2列斜生，腋芽は単生し，ときに子球に発達する。6～7月頃地上に葉と花序を出し，まず花序を展開する。葉は1個，偽茎部はごく短く，葉柄部は長く長さ10～30 cm，淡緑色～淡紫色で斑はなく，偽茎部の開口部は花序柄に密着し，襟状に開出しない。葉身は5小葉に分裂し，小葉間に葉軸はほとんど発達しない。小葉は狭楕円形ないし披針形で両端は次第に狭まり，とき

図1 ハリノキテンナンショウ雄株（栂池 1981/7/15）。形態，分布ともにカミコウチテンナンショウに似ているが，全体が小さく華奢であり，花序柄は葉柄とほぼ同長で，分布域は北にずれ，日本海側の多雪の山地に見られる。A staminate individual of *A. nikoense* subsp. *alpicola* in Tsugaike, Nagano prefecture. This subspecies has an inflorescence smaller than subsp. *brevicollum* and grows on the mountains in the Japan Sea side region covered with deep snow in winter.

Ⅲ．日本産テンナンショウ属の図鑑

図2　ハリノキテンナンショウ雌株（大野：長野県大町市 2017/7/21）．他の場所ではすでに花期が終わっていたが，周囲を雪渓に囲まれた低木林の中できれいに開花していた．ふつう葉は1個で，花柄が葉柄より短い．日本で最も海抜の高い所に分布するテンナンショウのひとつ．仏炎苞はオオミネテンナンショウに似ている．A pistillate individual of *A. nikoense* subsp. *alpicola*.

図3　若い果序をつけたハリノキテンナンショウ（大野：長野県大町市 2017/7/21）．葉が2枚の雌株．果序が葉面より明らかに下にあり，オオミネテンナンショウと異なっている．*Arisaema nikoense* subsp. *alpicola* with a young infructescence. The leaves are fully expanded.

マムシグサ節 *Arisaema* sect. *Pistillata*

図4 ハリノキテンナンショウの雄花序．図1の株の花序で，仏炎苞舷部内面（左図）は光沢がある．
The inflorescence of the individual in Fig. 1, showing the glossy surface of the spathe.

に不規則な鋸歯がある．花序柄は開花時には葉柄より長いが，葉身が展開すると同時に葉柄が伸びて花序柄と同長となる．仏炎苞はユモトマムシグサ近縁群の中では最も小さく，高さ 3.5 〜 6 cm．通常淡紫褐色でやや緑色を帯び，細かい紫斑があり，白条が目立ち，筒部は淡色，口部はほとんど開出せず，舷部は卵形で先はやや急に尖り鋭頭，内面は光沢がある．花序付属体は淡紫褐色で斑があり有柄，細棒状．果実は秋に熟す．

■分布：本州（新潟，富山，長野，岐阜，石川，福井県）．

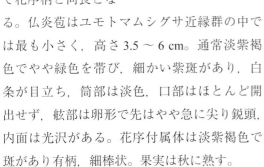

分布図 Distribution map

図5 ハリノキテンナンショウ．左右２株は雌．中央は雄．花序は葉よりも著しく早く伸びて仏炎苞が展開する．その後，葉柄を伸ばしつつ葉身が展開する．福井県産，小石川植物園栽培．
Arisaema nikoense subsp. *alpicola* from Fukui prefecture at early flowering stage. The middle one is a staminate and the others are pistillate individuals.

171

13. シコクヒロハテンナンショウ

Arisaema longipedunculatum M. Hotta [in Kitamura et al., Col. Ill. Herb. Pl. Jap. 3: 202 (1964), nom. nud., as '*longepedunculatum*'] in Acta Phytotax. Geobot. 22: 95 (1966).

Arisaema robustum Nakai var. *shikoku-montanum* H. Ohashi in Sci. Rep. Tohoku Univ., ser. 4, Biol. 29: 435 (1963).

Arisaema longipedunculatum M. Hotta var. *yakumontanum* Seriz. in Acta Phytotax. Geobot. 32: 27, f. 3 (1981).

図1　シコクヒロハテンナンショウ雌株（大野：大分県別府市 2016/5/27）．別府市では従来記録がなく，低木林の中で偶然に見つけた．この株は10月に赤い果実をつけていた．A pistillate individual of *A. longepeduncullatum* in Beppu, Oita prefecture.

山梨県以西の本州，四国，九州に点々と分布し，主にブナ帯の沢沿いに生える多年草．地域的な変異がある．高さ17～40 cm，雌雄偽異株で雄株から雌株に完全に転換する．葉は地下の球茎につき，葉序は2列斜生，腋芽は単生する．6～7月頃地上に伸び出し，まず葉を展開する．葉は1個まれに2個つき，偽茎部は葉柄部より短く，偽茎部の開口部は襟状に広がらない．葉身は

マムシグサ節 Arisaema sect. Pistillata

図2 シコクヒロハテンナンショウ（大野：大分県別府市 2016/5/27）．図1と同一集団の雄株．A staminate individual of *A. longepeduncullatum* in Beppu, Oita prefecture.

図3 湿った巨石に生えるシコクヒロハテンナンショウ（大野：愛媛県石鎚山系 2017/7/11）．ブナ林で，高さが5m以上あろうかと思われる巨石に生えたコケの中から集団で出てきていた．*Arisaema longipeduncullatum* growing on a steep wet rock on the Mt. Ishizuchi, Shikoku.

Ⅲ．日本産テンナンショウ属の図鑑

図4　シコクヒロハテンナンショウ（大野：2017/7/11）．図3と同所の集団．7月になっても展開途中の仏炎苞がある．*Arisaema longipedunculatum* in the same population as Fig. 3. Unfolded inflorescences are seen behind.

図5　東日本のシコクヒロハテンナンショウ（大野：静岡県 2016/6/12）．
Arisaema longipedunculatum in eastern Japan.

図6　果実をつけたシコクヒロハテンナンショウ（大野：静岡県 2017/9/24）．果実はこの後赤熟する．
Arisaema longipedunculatum with immature fruits.

5〜7小葉に分裂し，小葉間の葉軸はほとんど発達しない．小葉はひし状狭楕円形で，ときに著しい波状鋸歯縁となる．花序は葉が展開する時期には偽茎部の中に隠れているのが普通で，その後花序柄が伸長を続け，偽茎部の中から花序を抜き出し，開花時には葉柄よりやや短いくらいになる．仏炎苞は緑色で白条は目立たず，ときに紫褐色を帯び，他種に比べ小さく高さ3〜5 cm，広げると長さ5〜8 cm，筒口部は開出せず，舷部は長三角形ないし三角状卵形で先が尖る．雄花の葯はしばしば隣りどうし合着して輪状となる．花序付属体は有柄で棒状，ときにやや棍棒状．1子房中に6〜10個の胚珠がある．果実は秋に赤く熟す．

■染色体数：2n = 28, 56．

マムシグサ節 *Arisaema* sect. *Pistillata*

図7 シコクヒロハテンナンショウの花序（山梨県三ツ峠山）．雄の花序で，仏炎苞筒部の基部にポリネーターが逃げ出す隙間がはっきりと認められる．A staminate inflorescence of *A. longipedunculatum*. At the bottom an aperture to allow the pollinators to escape, which is specific to a staminate inflorescence, is seen.

図8 シコクヒロハテンナンショウの雄花群．融合してリング状になった葯を含むことは，本種独特の特徴である．静岡県産．小石川植物園栽培．Staminate flowers of *A. longipedunculatum*. with united anthers showing ring-like appearance.

■分布：本州（静岡，山梨県），四国，九州（屋久島まで）．

〔付記〕屋久島産のものは花序柄がより長く，仏炎苞の舷部が幅広く，花序付属体が太い傾向があり，ヤクシマヒロハテンナンショウ var. *yakumontanum* Seriz. として区別されることがある．

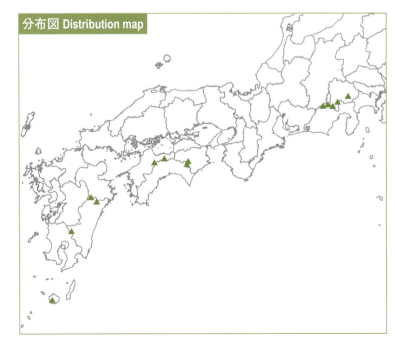

分布図 Distribution map

175

14. イシヅチテンナンショウ

Arisaema ishizuchiense Murata in Acta Phytotax. Geobot. 16: 130 (1956).

図1 イシヅチテンナンショウ（大野：愛媛県石鎚山系 1983/5/22）．ブナ帯のササの多い斜面に見られる．シコクヒロハテンナンショウも生育するので，花が終わると区別が難しい．*Arisaema ishizuchiense* on the Mt. Ishizuchi, Shiukoku.

四国の山地の主にブナ帯上部に生える多年草。高さ15〜35cm。雌雄偽異株で雄株から雌株へ完全に転換する。葉は地下の球茎につき，葉序は2列斜生，腋芽は単生し，ときに子球に発達する。6月頃地上に葉と花序を出し，まず花序を展開する。葉は1個，まれに2個，偽茎部はやや短く，葉柄は葉身の展開時には偽茎部より長くなる。葉身は5（〜7）小葉に分裂し，小葉間に葉軸はほとんど発達しない。小葉は狭楕円形ないし披針形で両端は次第に狭まり，ときに不規則な鋸歯がある。花序柄は通常葉柄より長く，時にやや短く，仏炎苞は大型で，高さ5〜8cm，紫褐色で斑があり，外面はやや緑色を帯び，筒部は円筒状で上に向かって開き，口辺部はやや開出し，舷部は卵形で先が鋭く尖る。花序付属体は仏炎苞とほぼ同色，有柄で太く棍棒状。1子房中に8

マムシグサ節 *Arisaema* sect. *Pistillata*

図2 イシヅチテンナンショウ（2007/4/22）．葉を2枚つける株で，咲き始めの状態．四国産．小石川植物園栽培．*Arisaema ishizuchiense* with two leaves at early flowering stage.

図3 イシヅチテンナンショウ（1981/4/20）．葉を1枚つける株．四国産．小石川植物園栽培．*Arisaema ishizuchiense* with a single leaf.

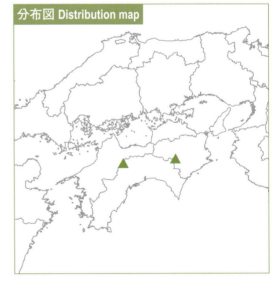

分布図 Distribution map

〜12個の胚珠がある．果実は秋に赤熟する．
■染色体数：2n = 28．
■分布：四国．
〔付記〕本種は稀に2葉をもつものがあり，ユモトマムシグサの仏炎苞が紫褐色のものとよく似ているが，分子系統解析の結果，ユモトマムシグサとは異なる系統であることが示されている．

177

Ⅲ. 日本産テンナンショウ属の図鑑

15. オガタテンナンショウ（ツクシテンナンショウ）

Arisaema ogatae Koidz. in Bot. Mag. Tokyo 39: 6 (1925).

図1　オガタテンナンショウ雌株（宮崎県 1980/6/1）．仏炎苞は先があまり尖らず，中央部が盛り上がらない．A pistillate individual of *A. ogatae* in Miyazaki prefecture.

図2　大分県で2009年に発見されたオガタテンナンショウの産地（小林）．A small population of *A. ogatae* recently found in Oita prefecture.

　九州中部の山地の暗い林下に生える多年草。高さ15〜27 cm。雌雄偽異株で雄株から雌株に完全に転換する。球茎上に子球を生じる。5月頃地上に葉と花序を出す。葉は2個でほぼ同大，偽茎部は葉柄部と等長またはやや短く，偽茎部の開口部は襟状に開出する。葉身は5〜7小葉に分裂し，小葉間の葉軸はわずかに発達する。小葉は倒披針形から倒卵状披針形で先は急に

マムシグサ節 Arisaema sect. Pistillata

図3 オガタテンナンショウ雌株（大野：宮崎県 2017/5/19）． *Arisaema ogatae* in Miyazaki prefecture.

図4 オガタテンナンショウ（雄株）の生育環境（大野：宮崎県 2017/5/19）．30年ほど前は明るく開けた岩場だったが，雑木に覆われてやや暗くなっている． The natural habitat of *A. ogatae* in Miyazaki prefecture.

Ⅲ. 日本産テンナンショウ属の図鑑

図5 オガタテンナンショウの葉鞘開口部. 襟状に広がって波打っている. The mouth part of the petiole-sheath of *A. ogatae* is collar-like expanded and undulated.

図6 オガタテンナンショウの球茎. 腋芽は1個ずつつき, 子イモに発達する. A tuber of *A. ogatae* with tubercles that are developed from the axillary buds.

尖り, 中央の小葉はその両側のものに比べやや小さい. 花序柄は葉柄部より短く, 雌では特に短く, 仏炎苞は葉とほぼ同時に展開し, 緑色で白条は目立たず, 筒部は円筒形で上に開き, 舷部は広卵形で鈍頭. 花序付属体は有柄, 太棒状で短く仏炎苞筒部からほとんど出ない. 1子房中に8〜11個の胚珠がある. 果実は秋に赤く熟す.

■染色体数 : 2n = 28.
■分布 : 九州（宮崎, 熊本, 大分県）.
〔付記〕本種は堀田（1974）, 芹沢（1981）ではユモトマムシグサと近縁とされているが, 系統的に異なる.

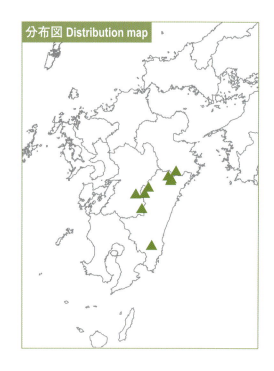

分布図 Distribution map

マムシグサ節 Arisaema sect. Pistillata

16. オドリコテンナンショウ

Arisaema aprile J. Murata in J. Jap. Bot. 58: 29, f. 1 & 2 (1983); Serizawa in J. Jap. Bot. 61: 29 (1986).

Arisaema nikoense Nakai f. *variegatum* Sugim., Shizuoka-ken Shokubutsu-shi: 486 (1967).

伊豆半島から神奈川県にかけての地域に分布し，ブナ帯林下に生える多年草。高さ 15 ～ 30（～ 40）cm。葉は地下の球茎につき，葉序は 2 列斜生，腋芽は単生し，ときに子球に発達する。5 月頃地上に葉と花序を出し，まず花序を展開する。葉は 2 個でほぼ同大，ときに 1 個，偽茎部と葉

図 1　オドリコテンナンショウ．手前は雌，後ろの 2 株は雄．花序付属体は太棒状だが先が特にふくらむことはない．伊豆半島産，小石川植物園栽培．A pistillate (front) and staminate (behind) individuals of *A. aprile* from the Izu peninsula.

柄部はほぼ等長，通常緑色，偽茎部の開口部は襟状に開出する。葉身は5（～7）小葉に分裂し，小葉間に葉軸はほとんど発達しない。小葉は楕円形ないし広楕円形で両端は次第に狭まり，ときに不規則な粗い鋸歯がある。花序柄は花時には葉柄とほぼ同長。仏炎苞は緑色で白条は目立たず，縁のみ紫がかることがあり，口部は

図2　オドリコテンナンショウ雄株（大野：伊豆半島 1994/4/29）．花序が葉より先に開いている．A staminate individual of *A. aprile* at early flowering stage.

図3　オドリコテンナンショウの生育環境（大野：伊豆半島 2017/4/24）．急斜面の崖の上の明るい環境で見られた．他の植物に先駆けて地上に出現する．Natural habitat of *A. aprile* in Izu peninsula.

マムシグサ節 Arisaema sect. Pistillata

図4　オドリコテンナンショウ雌株（大野：伊豆半島 2017/4/24）．A pistillate individual of *A. aprile* in Izu peninsula.

図5　オドリコテンナンショウ雄株（大野：伊豆半島 2016/4/23）．A staminate individual of *A. aprile* in Izu peninsula.

Ⅲ．日本産テンナンショウ属の図鑑

図6　オドリコテンナンショウの若い果実（小林：伊豆半島）．*Arisaema aprile* with a young infructescence.

図7　オドリコテンナンショウ雌株．小葉の中脈に沿って白斑がある株は珍しくない（小林：伊豆半島）．*Arisaema aprile* with white-variegated leaflets.

←図8　オドリコテンナンショウの葉柄基部の開口部．ユモトマムシグサのように花序柄に密着していない．The mouth part of the pseudostem of *A. aprile*, which loosely enveloped the peduncle.

分布図 Distribution map

やや開出し，舷部は長卵形で先は次第に尖る．花序付属体は淡色で有柄，棒状．1子房中に6～9個の胚珠がある．果実は秋遅くに赤熟する．
■染色体数：2n = 28.
■分布：本州（静岡，神奈川県）．
〔付記〕オドリコテンナンショウはユモトマムシグサにきわめてよく似ており，発表前には混同されていた．しかし，偽茎部の開口部が襟状に開出すること（図8），発芽第1葉がユモトマムシグサのように単葉ではなく3小葉を持つこと（50頁表5），果実の熟期がきわめて遅いこと（21頁表1）など，形態的にも生態的にもユモトマムシグサとは異なっている．葉緑体DNAの分子系統解析の結果（30～31頁図13）では，ユモトマムシグサはヒロハテンナンショウの仲間と姉妹群となり，さらにムサシアブミとまとまるのに対して，オドリコテンナンショウは別の系統に所属しており，近縁ではないことが明らかである．

マムシグサ節 Arisaema sect. Pistillata

17. アマギテンナンショウ

Arisaema kuratae Seriz. in J. Jap. Bot. 56: 93, f. 1 (1981).

図1　アマギテンナンショウ．全縁の小葉を持つ雌株．白い花序付属体が目立つ（伊豆半島 1983/4/27）．
A pistillate individual of *A. kuratae* in Izu peninsula.

　伊豆半島の林下の斜面に生える多年草。高さ 15 〜 30 cm。雌雄偽異株で雄株から雌株に完全に転換する。4 〜 5 月頃地上に葉と花序を出す。葉は 1 〜 2 個で偽茎部は葉柄部より短く，時には地上に出ない。葉身は鳥足状に分裂し，小葉間の葉軸はやや発達する。小葉は 5 〜 7 枚，楕円形から長楕円形，しばしば不整な粗い鋸歯があり，白斑をもつこともある。花序柄は葉柄部より著しく短く，仏炎苞は厚く革質で紫褐色，ときに緑色，やや半透明の白い縦条があり，筒部は上に開いた円筒状で口辺部は開出せず，舷部は三角状の広長卵形で前に曲がり，中央部は盛り上がる。花序付属体は有柄で太棒状，しばしば白色となる。1 子房中に 4 〜 6 個の胚珠がある。果実は秋に赤熟する。

■染色体数：2n = 28.

Ⅲ．日本産テンナンショウ属の図鑑

図2　アマギテンナンショウ（大野：伊豆半島 2017/4/25）．波状縁の小葉を持つ雌株．
Arisaema kuratae with coarsely serrate leaflets.

図3　アマギテンナンショウの生育環境（大野：伊豆半島 2017/4/25）．The natural habitat of *A. kuratae* in Shizuoka prefecture.

■分布：本州（静岡県伊豆半島）。

〔付記〕キリシマテンナンショウによく似ているが，仏炎苞舷部が卵形で，筒部より明らかに短いこと，筒部が上に向かって次第に広がり，急に太くならないことで区別できる。

図4　開花前のアマギテンナンショウ（大野：伊豆半島 2017/4/25）．花序は葉よりも遅く開く．*Arisaema kuratae* before flowering.

図5　アマギテンナンショウ雄株（大野：伊豆半島 2016/5/8）．稀にこのような緑色の仏炎苞を持つ株がある．
Arisaema kuratae with green spathe.

III. 日本産テンナンショウ属の図鑑

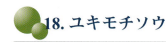

18. ユキモチソウ

Arisaema sikokianum Franch. & Sav., Enum. Pl. Jap. 2: 507 (1878).

Arisaema sikokianum Franch. & Sav. var. *β*. *serratum* Makino in Bot. Mag. Tokyo 7: 322 (1893).

Arisaema sikokianum Franch. & Sav. var. *integrifolium* Nakai in Bot. Mag. Tokyo 42: 456 (1928).

Arisaema magnificum Nakai in Bot. Mag. Tokyo 45: 105 (1931).

図 1　ユキモチソウ（高知県 1980/4/30）．大型の雌個体．*Arisaema sikokianum*, a large pistillate individual in Kochi prefecture.

　紀伊半島・兵庫県および四国の林下に生える多年草。高さ 20 〜 60 cm。雌雄偽異株で雄株から雌株に完全に転換する。地下に球茎があり，腋芽がほぼ 2 列に並ぶが子球に発達することはまれである。5 月頃地上に葉と花序を展開する。葉は 1 〜 2 枚でほぼ同大，偽茎部は葉柄部とほぼ等長で膜状の鞘状葉に囲まれる。葉身は 3 〜 5 小葉に分裂し，小葉間に葉軸が発達する。小葉は楕

図2 咲き始めのユキモチソウ．仏炎苞筒部が厚くスポンジ状であり，その内側と花序付属体が純白色であることがわかる．小石川植物園栽培．
Arisaema sikokianum at the early flowering stage.

図3 ユキモチソウ（大野：愛媛県 2017/4/29）．*Arisaema sikokianum* in Ehime prefecture.

円形で両端は次第にまたはやや急に狭まり，ときに不整な粗い鋸歯縁となり，緑色でしばしば白斑がある．花序柄は葉柄よりやや短く，仏炎苞は葉と同時に開き，質厚く，外面は紫褐色を帯び，内面は緑白色から黄白色，筒部は上部でやや急に開き狭く開出し，舷部は倒卵形でほぼ直立し，先端はやや内に巻いて尖り，基部はいったん狭まる．花序付属体は基部に柄があり，棍棒状で先端部が著しくふくらみ白色．1子房中に3〜6個の胚珠がある．果実は秋遅くに赤く熟す．

■染色体数：$2n = 28$．
■分布：本州（紀伊半島，兵庫県），四国．

〔付記〕伊豆半島から記載されたアマギユキモチソウ *Arisaema magnificum* Nakai の基準標本はユキモチソウによく当てはまる．しかし基準標本以外に東日本からユキモチソウが採集された記録はなく，産地の誤りではないかと疑われる．本種との自然雑種として，アオテンナンショウとの間

III. 日本産テンナンショウ属の図鑑

図4　果実期のユキモチソウと果序の拡大（大西憲太郎：愛媛県 2017/12/1）．果実が完熟するのは遅く，12 月に入ってからである．果序はやや細長くなり，果実は小さく先は丸い．*Arisaema sikokianum* at the fruiting stage.

にユキモチアオテンナンショウ，ムロウテンナンショウとの間にムロウユキモチソウが報告されている．中国産の *Arisaema bockii* Engl.（93 頁参照）は本種およびキリシマテンナンショウに似ており，中国の文献ではしばしば混同されているが，仏炎苞がユキモチソウのようにスポンジ状に厚くなったり，キリシマテンナンショウのように革質になったりせず，染色体数が 2n = 26 である点でも明らかに異なる．

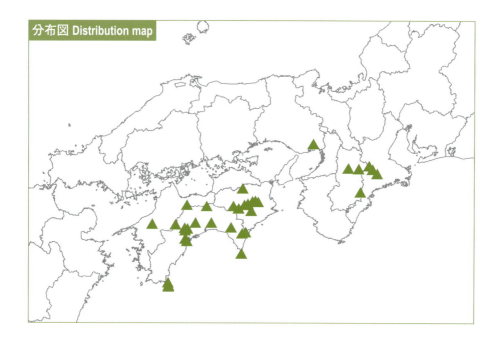

分布図 Distribution map

マムシグサ節 *Arisaema* sect. *Pistillata*

19. キリシマテンナンショウ（ヒメテンナンショウ）

Arisaema sazensoo (Blume) Makino in Bot. Mag. Tokyo 15: 132 (1901).

Arisaema japonicum Blume var. β. *sazensoo* Blume, Rumphia 1: 107 (1835).

Arisaema amurense Maxim. var. γ. *sazensoo* (Blume) Engl. in Candolle & Candolle, Monogr. Phan. 2: 550 (1879).

Arisaema sazensoo (Blume) Makino f. *integrifolium* Makino in Bot. Mag. Tokyo 15: 132 (1901).

Arisaema sazensoo (Blume) Makino f. *serratum* Makino in Bot. Mag. Tokyo 15: 132 (1901).

Arisaema nanum Nakai in Bot. Mag. Tokyo 43: 532 (1929).

Arisaema sazensoo (Blume) Makino f. *viride* Sugim., Keys Herb. Pl. Jap. 2. Monocotyl.: 565 (1973).

図1　群生するキリシマテンナンショウ（屋久島 1983/4/21）．屋久島にはごく普通で，しばしばこのように群生する．また，屋久島のものは小葉が小さく，葉身がマムシグサに似る傾向がある．仏炎苞筒部が上部で急に太くなるのがわかる．*Arisaema sazensoo* growing under *Cryptomeria japonica* forest in the Yakushima island.

191

図2　キリシマテンナンショウ（屋久島 1983/4/21）．*Arisaema sazensoo* in the Yakushima island.

図3　緑色の仏炎苞を持つキリシマテンナンショウ（大分県 2010/5/7）．仏炎苞の色ばかりでなく，大型の個体が2葉を持つことでも特徴的である．*Arisaema sazensoo* in Oita prefecture. In this area plants with green spathe and two leaves are frequently found.

マムシグサ節 *Arisaema* sect. *Pistillata*

図4 キリシマテンナンショウの雌花序．仏炎苞を取り外して開いたところ．仏炎苞はやや革質で，花後枯れてもしばらく宿存する．屋久島で撮影．A pistillate spadices of *A. sazensoo*. The spathe is somewhat leathery and semi-persistent after flower.

九州の山地林下に生える多年草．高さ15〜40 cm．雌雄偽異株で雄株から雌株に完全に転換する．4〜5月頃地上に葉と花序を出す．葉は1個，まれに2個で偽茎部は葉柄部より短く，葉身は鳥足状に分裂し，小葉間の葉軸はやや発達する．小葉は5〜9枚，楕円形から卵状楕円形，ときに粗い大きな鋸歯があり，中脈に沿って白斑をつけることもある．花序柄は葉柄部より著しく短く，仏炎苞は厚く革質で紫褐色，稀に緑色，白い縦条があり，筒部は円筒状で上に開き，中央部から上でさらに急に太くなり，口辺部はまったく開出せず，舷部は三角状の長卵形で前に曲がり，中部から先はさらに下に曲がって筒口部をおおう．花序付属体は有柄で太棒状，しばしば白色となる．1子房中に4〜6個の胚珠がある．果実は秋に赤熟する．

分布図 Distribution map

■染色体数：2n = 28．
■分布：九州（屋久島を含む）．

193

Ⅲ. 日本産テンナンショウ属の図鑑

20. ヒュウガヒロハテンナンショウ

Arisaema minamitanii Seriz. in Acta Phytotax. Geobot. 32: 29, f. 4 (1981).

図1　ヒュウガヒロハテンナンショウ雄株（鰐塚山 1983/5/24）．暗い谷間の林床に生えていた．この株では葉軸があまり発達していない．A staminate individual of *A. minamitanii* in Miyazaki prefecture.

　九州南部の山地林下に生える多年草．高さ20〜50 cm．雌雄偽異株で雄株から雌株に完全に転換する．地下に球茎があり，腋芽がほぼ2列に並ぶ．葉は1枚で偽茎部は葉柄部よりやや長く，葉身は明らかな鳥足状に分裂し，小葉間には葉軸がやや発達する．小葉は5〜7枚で，狭楕円形〜楕円形で両端は尖り，全縁または鋸歯縁．花序柄は短く，花序は偽茎にやや傾いてつき，仏炎苞は緑色で，半透明の白い縦条が多数あり，筒部は淡色，やや上に開き，口部は狭く反曲し，舷

マムシグサ節 *Arisaema* sect. Pistillata

図2 ヒュウガヒロハテンナンショウの雄花序. 図1の株と同じ. 花期の終わり近くで, 仏炎苞の先が黄色がかっている. A staminate inflorescence of *A. minamitanii*.

図3 ヒュウガヒロハテンナンショウの雌花序. 例外的に大型な株. 雌花がちょうど最盛期を迎えた時期で, 仏炎苞は新鮮である. 多数の半透明な白筋が平行して並ぶのが, 本種の最も大きな特徴である. A pistillate inflorescence of *A. minamitanii*.

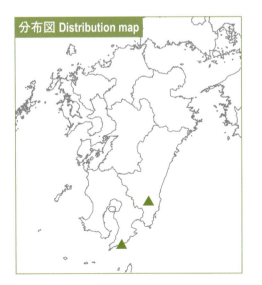

分布図 Distribution map

部は三角状卵形で前傾する. 花序付属体は基部に柄があり, 太棒状で白色, 先は仏炎苞の筒口部とほぼ同じ高さ. 1子房中に6〜9個の胚珠がある. 果実は秋に赤く熟す.

■染色体数：2n = 28.

■分布：九州（宮崎, 鹿児島県）.

195

Ⅲ. 日本産テンナンショウ属の図鑑

21. キシダマムシグサ

Arisaema kishidae Makino ex Nakai in Bot. Mag. Tokyo 31: 284 (1917), as '*Kishidai.*'

図 1　キシダマムシグサ雄株（滋賀県甲賀市 1980/5/5）．A staminate individual of *A. kishidae* in Shiga prefecture.

　岐阜県，愛知県，紀伊半島から兵庫県にかけて分布し，林縁，林下に生える多年草。高さ 15 〜 50 cm に達する。雌雄偽異株で雄株から雌株に完全に転換する。5 〜 6 月頃地上に葉と花序を出す。葉は 1 〜 2 個で偽茎部は葉柄部とほぼ等長またはやや長く，葉身は鳥足状に分裂し，小葉間の葉軸は発達する。小葉は 5 〜 7 枚，全縁または鋸歯縁，しばしば中脈に沿って白斑があり，楕円形〜広楕円形で先が細まり，通常はやや尾状に伸びる。花序柄は葉柄部とほぼ同長，仏炎苞は葉と同時に開く。仏炎苞は淡紫褐色で微細な濃淡があり，白条があって全体がやや半透明，筒部は雄では上に開き，雌ではほぼ円筒形，口辺部は狭く開出し，舷部は三角状の長卵形で先は細長く伸

マムシグサ節 *Arisaema* sect. *Pistillata*

図2 開花初期のキシダマムシグサ（大野：奈良県室生寺 2017/4/17）. *Arisaema kishidae* at the early flowering stage in Nara prefecture.

図3 開花盛期のキシダマムシグサ（大野：2017/4/27）. 図2と同じ個体. *Arisaema kishidae* at the mid flowering stage, ten days after Fig. 2.

図4 緑色の仏炎苞を持つキシダマムシグサ（大野：和歌山県 2017/4/4）. このように完全な緑色になる株は非常に珍しい. まるでアオテンナンショウだが, アオテンナンショウは仏炎苞が葉より後に展開する. *Arisaema kishidae* with a green spathe.

図5 愛知県のキシダマムシグサ（大野：愛知県 2016/4/29）. *Arisaema kishidae* in Aichi prefecture.

197

Ⅲ. 日本産テンナンショウ属の図鑑

図6 キシダマムシグサ．左2株は雌．右の1株は雄．特に開きかけの葉はユキモチソウによく似ている．小石川植物園栽培．Two pistillate (left) and a staminate (right) individuals of *A. kishidae*. The peduncle is much longer in the latter. Vegetative characters are similar to *A. sikokianum*.

び斜上またはやや下に垂れる。花序付属体は有柄で棒状。仏炎苞口部より明らかに伸び出す。1子房中に4〜10個の胚珠がある。果実は秋遅くから赤熟する。

■染色体数：2n = 28．

■分布：本州（岐阜，愛知県および近畿地方）。

198

マムシグサ節 Arisaema sect. Pistillata

22. セッピコテンナンショウ

Arisaema seppikoense Kitam. in Acta Phytotax. Geobot. 14: 5 (1949).

兵庫県の山地の斜面に生える多年草。高さ 20 ～ 50 cm。雌雄偽異株で雄株から雌株へ完全に転換する。5 ～ 6 月頃地上に葉と花序を出す。葉は 1（～ 2）個で偽茎部は短く，開口部は花序柄に密着し，葉柄部ははるかに長くて斜上し，鳥足状の葉身を水平に展開する。小葉は 5 ～ 9 枚，狭

図 1　セッピコテンナンショウ雄株（長澤淳一：兵庫県）．一般に小型で，偽茎や花序柄が短いので，花序は地表近くに直立する．Staminate individuals of *A. seppikoense* in Hyogo prefecture. The inflorescence is close to the ground.

Ⅲ. 日本産テンナンショウ属の図鑑

↑図2 セッピコテンナンショウ雄株（大野：兵庫県 1999/5/16）．コケのついた急な岩場にも生育する．
A staminate individual of *A. seppikoense* growing on mossy steep cliff.

図3 セッピコテンナンショウ（大野：兵庫県 1999/5/16）．2枚の葉をつける雌株で，花序柄が雄株より長くなっている．葉や仏炎苞はまだ開ききっていない．
A pistillate individual of *A. seppikoense* at the early flowering stage. ➡

マムシグサ節 *Arisaema* sect. *Pistillata*

図5 セッピコテンナンショウの葉鞘開口部. 花序柄にほぼ密着している. The mouth part of the petiole-sheath of *A. seppikoense* is appressed to the peduncle.

図4 セッピコテンナンショウ雌株（兵庫県）. 小葉は細長く，小葉間の葉軸は短い. A pistillate individual of *A. seppikoense*. The peduncle is generally longer in pistillate individual than staminate one.

披針形から広線形，しばしば中脈に沿って白斑があり，先は次第に細まる．小葉間の葉軸は発達せず，小葉は中央から外側に向かってやや小さくなる．花序柄は雄ではごく短く，花序は葉身よりも下につき，直立し，雌では花序柄が葉柄よりやや短く，花序は葉身とほぼ同じ高さにつく．仏炎苞は通常紫褐色で白条が目立ち，稀に黄緑色，内側は著しい光沢があり，筒部は円筒状で次第に上に開き，口辺部は開出せず，卵形から三角状卵形の舷部に続き，舷部の先は鋭尖頭で時に尾状に伸び，斜上する．花序付属体は有柄で細棒状．1子房中に8〜14個の胚珠がある．果実は夏に赤熟する．
■染色体数：2n = 26.
■分布：本州（兵庫県）．

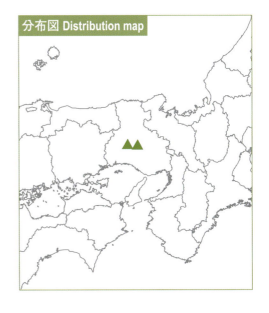

分布図 Distribution map

23. ホロテンナンショウ

Arisaema cucullatum M. Hotta in Acta Phytotax. Geobot. 19: 158 (1963).

図1　ホロテンナンショウ雄株.（大峰山地 1978/6/6）A staminate individual of *A. cucullatum* in Nara prefecture.

図2　ホロテンナンショウ雌株（大野：奈良県 2017/6/3）. A pistillate individual of *A. cucullatum* in Nara prefecture.

　紀伊半島の山地の林下に生える多年草。高さ20〜45 cm。雌雄偽異株で雄株から雌株へ完全に転換する。5〜6月頃地上に葉と花序を出す。葉は1個で偽茎部は短く，葉柄部はより長くて斜上し，鳥足状の葉身を水平に展開する。小葉は7〜13枚，狭披針形から狭楕円形，先は次第に細まる。小葉間の葉軸は発達せず，中央部の小葉から外側に向かってやや急に小さくなる。花序柄は短く，仏炎苞は葉身よりも下につき，直立し，淡緑色に淡紫色を帯び，太い白条が目立ちやや半透明，筒部は円筒状で次第に上に開きやや前に曲がり，口辺部は開出せず，内巻きする長

マムシグサ節 *Arisaema* sect. *Pistillata*

図3 ホロテンナンショウの花序（大野：奈良県 2017/6/2）. 仏炎苞の縁や脈上に微細な突起が光って見える. 白筋はやや半透明で凹んでいる. A staminate individual of *A. cucullatum* in Nara prefecture.

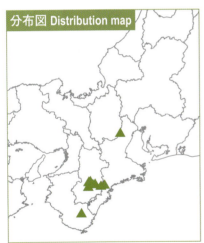

分布図 Distribution map

三角形の舷部に続き，舷部の先は長く伸び，アーチ状に前に曲がる．花序付属体は有柄で細棒状．1子房中に 10 〜 15 個の胚珠がある．果実は秋に赤熟する．

■染色体数：2n = 28.

■分布：本州（奈良，和歌山，三重県）．

図4 ホロテンナンショウ雄株（大野：奈良県 2017/6/2）. A staminate individual of *A. cucullatum* in Nara prefecture.

〔付記〕本種は仏炎苞が内巻きすることで独特の種である．全体的にセッピコテンナンショウと似ているが，仏炎苞の形状のほか，染色体数でも異なるので明らかに区別できる．

24. タカハシテンナンショウ

Arisaema nambae Kitam. [in Kitamura et al., Col. Ill. Herb. Pl. Jap. 3: 209 (1964), nom. nud., as '*nanbae*'] in Acta Phytotax. Geobot. 22: 73 (1966).

Arisaema undulatifolium Nakai subsp. *nambae* (Kitam.) H. Ohashi & J. Murata in J. Fac. Sci. Univ. Tokyo, sect. 3, Bot. 12: 309 (1980).

Arisaema nambae Kitam. f. *viride* H. Ikeda, T. Kobay. & J. Murata in J. Jpn. Bot. 87: 400 (2012).

図1　タカハシテンナンショウ（大野：岡山県備前市 2017/ 4/16）．*Arisaema nambae* in Bizen, Okayama prefecture.

　広島県，岡山県に分布する多年草。高さ15〜50 cmに達する。雌雄偽異株で雄株から雌株に完全に転換する。4月頃地上に葉と花序を出す。葉は1〜2個で偽茎部は葉柄部とほぼ等長またはやや長く，開口部は明らかに開出して襟状となる。葉身は鳥足状に分裂し，小葉間の葉軸はやや発達する。小葉は（3〜）5〜7枚，楕円形〜卵形で先は尖り，全縁または細鋸歯縁となる。花序柄は雄では葉柄部より短く雌ではより長い。仏炎苞は葉より早く開き淡紫色〜紫色を帯び，半透

マムシグサ節 *Arisaema* sect. *Pistillata*

図2 仏炎苞が緑色のタカハシテンナンショウ（久保徹太：岡山県吉備中央町 2017/5/7）．モエギタカハシテンナンショウ f. *viride* と名付けられた．*Arisaema nambae* with greenish spathe (f. *viride*).

図3 タカハシテンナンショウ雄株（岡山県高梁 1980/4/7）．花序は葉よりも早く展開する．*Arisaema nambae* at the early stage of flowering in the type locality in Takahashi, Okayama prefecture.

205

図5 タカハシテンナンショウの花序（大野：岡山県新見市 2017/4/16）.
An inflorescence of *A. nambae*.

図4 タカハシテンナンショウ．左は雌株，右の小さい2株は雄で，花序はどちらも最盛期を過ぎている．仏炎苞舷部の先が反曲する．埼玉県さいたま市栽培． A pistillate (left) and two staminate (right) individuals of *A. nambae* from Okayama prefecture.

明で白条が目立たず，筒部は円筒状であまり広がらず，口辺部はごく狭く開出し，舷部は三角状の卵形〜広卵形で先はしばしば反り返る．花序付属体は有柄で棒状，紫色を帯びる．1子房中に12〜19個の胚珠がある．果実は夏に赤熟する．

■染色体数：2n = 28.
■分布：本州（岡山，広島県）．

マムシグサ節 Arisaema sect. Pistillata

25. ハリママムシグサ

Arisaema minus (Seriz.) J. Murata in Acta Phytotax. Geobot. 37: 37 (1986).
Arisaema kishidae Makino ex Nakai var. *minus* Seriz. in J. Jap. Bot. 55: 152, f. 2 (1980).

図1　ハリママムシグサ雌株（兵庫県佐用町 1980/5/3）．A pistillate individual of *A. minus* on the Mt. Funakoshiyama, Hyogo prefecture.

　兵庫県に分布し，多くは低山地の林下，林縁に生える多年草。高さ 15 〜 30 cm に達する。地下に球茎があり，腋芽はほぼ2列に並ぶ。3 〜 4 月頃，休眠芽が地上に伸び出し，まず花序を，次いで葉を展開する。葉は 1 〜 2 枚，偽茎部は葉柄部と同長またはやや長く，開口部は襟状に広がる。葉身は鳥足状に分裂し，小葉間には葉軸がやや発達する。小葉は 5 〜 9 枚，広線形〜披針形でとき

207

Ⅲ．日本産テンナンショウ属の図鑑

◀図2　葉が十分展開したハリママムシグサ（兵庫県佐用町 1980/5/3）．雌株では花序が葉面より高くつく．*Arisaema minus* in Hyogo prefecture.

図3　開花初期のハリママムシグサ雄株（大野：神戸市 2017/4/16）．花序は葉よりも先に開く．右上に見える太い芽は，やや遅れて出現する雌株と思われる．Staminate individuals of *A. minus* at the early flowering stage. The new growth covered by a sheath at top right corner may be a pistillate individual that usually appears later than the staminate ones.

マムシグサ節 *Arisaema* sect. *Pistillata*

図4 開花初期のハリママムシグサ雌株（大野：神戸市 2017/4/16）. A pistillate individual of *A. minus* at the early flowering stage.

図5 ハリママムシグサの雄花序（大野：神戸市 2017/4/16）. A staminate inflorescence of *A. minus*.

に細鋸歯または粗い波状の鋸歯があり，しばしば中脈に沿って白斑がある。花序柄は少なくとも花時には葉柄より長く，仏炎苞は紫褐色から黄褐色でごくまれに緑色，しばしば半透明になる。筒部の口辺はやや狭く開出し，舷部は卵形〜長卵形で先がやや伸び，前に曲がる。花序付属体は有柄で棒状。1子房中に 11 〜 22 個をこえる多数の胚珠がある。果実は夏に熟す。

■染色体数：2n = 26.
■分布：本州（兵庫県）。

分布図 Distribution map

209

26a. ナガバマムシグサ

Arisaema undulatifolium Nakai in Bot. Mag. Tokyo 43: 539 (1929) subsp. ***undulatifolium***

Arisaema undulatifolium Nakai f. *typicum* Nakai & f. *serrulatum* Nakai, Iconogr. Pl. As. Orient. 3(1): 194, pl. 71 (1939).

Arisaema undulatifolium Nakai f. *viridifolium* Sugim., Shizuoka-ken Shokubutsu-shi: 487 (1967).

図1　ナガバマムシグサ（伊豆半島 1975/4/12）．開花初期の株で，花序が葉より早く展開することがわかる．*Arisaema undulatifolium* at the early flowering stage in Shizuoka prefecture.

マムシグサ節 *Arisaema* sect. *Pistillata*

図2 スギ植林の林床に生えるナガバマムシグサ雌株（大野：伊豆半島 2016/4/23）．開花盛期で花柄が長く伸びている．A pistillate individual of *A. undulatifolium* at the mid flowering stage.

図3 ナガバマムシグサ（伊豆半島）．開花期の終わり近くの株で，仏炎苞は萎れ始め，葉はひととおり展開している．小葉が細く，小葉間の葉軸がほとんど発達しないことが本種の特徴である．この後，葉はさらに広がって全体的に大きくなる．*Arisaema undulatifolium* after flowering.

III. 日本産テンナンショウ属の図鑑

図 4　若い果実をつけたナガバマムシグサ雌株と雄株（大野：伊豆半島 2017/9/20）．葉は十分展開しており，白斑のある細長い小葉がぎっしりと配列している様子が明らかである． A fruiting individual and two sterile ones of *A. undulatifolium*, showing the tightly arranged slender variegated leaflets.

　伊豆半島に分布し，多くは山地の林下に生える多年草。高さ 10 ～ 35 cm に達する。地下に球茎があり，腋芽はほぼ 2 列に並ぶ。3 ～ 4 月頃，休眠芽が地上に伸び出し，まず花序を，次いで葉を展開する。葉は 1 ～ 2 枚，偽茎部は長く，葉柄部はより短く，葉身は鳥足状に分裂し，小葉間には葉軸がほとんど発達しない。小葉は 9 ～ 21 枚，線形でときに不整の鋸歯があり，しばしば中脈に沿って白斑がある。花序柄は少なくとも花時には葉柄より長く，仏炎苞は紫褐色から黄褐色でごくまれに緑色，筒部の口辺はやや狭く開出し，舷部は卵形で先がやや伸び，前に曲がる。花序付属体は有柄で棒状。1 子房中に 8 ～ 13 個の胚珠がある。果実は秋遅くに赤熟する。

■染色体数：2n = 26.
■分布：本州（伊豆半島）。

26b. ウワジマテンナンショウ

Arisaema undulatifolium Nakai subsp. *uwajimense* T. Kobayashi & J. Murata in Kobayashi et al. in Acta Phytotax. Geobot. 54: 14 (2003).

四国西部に分布し，照葉樹林の林縁に生える多年草。高さ 15 〜 45 cm に達する。地下に球茎があり，腋芽はほぼ 2 列に並ぶ。3 〜 4 月頃，休眠芽が地上に伸び出し，まず花序を，次いで葉を

図1　ウワジマテンナンショウ（大野：愛媛県宇和島市 1989/4/16）．
Arisaema undulatifolium subsp. *uwajimense* in Uwajima, Shikoku at late flowering stage.

III. 日本産テンナンショウ属の図鑑

図2　ウワジマテンナンショウ（東馬：愛媛県宇和島市 2009/4/25）. 花が終わった時期のもので葉はかなり伸びきっている. 雌株には未熟な果実をつけた花序柄が立っている. 小葉の形にかなり変異があること, ナガバマムシグサに比べ, 葉軸が発達することがわかる. A small population of *A. undulatifolium* subsp. *uwajimense* in Uwajima, Shikoku, consisting of pistillate individuals with a very young infructescence. The leaflets are more loosely arranged than subsp. *undulatifolium* (p212 Fig. 4).

展開する. 葉は通常2枚, 偽茎部は長く6〜30 cm, 葉柄部はより短く, 葉身は鳥足状に分裂し, 小葉間には葉軸がやや発達する. 小葉は（7〜）9〜21枚, 線形でときに不整の鋸歯があり, しばしば中脈に沿って白斑がある. 花序柄は葉柄部の2倍程度長く, 偽茎とほぼ同長, 仏炎苞は紫褐色から黄褐色, 筒部の口辺は耳状に開出し, 舷部は卵形〜狭倒卵形で鋭尖頭, 前に曲がる. 花序付属体は有柄で棒状. 1子房中に13〜28個の胚珠がある. 果実は夏に赤熟する.

■分布：四国西部（愛媛, 高知県）.

〔付記〕本亜種は葉が多数の小葉に分裂する点で伊豆半島に分布する亜種ナガバマムシグサに似ているが, 小葉がより幅広く, 葉軸がやや発達すること, 花序柄が長いこと, 仏炎苞口部が広く開出すること, 胚珠数が特に多いことなどで異なる.

分布図 Distribution map

27. ヒガンマムシグサ

Arisaema aequinoctiale Nakai & F. Maek. in Maekawa in Bot. Mag. Tokyo 46: 561 (1932).

Arisaema stenophyllum Nakai & F. Maek. in Maekawa in Bot. Mag. Tokyo 46: 564 (1932).

Arisaema yosinagae Nakai, Iconogr. Pl. As. Orient. 3(1): 199 (1939).

[*Arisaema undulatifolium* Nakai var. *stenophyllum* (Nakai & F. Maek.) Sugim. in Amatores Herb. 16: 36 (1954), comb. nud.]

Arisaema undulatifolium Nakai var. *yosinagae* (Nakai) Seriz. in J. Jap. Bot. 55: 149 (1980).

Arisaema limbatum Nakai & F. Maek. var. *stenophyllum* (Nakai & F. Maek.) Seriz. in J. Jap. Bot. 55: 150 (1980).

Arisaema limbatum Nakai & F. Maek. var. *aequinoctiale* (Nakai & F. Maek.) Seriz. in J. Jap. Bot. 55: 151 (1980).

図1　ヒガンマムシグサ（三ツ峠山）．咲き始めはこのように花序だけが開くが，この性質を「早咲き」ということがある．九州・四国に分布するマムシグサ *A. japonicum* もこの性質を持っているが，染色体数が異なる．*Arisaema aequinoctiale* in Yamanashi prefecture at the early flowering stage.

III. 日本産テンナンショウ属の図鑑

図2 ヒガンマムシグサ（山口県下関市 1980/4/8）．山地に分布するものはあまり大きくならないのが普通である．*Arisaema aequinoctiale* in Yamaguchi prefecture.

図3 ヒガンマムシグサ（大野：箱根 2005/5/3）．ハウチワテンナンショウと呼ばれることもある箱根地域のもの．*Arisaema aequinoctiale* in Hakone, Kanagawa prefecture.

関東地方以西の本州と四国に分布する多年草．大きなものは高さ 90 cm に達する．地下に球茎があり，腋芽はほぼ2列に並ぶ．3〜4月頃，休眠芽が地上に伸び出し，まず花序を，次いで葉を展開する．葉は通常2枚，偽茎部は長く 4〜50 cm，葉柄部はより短く，葉身は鳥足状に分裂し，小葉間には葉軸がやや発達する．小葉は（5〜）7〜13 枚，披針形〜楕円形でときに鋸歯があり，しばしば中脈に沿って白斑がある．花序柄は少なくとも花時には葉柄より長く，偽茎とほぼ同長で，雌株では特に長くなる．仏炎苞は紫褐色から黄褐色，ごく稀に黄緑色，筒部の口辺は耳状に開出し，舷部は卵形〜狭倒卵形で鋭尖頭，前に曲がる．花序付属体は有柄で棒状．1子房中に 8〜21 個の胚珠がある．果実は夏に赤熟する．

■染色体数：$2n = 26$． ■分布：本州（関東，中部地方および広島，山口県），四国．

🌱 マムシグサ節 Arisaema sect. Pistillata

図4 ヒガンマムシグサ（大野：箱根 2005/5/3）．図3と同じく箱根地域のもの．大きな雌株で，九州産のマムシグサによく似ている．A large individual of *A. aequinoctiale* in Hakone, Kanagawa prefecture.

図5 黄緑色の仏炎苞を持つヒガンマムシグサ（大野：南房総市 2017/3/29）．ヒガンマムシグサ群（No. 25〜28）では一般に，仏炎苞の紫色が薄くなった場合，黄褐色（オリーブ色）になり，このように黄緑〜緑色となるものはごく稀である．*Arisaema aequinoctiale* with a yellow-green spathe found in Chiba prefecture.

〔付記〕本種はミミガタテンナンショウとよく似ており，仏炎苞の耳が発達するかどうかが区別点となるが，小型の株では区別が難しい．房総半島の集団は照葉樹林の林下・林縁に生え，海岸近くにも生育していて，カントウマムシグサとほぼ完全に入れ替わっている．それ以外の地域では低山地に分布し，数が少なく，点々と分布している．関東地方では筑波山（茨城県）や妙義山（群馬県）などのようにミミガタテンナンショウと混生する場所もある．

図 6　愛知県のヒガンマムシグサ（大野：愛知県設楽町 2017/4/22）．右側 2 個体は雌株，左側 1 個体が雄株．
Two pistillate (right) and a staminate (left) individuals of *A. aequinoctiale* in Aichi prefecture.

分布図 Distribution map

マムシグサ節 *Arisaema* sect. *Pistillata*

28. ミミガタテンナンショウ

Arisaema limbatum Nakai & F. Maek. in Maekawa in Bot. Mag. Tokyo 46: 562 (1932).

図1 ミミガタテンナンショウ雄株（東京都八王子市）.
A staminate individual of *A. limbatum* in Tokyo prefecture.

Arisaema limbatum Nakai & F. Maek. var. *ionostemma* Nakai & F. Maek. in Maekawa in Bot. Mag. Tokyo 46: 564 (1932).

Arisaema limbatum Nakai & F. Maek. f. *plagiostomum* Nakai, Iconogr. Pl. As. Orient. 2(2): 116 (1937).

Arisaema limbatum Nakai & F. Maek. f. *angustifolium* Hayashi in Bull. Gov. Forest Exp. Sta. no. 125: 76 (1960).

Arisaema limbatum Nakai & F. Maek. f. *viridiflavum* Hayashi in J. Geobot. (Kanazawa) 11(4): 118 (1963).

Arisaema limbatum Nakai & F. Maek. var. *conspicuum* Seriz. in J. Jap. Bot. 55: 150 (1980).

Arisaema undulatifolium Nakai f. *viridiflavum* (Hayashi) H. Ohashi & J. Murata in J. Fac. Sci. Univ. Tokyo, sect. 3, Bot. 12: 309 (1980).

Arisaema undulatifolium Nakai subsp. *undulatifolium* var. *ionostemma* (Nakai & F. Maek.) H. Ohashi & J. Murata in J. Fac. Sci. Univ. Tokyo, sect. 3, Bot. 12: 308 (1980).

Arisaema undulatifolium Nakai subsp. *undulatifolium* var. *ionostemma* (Nakai & F. Maek.) H. Ohashi & J. Murata f. *ionostemma* H. Ohashi & J. Murata in J. Fac. Sci. Univ. Tokyo, sect. 3, Bot. 12: 309 (1980).

図2　仏炎苞が黄緑色のミミガタテンナンショウ（大野：兵庫県 2017/4/15）．ハリママムシグサの色と似ているのは興味深い．*Arisaema limbatum* with green spathe found in Hyogo prefecture.

マムシグサ節 *Arisaema* sect. Pistillata

Arisaema undulatifolium Nakai var. *limbatum* (Nakai & F. Maek.) H. Ohashi in J. Jap. Bot. 61: 172 (1986).

Arisaema undulatifolium Nakai var. *limbatum* (Nakai & F. Maek.) H. Ohashi f. *limbatum* (Nakai & F. Maek.) H. Ohashi in J. Jap. Bot. 61: 172 (1986).

東北地方の太平洋沿岸地域から関東地方，および西日本の一部の林下，林縁に生える多年草。高さ 70 cm に達する。雌雄偽異株で雄株から雌株に完全に転換する。地下に球茎があり，腋芽はほぼ 2 列に並ぶ。暖地では 3 月～東北地方では 5 月頃，休眠芽が地上に伸び出し，まず花序を，次いで葉を展開する。葉は通常 2 枚，偽茎部は長さ 4 ～ 42 cm，葉柄部はより短く，葉身は鳥足状に分裂し，小葉間には葉軸がやや発達する。小葉は 7 ～ 11 枚，披針形～楕円形でときに鋸歯があり，しばしば中脈に沿って白斑がある。花序柄は少なくとも花時には葉柄部よりも長く，雌ではさらに長く，仏炎苞は黒紫色，紫褐色または黄褐色で白い縦条が目立ち，ごく稀に緑色のものがある。筒部は口辺部が耳状に広く開出し，舷部は卵形で先が尖る。花序付属体は棒状からやや棍棒状で，仏炎苞口部から明らかに外に出る。1 子房中に 10 ～ 16 個（四国

図 3　ミミガタテンナンショウ．高知県沖の島産，小石川植物園栽培．沖の島のものは仏炎苞の耳が特に著しく，舷部も長く鋭く尖って反り返り，オキノシマテンナンショウとして区別されたこともある．
Arisaema limbatum from the Okinoshima island, Kochi prefecture. The plants in the island are distinct in having well developed auricles. ➡

III. 日本産テンナンショウ属の図鑑

産のものでは29個にもなる）の胚珠がある。果実は夏に赤熟する。

■ 染色体数：2n = 26.
■ 分布：本州（東北地方，関東地方，中部地方東部，兵庫県淡路島），四国（高知県沖の島），九州（大分県）。

←図4　ミミガタテンナンショウ．ごく稀な緑色の仏炎苞を持つもの．（浦嶋健次：大船渡市 2006/5/14，第9回東書フォトコンテスト入賞作品）
Arisaema limbatum with a pure green spathe found in Iwate prefecture.

分布図 Distribution map

マムシグサ節 Arisaema sect. Pistillata

29. ハチジョウテンナンショウ

Arisaema hatizyoense Nakai, Iconogr. Pl. As. Orient. 3(1): 200 (1939).

Arisaema japonicum Blume var. *hatizyoense* (Nakai) Sugim., Keys Herb. Pl. Jap. 2. Monocotyl.: 564 (1973).

Arisaema japonicum Blume var. *yasuii* Sugim., Keys Herb. Pl. Jap. 2. Monocotyl.: 564 (1973).

八丈島に分布する多年草。高さ 100 cm に達する。雌雄偽異株で雄株から雌株に完全に転換する。3〜4月頃地上に葉と花序を出す。ふつう全体が緑色で鞘状葉や偽茎部には斑がほとんどない。葉は通常2個で，やや同大，偽茎部は葉柄部と同長，または短く，開口部は襟状に広がり，葉身は鳥

図1 ハチジョウテンナンショウ雄株（八丈島 1991）．カントウマムシグサによく似ているが，2枚の葉の大きさにあまり差がない．八丈島ではごく普通に見られる．A staminate individual of *A. hatizyoense*. This species is endemic to the Hachijojima island of the Izu island group.

223

III. 日本産テンナンショウ属の図鑑

←図2 ハチジョウテンナンショウの雄花序．仏炎苞内面はほぼ平滑で隆起する細脈は認められない．
A pistillate inflorescence of *A. hatizyoense*, showing the smooth inner surface of the spathe.

図4 開花初期のハチジョウテンナンショウ（八丈島 1991）．花序と葉がほぼ同時に開く．*Arisaema hatizyoense* at the early flowering stage. The spathe and leaves open at the same time.

図3 地上に伸び出たハチジョウテンナンショウ（大野：八丈島 2011/3/5）．*Arisaema hatizyoense* comes up in early spring.

足状に分裂し，小葉間に葉軸が発達する．小葉は7〜15個，楕円形で両端尖り，全縁．花序柄は葉柄部とほぼ同長，仏炎苞は葉身よりやや早く展開し緑色，稀に紫色を帯び，縦の白筋があり，筒部は円筒形で口辺部はやや耳状に開出し，舷部は筒部より長く，卵形〜狭卵形，基部がやや横に張り出し，先は長く突出し，やや反

マムシグサ節 Arisaema sect. Pistillata

図5　開花盛期のハチジョウテンナンショウ（八丈島三原山 1991）．*A. hatizyoense* on the Mt. Miharayama, Hachijojima island.

り返る。花序付属体は淡緑色，有柄で太棒状，直立。1子房中に4～10個の胚珠がある。果実は秋に赤く熟す。

■染色体数：2n = 26.
■分布：八丈島。

〔付記〕染色体数は他の多くのマムシグサ類より2本少ない2n = 26で，ヒガンマムシグサと共通である。また，2枚の葉の大きさが接近している点，仏炎苞内面が平滑である点でもヒガンマムシグサに似ている。一方，花序の展開は葉とほぼ同時かやや早い程度である。広義のマムシグサ群内の系統関係は葉緑体DNAでは示されなかったが，最近進めている核DNA ITS領域の解析からは，ヒガンマムシグサ群に近縁であると考えられる。

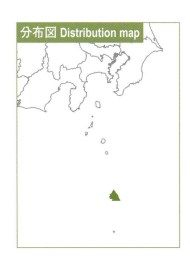

分布図 Distribution map

225

Ⅲ. 日本産テンナンショウ属の図鑑

 30. トクノシマテンナンショウ

Arisaema kawashimae Seriz. in J. Jap. Bot. 55: 153, f. 3 (1980).

　徳之島の山地の頂上付近の，岩がちの湿った林下に生える多年草。高さ50 cmに達する。雌雄偽異株で雄株から雌株に完全に転換する。地下に球茎があり，多数の腋芽はほぼ2列に並び，子球に発達する。2月頃，休眠芽が地上に伸び出し，花序と葉をほぼ同時に展開する。鞘状葉は革

図1　トクノシマテンナンショウ雌株（徳之島 1980/2/15）．地下茎（球茎）に生ずる子イモで栄養繁殖したと見られる多数の子株にとり囲まれている．A pistillate individual of *A. kawashimae* surrounded by many small plants arising from the accompanying tuberlets. This species is endemic to the Tokunoshima island.

マムシグサ節 Arisaema sect. Pistillata

分布図 Distribution map

図2 トクノシマテンナンショウ雄株（徳之島 1980/2/15）．
A staminate individual of *A. kawashimae*.

質で偽茎と同色。葉は通常2枚，偽茎部は長さ14〜32cm，淡紫褐色の斑が目立ち，開口部は襟状に開がる。葉柄部は偽茎部より短く9〜14cm，葉身は鳥足状に分裂し，小葉間には葉軸がやや発達する。小葉は9〜13枚，狭楕円形で全縁。花序柄は少なくとも花時には葉柄部とほぼ同長か短く，仏炎苞は紫褐色または黄褐色で白い縦条が目立ち，筒部はやや細い円筒形，口辺部が耳状に広く開出し，舷部は筒部より長く，三角状卵形〜狭卵形で先が長く尖る。花序付属体は細棒状で，仏炎苞口部から明らかに外に出る。

■染色体数：$2n = 28$．
■分布：琉球（徳之島）

〔付記〕外部形態はヒガンマムシグサやミミガタテンナンショウに似るが，多数の子球を生じて栄養繁殖を行うこと，鞘状葉がよく発達しやや革質で，葉と花序がほぼ同時に開くなどの特徴をもつ。また，発芽第1葉が3小葉を持つ点や，染色体数も異なる。葉緑体DNAのほか，核DNA ITS領域の解析においても，直接の関係はないことが示されている。

31. ツクシマムシグサ

Arisaema maximowiczii (Engl.) Nakai in Bot. Mag. Tokyo 42: 454 (1928).

Arisaema japonicum Blume var. *angustifoliolatum* Miq. in Ann. Mus. Lugd.-Bat. 2: 202 (1866), as 'angustefoliolata,' Cat. Mus. Lugd.-Bat.: 95 (1870), as 'angustifoliata.'

Arisaema japonicum Blume var. *maximowiczii* Engl., Pflanzenr. 73(IV-23F): 207 (1920).

Arisaema angustifoliolatum (Miq.) Nakai, Iconogr. Pl. As. Orient. 2(3): 143, pl. 56 (1937), as 'angustifoliatum.'

Arisaema angustifoliolatum (Miq.) Nakai var. *holophyllum* Nakai, Iconogr. Pl. As. Orient. 2(3): 144 (1937), as 'angustifoliatum.'

Arisaema angustifoliolatum (Miq.) Nakai var. *integrifolium* Nakai, Iconogr. Pl. As. Orient. 2(3): 144 (1937), as 'angustifoliatum.'

Arisaema angustifoliolatum (Miq.) Nakai var. *serrulatifolium* Nakai, Iconogr. Pl. As. Orient. 2(3): 143 (1937), as 'angustifoliatum.'

Arisaema yosiokai Nakai in J. Jap. Bot. 14: 630 (1938).

Arisaema simense Nakai, Iconogr. Pl. As. Orient. 3(1): 199 (1939).

Arisaema simense Nakai var. *mayebarai* Nakai in J. Jap. Bot. 15: 414 (1939).

Arisaema simense Nakai var. *toyamai* Nakai in J. Jap. Bot. 15: 414 (1939).

[*Arisaema maximowiczii* (Engl.) Nakai f. *mayebarai* (Nakai) Sugim., Keys Herb. Pl. Jap. 2. Monocotyl.: 243 (1973), comb. nud.]

[*Arisaema maximowiczii* (Engl.) Nakai f. *toyamai* (Nakai) Sugim., Keys Herb. Pl. Jap. 2. Monocotyl.: 243 (1973), comb. nud.]

九州に分布する多年草。高さ 60 cm に達する。雌雄偽異株で雄株から雌株へ完全に転換する。5月頃地上に葉と花序を出す。偽茎部は長く，全体ホソバテンナンショウにやや似るが，葉は通常

← 図1　平地から直立するツクシマムシグサ（久住山 2010/5/8）．仏炎苞舷部がやや半透明であり，縁が紫色に縁取られ，かつ透明な細突起が並んでいることがわかる．仏炎苞が紫色の株も稀ではない．*Arisaema maximowiczii* growing on the Mt Kujusan, Oita prefecture. The spathe blade including the long beak is fringed with minute papillae.

マムシグサ節 *Arisaema* sect. *Pistillata*

図2 ツクシマムシグサは普通葉を1枚つけ，急斜面に生える場合には写真のように斜面から斜めに立ち，葉身は外側に垂れ下がり，花序は斜面側を向くのがふつう．花序柄は一般に短い（熊本県美里町 1990/5/23）．
Arisaema maximowiczii growing on a steep slope. The leaves are oriented to open side for light and the spathe of the upright inflorescence faces to the slope. ➡

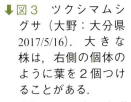

図3 ツクシマムシグサ（大野：大分県 2017/5/16）．大きな株は，右側の個体のように葉を2個つけることがある．
Arisaema maximowiczii in Oita prefecture. Large individuals sometimes have two leaves.

← 図4　開花前のツクシマムシグサ雌株（大野：大分県別府市 2017/5/16）．葉が2個の大型株．仏炎苞舷部の先が真っすぐ上に伸びているのが確認できる．*Arisaema maximowiczii* before flowering.

図5　若い果実をつけたツクシマムシグサ（大野：大分県別府市 2017/9/6）．1ヵ月後には赤熟する．*Arisaema maximowiczii* with a young infructescence.

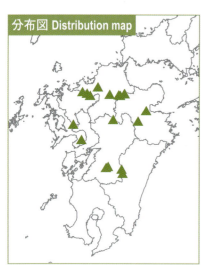

1個，大型のものでは2個のこともある．鳥足状葉は葉軸が発達し，小葉は7〜17個，しばしば鋸歯があり，先はやや尾状に伸びる．花序柄は葉柄部より短く，時にほぼ同長．仏炎苞は葉に遅れて開き，緑色または紫色，筒部は円筒状で口辺部は狭く開出し，舷部は基部が三角状卵形で，先は尾状に長くなり，しばしばふちに白色の細突起があり，ほぼ水平に伸びる．仏炎苞舷部の白条はときに幅広くなり集まって半透明となる．花序付属体は有柄で細棒状．1子房あたり6〜8個の胚珠がある．果実は秋に赤熟する．

■染色体数：2n = 28．

■分布：九州．

〔付記〕*Arisaema simense* は三重県産とされる栽培植物に基づいて発表されたが，その後，本州では類似の植物が採集されておらず，産地の誤りの可能性がある．

マムシグサ節 Arisaema sect. Pistillata

32. タシロテンナンショウ（ツクシヒトツバテンナンショウ）

Arisaema tashiroi Kitam. in Acta Phytotax. Geobot. 10: 190 (1941).

図1　タシロテンナンショウ．別名にはヒトツバとついているが，葉が1枚になる株はほとんどない．宮崎県産，小石川植物園栽培．*Arisaema tashiroi* from Miyazaki prefecture.

III. 日本産テンナンショウ属の図鑑

図2 タシロテンナンショウ雄株（宮崎県鰐塚山 1983/5/24）．A staminate individual of *A. tashiroi* in Miyazaki prefecture.

　九州中南部に分布する多年草。高さ 70 cm に達する。雌雄偽異株で雄株から雌株に完全に転換する。5月頃地上に葉と花序を出す。花序柄は葉柄部よりやや短い。仏炎苞は葉に遅れて開き全体緑色，まれに紫色を帯び，白筋が目立ち，筒部は円筒形で口辺部は狭く開出し，舷部は筒部より短く三角状広卵形で先は急に短く突出し，やや内に巻く。花序付属体は有柄で棒状〜細棒状，上部でやや前に曲がる。果実は秋に赤熟する。

■染色体数：2n = 28.
■分布：九州（大分，宮崎，鹿児島県）。

分布図 Distribution map

232

マムシグサ節 *Arisaema* sect. *Pistillata*

図3　1葉を持つタシロテンナンショウ雌株（大野：宮崎県 2017/5/19）．仏炎苞舷部の先が長くならないこと以外は，ツクシマムシグサによく似ている．A pistillate individual of *A. tashiroi* with a single leaf in Miyazaki prefecture.

33a. ミヤママムシグサ

Arisaema pseudoangustatum Seriz. var. ***pseudoangustatum*** in Shidekobushi 2(2): 107, f. 1 & 2 (2013).

本州中部および中国地方東部に分布し，山地の林下に生える多年草．全体にホソバテンナンショウに似て高さ80 cmに達する．雌雄偽異株で雄株から雌株へと完全に転換する．花期は遅く5〜7月頃地上に葉と花序を出す．鞘状葉や偽茎部の斑は紫褐色を帯びる．葉は通常2個で偽茎部は葉柄部よりはるかに長く，開

▲図2 ミヤママムシグサの仏炎苞舷部を持ち上げたところ（大野：山梨県南アルプス市 2016/6/26）．舷部内面に隆起する細脈がなく，白っぽく見える．花序付属体の上部はしばしばこのように前に曲がる． The smooth and whitish inner surface of the spathe blade of *A. pseudoangustatum* var. *pseudoangustatum*, The spadix appendage is sometimes forecurved in the upper part.

◀図1 ミヤママムシグサの雄花序（大野：静岡市 2017/6/10）．仏炎苞は青みを帯びてやや半透明になる．その後，緑色が徐々に抜け，開花後期には青白くなる． Staminate inflorescence of *A. pseudoangustatum* var. *pseudoangustatum*.

マムシグサ節 *Arisaema* sect. *Pistillata*

図3 林縁の斜面に群生するミヤママムシグサ（大野：岐阜県中津川市 2017/6/13）．ホソバテンナンショウによく似ているが，半透明な仏炎苞の開口部付近が明るく目立っている．*Arisaema pseudoangustatum* var. *pseudoangustatum* growing on the forest margin in Mt. Enasan, Gifu prefecture.

235

III. 日本産テンナンショウ属の図鑑

← 図4 開花前のミヤママムシグサ（大野：静岡市 2017/5/28）．仏炎苞は葉より明らかに遅く開く．この頃の仏炎苞の色は全体が緑色である．*A. pseudoangustatum* var. *pseudoagustatum*, with an unopened inflorescence.

図5 ミヤママムシグサ雌株（鳥取県大山産，摂南大学薬用植物園栽培）．右は雌株の偽茎．Staminate individuals of *A. pseudoangustatum* var. *pseudoagustatum* from Mt. Daisen. Tottori prefecture.

図6 ミヤママムシグサ雌株（兵庫県氷ノ山産，摂南大学薬用植物園栽培）．A pistillate individual of *A. pseudoangustatum* var. *pseudoagustatum* from Mt. Hyonosen. Hyogo prefecture.

マムシグサ節 *Arisaema* sect. *Pistillata*

図7　ミヤママムシグサ雌株（兵庫県氷ノ山産，摂南大学薬用植物園栽培）．A pistillate individual of *A. pseudoangustatum* var. *pseudoagustatum* from Mt. Hyonosen. Hyogo prefecture.

図8　ミヤママムシグサ（図7の株）の雌花序から仏炎苞を取り外したところ．The pistillate inflorescence of the individual in Fig. 7, the spathe removed.

口部は襟状に広がる．葉身は鳥足状に分裂し，小葉は9〜13枚，線状楕円形から狭楕円形，両端長く尖り，小葉間の葉軸はやや発達しない．仏炎苞は葉身より明らかに遅く展開し全体緑色，舷部は筒部とほぼ同長で卵状三角形，平滑，下半が半透明または不透明で時に微細な紫褐色の点をちりばめ，細い白筋があり，内面はときに粉白色，筒口部はやや前に傾き狭く反曲し，すくなくともその周辺は半透明．花序付属体は淡緑色，有柄で細棒状．果実は秋に赤熟する．

■分布：本州（静岡，山梨，長野，岐阜，愛知県，および兵庫，岡山，鳥取県）．

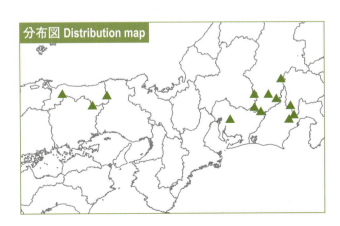

分布図 Distribution map

237

33b. スズカマムシグサ

Arisaema pseudoangustatum Seriz. var. ***suzukaense*** Seriz. Shidekobushi 2(2): 108, f. 4 (2013).

　岐阜県西部とその周辺地域の山地の林縁などに生える多年草。ミヤママムシグサに似るが，小葉間の葉軸はより発達する傾向がある。仏炎苞筒部は細い筒状で舷部の2倍程度長く，舷部は卵形で下が広がらず，口部は開出せず，半透明な部分はほとんどない。標高の高い所に生えるものは全体が小型になる傾向があるという。

■分布：本州（岐阜，滋賀，三重，石川，福井県）。

図1　スズカマムシグサ雌株（滋賀県藤原岳産，摂南大学薬用植物園栽培）．仏炎苞筒部は細長く，舷部も幅狭い．A pistillate individual of *A. pseudoangustatum* var. *suzukaense* from Mt. Fujiwaradake, Shiga prefecture.

マムシグサ節 *Arisaema* sect. *Pistillata*

図2 スズカマムシグサ雄株（滋賀県藤原岳産，摂南大学薬用植物園栽培）．背後の偽茎は図1の雌株の下部．A staminate individual of *A. pseudoangustatum* var. *suzukaense* from Mt. Fujiwaradake. Shiga prefecture.

図3 開花前のスズカマムシグサ（滋賀県藤原岳産，摂南大学薬用植物園栽培）．仏炎苞は葉より明らかに遅く開く．*Arisaema pseudoangustatum* var. *suzukaense* from Mt. Fujiwaradake. Shiga prefecture, with an unopened inflorescence.

図4 スズカマムシグサ（図1の株）の仏炎苞舷部内面．筋状の隆起はなく，泡状の凹凸により全面が白っぽく見える．The inner surface of the spathe blade of *A. pseudoangustatum* var. *suzukaense*. It is almost smooth but shows babbly whitish appearance.

分布図 Distribution map

239

33c. アマギミヤママムシグサ

Arisaema pseudoangustatum Seriz. var. ***amagiense*** Seriz. in Shidekobushi 2(2): 108, f. 3 (2013).

図1 アマギミヤママムシグサ（天城山産，小石川植物園栽培）．*Arisaema pseudoangustatum* var. *amagiense* from Mt. Amagisan, Shizuoka prefecture.

マムシグサ節 *Arisaema* sect. *Pistillata*

図2 アマギミヤママムシグサ（図1の個体）の仏炎苞舷部内面．縁や内面に微細な突起が密生する．The inner surface of the spathe blade of *A. pseudoangustatum* var. *amagiense*, covered with numerous fine papillae.

図3 アマギミヤママムシグサ（図1の個体）を真上から見たところ．小葉間の葉軸はやや発達しない．Top view of *A. pseudoangustatum* var. *amagiense*.

◀図4 アマギミヤママムシグサ（図1の個体）の花序．Enlarged side view of the inflorescence of *A. pseudoangustatum* var. *amagiense*.

分布図 Distribution map

伊豆半島の山地上部の林床・林縁に生える多年草．ミヤママムシグサやホソバテンナンショウに似るが，仏炎苞舷部は幅狭く，狭卵状三角形，内面および辺縁に微細な乳頭状突起が密生して白っぽくなる．

■分布：本州（静岡県）．

34. ムロウテンナンショウ

Arisaema yamatense (Nakai) Nakai in Bot. Mag. Tokyo 43: 539 (1929)
    Arisaema japonicum Blume var. *yamatense* Nakai in Bot. Mag. Tokyo 31: 284 (1917).
    Arisaema yamatense (Nakai) Nakai var. *integra* Nakai in Bot. Mag. Tokyo 43: 539 (1929).

図1　ムロウテンナンショウ雌株（大野：京都市北山 2017/5/8）．1980 年頃の撮影地は成熟した北山杉の林で，200 株以上のムロウテンナンショウが群生していた．植林が更新された影響で開花株は現在 10 株程度しか見られないが，写真の株は間伐された木の間から元気に生えており，再び群生が復活しそうな環境だった．A pistillate individual of *A. yamatense* in Kyoto prefecture.

　近畿地方および隣接する中国・中部地方に分布する多年草。高さ 80 cm に達する。雌雄偽異株で雄株から雌株に完全に転換する。4 〜 5 月頃地上に葉と花序を出す。全体がホソバテンナンショウに似ており，鞘状葉や偽茎部の斑はやや赤味が強い。葉は通常 2 個で，葉柄部は偽茎部よりははるかに短く，葉身は鳥足状に分裂し，小葉間に葉軸が発達する。小葉は 9 〜 15 個，しばしば細鋸歯がある。花序柄は葉柄部とほぼ同長，仏炎苞は葉身とほぼ同時に展開し全体緑色，筒部は円筒形で口辺部は狭く開出し，舷部は筒部より短く，広卵形で基部がやや横に張り出し，内面および

マムシグサ節 *Arisaema* sect. *Pistillata*

図2 色違いの花序が近接して生えるムロウテンナンショウ（大野：兵庫県神崎郡 2017/5/7）．紫褐色のムロウテンナンショウに見える株は，仏炎苞の色違いの場合と，他種との交雑株の場合がある．
Arisaema yamatense with green and purple spathe in Hyogo prefecture.

Ⅲ. 日本産テンナンショウ属の図鑑

◀図3　ムロウテンナンショウの雌花序．（奈良県）仏炎苞の舷部内面は細乳頭状突起に被われ，著しいものは外面にも凹凸がある． A pistillate inflorescence of *A. yamatense*. The spathe blade is densely covered by minute papillae, always inside and occasionally outside, with a velvety appearance.

図4　ムロウテンナンショウの仏炎苞舷部を持ち上げたところ（大野：室生寺 2017/4/27）．舷部内面は密生する微細な乳頭状突起に覆われて白っぽくみえる．花序付属体は先に向かって細まり，通常前に曲がり，緑色の円頭で終わる．The spathe and spadix appendage of *A. yamatense* enlarged.

ふちに多数の乳頭状突起があり，肉眼では白っぽく見える．花序付属体は有柄で下部はやや太く，上に向かって細まり，上部でやや前に曲がり，光沢のある濃緑色の円頭に終わる．果実は秋に赤熟する．

■染色体数：2n = 28．

■分布：本州（愛知，岐阜，福井県および近畿地方，中国地方東部）．

マムシグサ節 Arisaema sect. Pistillata

35. ホソバテンナンショウ

Arisaema angustatum Franch. & Sav., Enum. Pl. Jap. 2: 507 (1878).

Arisaema angustatum Franch. & Sav. var. *integrum* Nakai in Bot. Mag. Tokyo 42: 453 (1928).

[*Arisaema angustatum* Franch. & Sav. var. *typicum* Nakai in Bot. Mag. Tokyo 42: 453 (1928), nom. illeg.]

[*Arisaema angustatum* Franch. & Sav. f. *typicum* (Nakai) Nakai, Iconogr. Pl. As. Orient. 2(2): 130 (1937), comb. illeg.]

関東から中部地方東部，近畿地方に分布する多年草。高さ 100 cm に達する。雌雄偽異株で雄株から雌株に完全に転換する。4〜5月頃地上に葉と花序を出す。鞘状葉や偽茎部の斑はやや赤味が強い。葉は通常2個で，偽茎部は葉柄部よりはるか

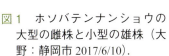

図1 ホソバテンナンショウの大型の雌株と小型の雄株（大野：静岡市 2017/6/10）.
A large pistillate individual and a small staminate individual of *A. angustatum* in Shizuoka prefecture.
➡

245

Ⅲ. 日本産テンナンショウ属の図鑑

↑図2 西日本のホソバテンナンショウ（大野：奈良県 2017/6/3）。東日本のものとの形態差は少ない。*Arisaema angustatum* in Nara prefecture.

←図3 開花初期のホソバテンナンショウ（伊豆大島 2005/4/9）。*Arisaema angustatum* at the early flowering stage on the Izu-oshima island.

に長く，開口部は襟状に広がり，葉身は鳥足状に分裂し，小葉間に葉軸が発達する。小葉は9～17個，披針形～狭楕円形，両端尖り，しばしば細鋸歯がある。花序柄は葉柄部とほぼ同長または長く，仏炎苞は葉身よりやや早く展開し全体緑色，縦の白筋があ

マムシグサ節 *Arisaema* sect. *Pistillata*

図4　ホソバテンナンショウ．花序が展開する頃の株が群生しており，花序が葉よりもやや早く開くことがわかる（伊豆大島 2005/4/9）．A population of *A. angustatum* at the beginning of flowering season in the Izu-oshima island.

り，筒部は円筒形で口辺部は狭いが耳状に開出し，開出部はしばしば半透明となり，舷部は筒部より短く，卵形〜広卵形，基部がやや横に張り出し，鋭頭〜鋭尖頭，縁は時に紫色を帯び，稀に微細な凹凸があり，内面には隆起する細脈がない．花序付属体は淡緑色，有柄で下部はやや太く，上に向かって細まり，直立，あるいは上部でやや前に曲がる．1子房中に5〜8個の胚珠がある．果実は秋に赤く熟す．

■染色体数：2n = 28.

■分布：本州（関東〜近畿地方，岡山県）．

分布図 Distribution map

247

36. ウメガシマテンナンショウ

Arisaema maekawae J. Murata & S.Kakish. in Acta Phytotax. Geobot. 59: 49 (2008).

[*Arisaema umegashimense* F. Maek. ex Sugim., Keys Herb. Pl. Jap. 2. Monocotyl.: 246 (1973), nom. nud.]

図1 ウメガシマテンナンショウ（大野：静岡市 2017/6/10）．撮影地ではホソバテンナンショウ，ミヤママムシグサなど複数の種類が近接して生育する．
Arisaema maekawae in Shizuoka prefecture.

マムシグサ節 *Arisaema* sect. Pistillata

図2 ウメガシマテンナンショウ．ホソバテンナンショウに似るが，鞘状葉．偽茎，葉柄部が明るい淡褐色で赤みを帯びた紫褐色の斑があり，また，花序付属体がより太いことなどで区別できる．仏炎苞舷部の内面にはしばしば微細な凹凸があり，泡立ったように見える（山梨県身延2006/4/18）．*Arisaema maekawae* in Yamanashi prefecture.

　富士山の西側から長野県，山梨県にかけて分布し，また中国地方と兵庫県にも分布する多年草．高さ80 cmに達する．雌雄偽異株で雄株から雌株に完全に転換する．4〜5月頃地上に葉と花序を出す．鞘状葉や偽茎部は地色が淡褐色で斑はやや赤味が強い傾向がある．葉は2個で，中国地方では1個のものも普通，偽茎部は葉柄部よりはるかに長く，開口部は襟状に広がり，葉身は鳥足状に分裂し，小葉間に葉軸が発達する．小葉は7〜15個，披針形〜狭楕円形，両端尖り，しばしば細鋸歯がある．花序柄は葉柄部とほぼ同長または長く，仏炎苞は葉身よりやや早く展開し全体緑色，縦の白筋があり，筒部は円筒形で口辺部は狭く開出し，舷部は筒部より短く，卵形〜広卵形，基部がやや横に張り出し，鋭頭〜鋭尖頭，縁は時に紫色を帯び，稀に微細な凹凸があり，内面には隆起する細脈がなく，時に微細な凹凸がある．花序付属体は淡緑色，有柄で棒状，直立する．果実は秋に赤く熟す．
■分布：本州（静岡，長野，岐阜，山梨，兵庫県および中国地方）．
〔付記〕ウメガシマテンナンショウは杉本（1973）の「単子葉植物総検索誌」で知られるようになったが，その段階では学名が正式に発表されていなかった．花序を除いた部分はホソバテンナンショウによく似ているが葉や花序が展開する時期には緑色がさらに明るい感じがする．仏炎苞は葉よりもやや早く展開し，明るい緑色で白条が目立たず，ホソバテンナンショウより幅広く，特に舷部はより大きく，内面は粉白色でしばしば乳頭状の細突起を生ず

249

III. 日本産テンナンショウ属の図鑑

図3 2葉をつけるウメガシマテンナンショウ雌個体（松本哲也：那岐山 2015/5/6）. A pistillate individual of *A. maekawae* with two leaves in Okayama prefecture.

←図4 1葉をつけるウメガシマテンナンショウ雄個体（松本哲也：那岐山 2015/5/6）. 中国地方には1葉をつける個体が多く見られ，図3のような2葉の個体と同所に生える. A staminate individual of *A. maekawae* with one leaf in Okayama prefecture. In Chugoku district two-leaved and single-leaved individuals frequently occur together.

図5 ウメガシマテンナンショウ雄花序（松本哲也：那岐山 2015/5/6）. 中部地方のものに比べ，花序付属体が細い傾向がある. A staminate inflorescence of *A. maekawae*.

マムシグサ節 *Arisaema* sect. *Pistillata*

図6 ウメガシマテンナンショウ．花序は葉よりも早く展開する（山梨県身延 2006/4/18）．*Arisaema maekawae* at the early flowering stage. The spathe opens earlier than the leaves.

図7 ウメガシマテンナンショウ．花序がやや紫色を帯びる株（山梨県身延 2006/4/18）．*Arisaema maekawae* with a green spathe tinged with purple.

る．花序付属体は太棒状で先がややふくらむものが多い．中部地方での分布は富士山西側の安部川の流域から北は近隣の山梨県，西は岐阜県あたりまで分布すると見られる．分布域はホソバテンナンショウと重なっており，4月末ごろに出現する．

中国地方では山口県から兵庫県まで，また，瀬戸内海側から日本海側まで広く分布するが，しばしば葉が1枚になること，仏炎苞舷部が短く，花序付属体が細い傾向があるなど，中部地方のものと少し違っている．兵庫県および中国地方では，ヒガンマムシグサ，タカハシテンナンショウ，ハリママムシグサを除き，仏炎苞が葉よりも早く展開する種類が他にないので，分布域が重なるミヤママムシグサ，コウライテンナンショウやカントウマムシグサから区別できる（307頁「52. コウライテンナンショウ」図5参照）．

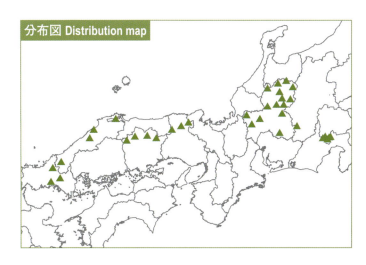

分布図 Distribution map

251

37a. オモゴウテンナンショウ

Arisaema iyoanum Makino in J. Jap. Bot. 8: 32 (1932) subsp. ***iyoanum***

Arisaema iyoanum Makino var. *viridescens* Makino in J. Jap. Bot. 8: 32 (1932).

[*Arisaema omogoense* Makino, Makino's Ill. Fl. Jap. enl. ed.: 1246 (1955), pro syn., nom. nud.]

[*Arisaema iyoanum* Makino f. *viridescens* (Makino) Sugim., Keys Herb. Pl. Jap. 2. Monocotyl.: 242 (1973), comb. nud.]

図 1　オモゴウテンナンショウ（愛媛県今治市 1977/5/5）．かつては愛媛県の渓流にはよく見られた．*Arisaema iyoanum* by the Omogo-kei stream in Ehime prefecture.

マムシグサ節 *Arisaema* sect. *Pistillata*

図2　渓流沿いに生えるオモゴウテンナンショウ（大野：愛媛県今治市 2017/5/2）．水の流れの近くを好むのか，川に面した斜面で見ることが多い．*Arisaema iyoanum* in its natural habitat by a stream in Ehime prefecture.

四国および中国地方西部の山地，特に渓流沿いの急斜面に生える多年草。高さ20～60 cm。雌雄偽異株で雄株から雌株へ完全に転換する。5月頃地上に葉と花序を出す。葉は通常1個，偽茎部は葉柄部の3倍程度長い。葉身は鳥足状に分裂し，マムシグサに似て葉軸が発達し，小葉は7～15枚。花序柄は葉柄より短く，仏炎苞は葉に遅れて開く。仏炎苞の筒部はやや上に開いた円筒状，

図3　開花前のオモゴウテンナンショウ（大野：愛媛県今治市 2017/5/2）．この後，葉が先に展開を完了する．*Arisaema iyoanum* before flowering in Ehime prefecture.

253

III. 日本産テンナンショウ属の図鑑

図4　オモゴウテンナンショウ．大型の雌個体（愛媛県今治市 1990/5/23）．A large pistillate individual of *A. iyoanum* in Ehime prefecture.

外面は淡褐色で不規則な紫斑があり，舷部は筒部よりやや長く，卵形～狭卵形でやや鈍頭，やや外曲し，両面緑色で内面は光沢がある．花序付属体は有柄で棒状，先がわずかに前に曲がる．1子房中に5～10個の胚珠がある．
■染色体数：2n = 28．
■分布：本州（山口，広島県），四国（高知，愛媛県）．

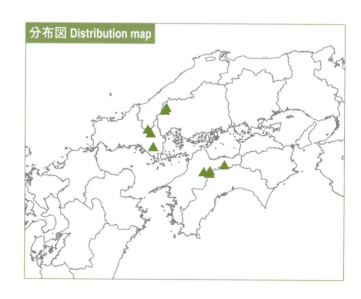

分布図 Distribution map

254

マムシグサ節 Arisaema sect. Pistillata

37b. シコクテンナンショウ

Arisaema iyoanum Makino subsp. *nakaianum* (Ohba) H. Ohashi & J. Murata in J. Fac. Sci. Univ. Tokyo, sect. 3, Bot. 12: 310 (1980).

Arisaema akiense Nakai var. *nakaianum* Kitag. & Ohba ex Ohba in J. Jap. Bot. 37: 111 (1962).

Arisaema iyoanum Makino var. *nakaianum* (Ohba) Kitag. & Ohba ex Ohba in J. Jap. Bot. 38: 338 (1963).

Arisaema nakaianum (Ohba) M. Hotta [in Kitamura et al., Col. Ill. Herb. Pl. Jap. 3: 203 (1964), comb. nud.] in Acta Phytotax. Geobot. 22: 96 (1966).

四国の山地，特に渓流沿いの急斜面に生える多年草。高さ 30 〜 60 cm。雌雄偽異株で雄株から雌株へ完全に転換する。5 月頃地上に葉と花序を出す。葉は通常 1 個，偽茎部は葉柄部の 2 〜 3 倍程度長い。葉身は鳥足状に分裂し，マムシグサに似て葉軸が発達し，小葉は 7 〜 15 枚。花序柄は葉柄より明らかに短く，仏炎苞は葉に遅れて開く。仏炎苞の筒部は上に開いた円筒状，外面は紫褐色の不規則な斑紋が並び，筒口部は広く耳状に開出し，舷部は筒部と同長〜やや長く，三角状広卵形で鋭頭〜鋭尖頭，外曲し，紫褐色〜赤紫褐色で多数の白筋が目立つ。花序付属体は有柄で太棒状，ふつう直立する。

■染色体数：2n = 28.

■分布：四国。

図 1　シコクテンナンショウ（愛媛県今治市 1977/5/5）．
A. iyoanum subsp. *nakaianum* growing on a slope facing to a stream in Ehime prefecture.

255

III. 日本産テンナンショウ属の図鑑

図2 シコクテンナンショウ（大野：愛媛県 2017/5/1）. 赤みが少なく黒っぽい仏炎苞の株. まだ完全には展開が終わっていない. *Arisaema iyoanum* subsp. *nakaianum* showing color variation in the spathe.

図3 シコクテンナンショウの花序. 四国産, 小石川植物園栽培. A side view of a pistillate inflorescence of *A. iyoanum* subsp. *nakaianum*.

マムシグサ節 Arisaema sect. Pistillata

38. アオテンナンショウ

Arisaema tosaense Makino in Bot. Mag. Tokyo 15: 130 (1901).

図1　アオテンナンショウ．名前のとおり全体が緑色．半透明の仏炎苞が特徴的である（東温市 1977/5/4）．
Arisaema tosaense in the rain. The semi-translucent spathe with a long flagellate tail is a characteristic of this species.

　四国および大分県，広島県，岡山県と瀬戸内海の島嶼に生える多年草。高さ100 cmに達する。雌雄偽異株で雄株から雌株に完全に転換する。5～6月頃地上に葉と花序を出す。葉は1～2個で偽茎部は葉柄部とほぼ同長またはやや長く，葉身は鳥足状に分裂し，小葉間の葉軸は発達する。小葉は7～15枚，長楕円形で先が急に細まり，通常はさらに糸状に伸びて垂れ下がり，ときに鋸歯縁となる。花序柄は葉柄部より短く，仏炎苞は葉に遅れて開く。仏炎苞は淡緑色，まれに紫色を帯び，半透明で白条が目立たず，筒部は上に開き口辺部はやや開出し，舷部は三角状の卵形で，先は細長く伸び，ときに40 cmに達し，内巻きして垂れ下がる。花序付属体は有柄で太棒状，し

257

III. 日本産テンナンショウ属の図鑑

図2 九州のアオテンナンショウ（大野：大分県国東市 2017/5/16）．大分県にアオテンナンショウが分布することは最近認識されるようになった．仏炎苞は四国のアオテンナンショウほど半透明にならない．
Arisaema tosaense in Oita prefecture is recently recognized.

図4 アオテンナンショウの花序を背後から見たところ．半透明の仏炎苞を通して花序付属体が見える（大野：伊予市 2017/4/29）．The upper part of the inflorescence of *A. tosaense* seen from behind. The spadix appendage is seen through the spathe.

←図3 開花前のアオテンナンショウ（大野：伊予市 2017/4/29）．仏炎苞は，葉より遅れて展開する．
Arisaema tosaense before flowering in Ehime prefecture.

マムシグサ節 *Arisaema* sect. *Pistillata*

図5 アオテンナンショウ（愛媛県 1987/5/18）．仏炎苞が紫色の株．後方に緑色の仏炎苞をつける個体もある． Two individuals of *A. tosaense* that have purplish spathe growing together with ordinary green spathe type behind in Ehime prefecture.

ばしば棍棒状にふくらむ．1子房中に4〜10個の胚珠がある．果実は秋に赤熟する．
■染色体数：2n = 28.
■分布：本州（兵庫，岡山，広島県），四国，九州（大分県）．

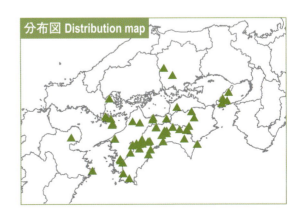

分布図 Distribution map

259

39. ツルギテンナンショウ

Arisaema abei Seriz. in J. Jap. Bot. 55: 355 (1980).

図1　ツルギテンナンショウ（大野：愛媛県西条市 2017/7/11）．梅雨時に木の葉が十分茂った暗い森林内で咲く．*Arisaema abei* in Ehime prefecture.

マムシグサ節 Arisaema sect. Pistillata

図2　ツルギテンナンショウ（大野：愛媛県石鎚山系 2017/7/11）. *Arisaema abei* in Ehime prefecture.

図3　ツルギテンナンショウ（徳島県 1981/6/25）. 四国の山地のブナ帯に見られる．全体緑色で花序付属体を除けばホソバテンナンショウやムロウテンナンショウに似ている．A staminate inflorescence of *A. abei* on the Mt. Tsurugisan, Tokushima prefecture.

III. 日本産テンナンショウ属の図鑑

図4 ツルギテンナンショウの花序．皺の著しい花序付属体の特徴を示す．A staminate inflorescence of *A. abei*.

図5 ツルギテンナンショウの花序付属体上部（大野：愛媛県石鎚山系 2017/7/11）．黄色みを帯びて細かい皺があり，前に曲がる．The top part of the spadix appendage of *A. abei* is rugulose and yellowish.

　四国の山地に分布する多年草。高さ90 cmに達する。雌雄偽異株で雄株から雌株に完全に転換する。5～6月頃地上に葉と花序を出す。全体がホソバテンナンショウに似ており，葉は通常2個で，葉柄は偽茎部よりはるかに短く，葉身は鳥足状に分裂し，小葉間に葉軸が発達する。小葉は9～15個，狭楕円形で両端尖り，しばしば細鋸歯がある。花序柄は葉柄部とほぼ同長かより長く，仏炎苞は葉身に遅れて展開し全体緑色，筒部は円筒形で口辺部は狭く反曲し，舷部は筒部より短く，広卵形で基部がやや横に張り出し，内面および縁は平滑。花序付属体は有柄で棒状，黄緑色～黄褐色をおび，上部は仏炎苞筒口部から明らかに露出し，舷部に沿って前に曲がり，著しい皺がある。果実は秋に赤く熟す。

■分布：四国。

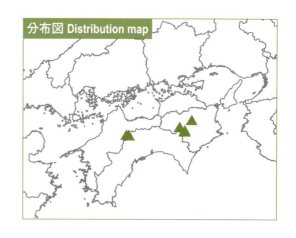

分布図 Distribution map

262

マムシグサ節 Arisaema sect. Pistillata

40. マムシグサ

Arisaema japonicum Blume, Rumphia 1: 106 (1835).

[*Arisaema serratum* (Thunb.) Schott f. *blumei* Makino in Bot. Mag. Tokyo 15: 129 (1901) nom. nud.]

Arisaema serratum (Thunb.) Schott var. *japonicum* (Blume) Makino in Somoku-Zusetsu 3. Ed. 4(19): 1259, t. 12 (1912).

[*Arisaema serratum* (Thunb.) Schott var. *blumei* Makino ex Engl. in Pflanzenr. IV-23F (Ht. 73): 206 (1920). nom. illegit.]

Arisaema serratum (Thunb.) Schott f. *blumei* (Makino ex Engl.) Nakai in Bot. Mag. Tokyo 43: 536 (1929).

Arisaema pseudo-japonicum Nakai in Bot. Mag. Tokyo 43: 535 (1929).

Arisaema pseudo-japonicum Nakai f. *serratifolia* Nakai in Bot. Mag. Tokyo 43: 535 (1929).

Arisaema takeshimense Nakai in Bot. Mag. Tokyo 43: 538 (1929).

Arisaema koshikiense Nakai in Bot. Mag. Tokyo 49: 423 (1935).

Arisaema yakusimense Nakai in Bot. Mag. Tokyo 49: 497 (1935).

[*Arisaema serratum* (Thunb.) Schott f. *japonicum* (Blume) Makino, Ill. Fl. Nip. 774, t. 2320 (1940), nom. superfl. sub. *A. serratum* (Thunb.) Schott f. *blumei* (Makino ex Engl.) Nakai]

図1 開花初期のマムシグサ．（宮崎県椎葉村）他の植物より早く出現し、葉よりも早く花序を展開する．
Arisaema japonicum at the early flowering stage in Miyazaki prefecture. The spathe opens earlier than the leaves.

九州および四国に分布する多年草。高さ 120 cm に達する。雌雄偽異株で雄株か

III. 日本産テンナンショウ属の図鑑

図2 マムシグサ雌株（大分県由布岳 2010/5/7）．花は盛りを過ぎて仏炎苞がやや変色している．A pistillate individual of *A. japonicum* at the late flowering stage in Oita prefecture.

ら雌株に完全に転換する．3〜4月頃地上に葉と花序を出す．鞘状葉や偽茎部の斑は赤紫褐色であることが多い．葉は通常2個で，偽茎部は葉柄よりはるかに長く，開口部は襟状に広がり，葉身は鳥足状に分裂し，小葉間に葉軸が発達する．小葉は9〜17個，やや赤みを帯びることが多く，裏面は光沢が強い傾向があり，披針形〜楕円形，両端尖り，稀に細鋸歯がある．花序柄は葉柄部とほぼ同長または長く，仏炎苞は葉身より明らかに早く展開し全体淡緑褐色から紫褐色，ときに緑色，やや半透明で縦の白筋があり，筒部は円筒形で口辺部はやや開出し，舷部は筒部と同長または長く，卵形〜狭卵形，鋭頭〜鋭尖頭，内面には隆起する細脈がない．花序付属体は淡緑

マムシグサ節 *Arisaema* sect. Pistillata

図3　マムシグサ（＝ヤクシマテンナンショウ）雄株（屋久島淀川小屋付近）．屋久島では仏炎苞が紫褐色のものが多く，白筋が多くはっきりしている．また，高い所のものは小葉のサイズが小さく数が多くなる傾向が見られる．
Arisaema japonicum in the Yakushima island.

図4　四国のマムシグサ．仏炎苞が黄緑色で半透明となり，舷部が長い傾向がある．高知県で撮影．これに対応する紫褐色の型もある．
Arisaema japonicum in Kochi prefecture.

色，有柄で棒状〜太棒状，直立する．1子房中に5〜7個の胚珠がある．果実は秋に赤く熟す．
■染色体数：2n = 28, 42.
■分布：四国，九州（韓国鬱陵島）．
〔付記〕カントウマムシグサに比べ，より暗い林床を好み，同じ地域では2週間程度早く開花する．花序柄は通常葉柄部より長く，鞘状葉から先に伸び出し，仏炎苞が葉よりも早く開くので，開花時には特にヒガンマムシグサに似る．しかし，染色体数が異なること，1子房中の胚珠数が少ないことで区別できる．
　九州のマムシグサは変異が大きく，マムシグサ *A. japonicum* Blume (1835) の基準標本のほ

Ⅲ．日本産テンナンショウ属の図鑑

← 図5　鬱陵島のマムシグサ．花序の色などに大きな変異があるが，花序は葉よりも先に開く．鬱陵島産．小石川植物園栽培．*Arisaema japonicum* from the Wlleungdo island, Korea, which was first described as *A. takeshimense* Nakai.

かコシキジマテンナンショウ *A. koshikiense* Nakai，ヤクシマテンナンショウ *A. yakusimense* Nakai などはいずれも九州産の標本をもとに発表されている。しかし，上記の特徴によりまとまっており，同一種と認められる。これに対し，四国のマムシグサは比較的単純である。大部分のものは，普通葉が2枚つき，仏炎苞が黄緑色でやや半透明，舷部は卵形で先がしばしば長く尖る。花序付属体は棒状で薄緑色である。海岸近くからブナ帯まで広く分布する。なお，ブナ帯に分布するものには，花期が遅く，葉がしばしば1枚となり，仏炎苞の幅が狭く，白条がほとんどないものがある。また徳島県には，仏炎苞が濃い紫色で，舷部が細長く尖るものがある。

タケシママムシグサ *A. takeshimense* Nakai は鬱稜島の固有種として発表された。現地では個体数が多く変異に富んでおり，今後の検討が必要であるが，東京で栽培した場合には仏炎苞が葉よりも早く開く性質を示すことからマムシグサに含めている。

国内分布図 Distribution range in Japan

マムシグサ節 *Arisaema* sect. *Pistillata*

41. ヒトヨシテンナンショウ

Arisaema mayebarae Nakai in J. Jap. Bot. 16: 77 (1940), Iconogr. Pl. As. Orient. 5(2): 476, pl. 148 (1952).

図1　ヒトヨシテンナンショウ（大分県由布市 2010/5/7）．大型の株は雌，小型の株は雄．明るい林床に多数がまとまって生えることが多い．A pistillate (large) and a staminate (small) individuals of *A. mayebarae* in Oita prefecture.

Arisaema serratum (Thunb.) Schott var. *mayebarae* (Nakai) H. Ohashi & J. Murata in J. Fac. Sci. Univ. Tokyo, sect. 3, Bot. 12: 306 (1980).

九州に分布する多年草。高さ100 cmに達する。雌雄偽異株で雄株から雌株に完全に転換する。5月頃地上に葉と花序を出す。鞘状葉や偽茎部の斑は目立たない。葉は通常2個で，偽茎部は葉柄より長く，開口部は襟状に広がる。葉身は鳥足状に分裂し，小葉間に葉軸が発達する。小葉は

図2　若い果実をつけたヒトヨシテンナンショウ（大分県由布市 2017/9/9）．シカの食害の影響か，この季節にしては下草がなく，林がすっきりしていた．*Arisaema mayebarae* with a young infructescence in Oita prefecture.

マムシグサ節 *Arisaema* sect. *Pistillata*

図3 ヒトヨシテンナンショウの花序．仏炎苞は全体暗赤紫色で外側からは白筋がほとんど見えず，ドーム状に盛り上がる．また，しばしば筒部に白粉を帯びる．A staminate inflorescence of *A. mayebarae* from Kumamoto prefecture. The spathe is dark purple and frequently farinose outside. The spathe blade is inflated above.

9〜17個，披針形〜狭楕円形，両端尖り，しばしば細鋸歯がある。花序柄は葉柄部とほぼ同長または長く，仏炎苞は葉身よりやや早く展開し全体赤紫褐色，ふつう白筋は目立たず，外面はときに白粉を帯び，内面は光沢がある。筒部は太い円筒形，口辺部は狭く開出して，舷部に続く。舷部は筒部より短く，卵形〜広卵形，中央部が盛り上がり，基部がやや横に張り出し，鋭頭〜鋭尖頭，内面には隆起する細脈がない。花序付属体は赤紫褐色，有柄で棒状，直立する。1子房中に4〜8個の胚珠がある。果実は秋に赤く熟す。

■分布：九州。

〔付記〕仏炎苞の特徴がはっきりしているため，他種と交雑した雑種個体を認識しやすいが，分布域の各地で交雑個体と思われるものが見られる。

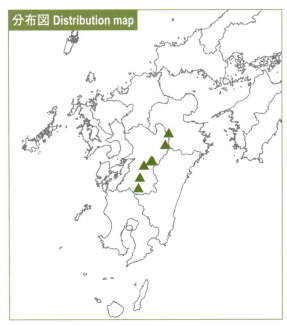

分布図 Distribution map

42. ヒトツバテンナンショウ

Arisaema monophyllum Nakai in Bot. Mag. Tokyo 31: 283 (1917).

図1　ヒトツバテンナンショウ（宮城県）．写真のように通常は葉が1枚だけついている．このような場合一般に，花序に最も近い葉は退化して短い鞘状となり，花序柄の基部を囲んでおり，偽茎部にかくれ，外からは見えない．葉が2枚となる場合には，退化している葉が復活・発達して葉身をもつようになる．　A pistillate individual of *A. monophyllum* in Miyagi prefecture.

マムシグサ節 Arisaema sect. Pistillata

Arisaema monophyllum Nakai f. *integrum* Nakai in Bot. Mag. Tokyo 31: 283 (1917).

Arisaema monophyllum Nakai f. *serrulatum* Nakai in Bot. Mag. Tokyo 31: 284 (1917).

Arisaema atrolinguum F. Maek. in Bot. Mag. Tokyo 48: 48 (1934).

Arisaema akitense Nakai in J. Jap. Bot. 14: 629 (1938).

Arisaema akitense Nakai f. *variegatum* Honda in Bot. Mag. Tokyo 55: 439 (1941).

Arisaema monophyllum Nakai var. *atrolinguum* (F. Maek.) Sa. Kurata in J. Jap. Bot. 28: 362 (1953).

Arisaema monophyllum Nakai var. *akitense* (Nakai) H. Ohashi in J. Jap. Bot. 39: 23 (1964).

Arisaema monophyllum Nakai f. *atrolinguum* (F. Maek.) Kitam. [in Kitamura et al., Col. Ill. Herb. Pl. Jap. 3: 204 (1964), comb. nud.; Sugimoto, Keys Herb. Pl. Jap. 2. Monocotyl.: 243 (1973), comb. nud.] ex H. Ohashi & J. Murata in J. Fac. Sci. Univ. Tokyo, sect. 3, Bot. 12: 299 (1980).

Arisaema monophyllum Nakai f. *variegatum* (Honda) H. Ohashi & J. Murata in J. Fac. Sci. Univ. Tokyo, sect. 3, Bot. 12: 300 (1980).

本州中部以東に分布する多年草で，渓流沿いの暗い急斜面に多い．高さ60 cmに達する．雌雄偽異株で雄株から雌株に完全に転換する．5～6月頃地上に葉と花序を出す．葉は通常1個，偽茎部は葉柄部の2倍ぐらい長く，葉身は鳥足状に分裂し，小葉間の葉軸はよく発達する．小葉は（5～）7～9枚，長楕円形で両端が細まり，ときに鋸歯縁となる．花序柄は葉柄部よりやや短く，仏炎苞は葉に遅れて開く．仏炎苞の筒部は円筒状で口辺部はほとんど開出せず淡緑色，舷部は三角状狭卵形で先は次第に狭まり，両面ともに緑色，内面は特に光沢があり基部にハの字形の濃紫色の斑がある．花序付属体は淡黄色，有柄で細棒状，中央部

図2　ヒトツバテンナンショウの花序．仏炎苞舷部の内側にハの字型の斑紋がある．An inflorescence of *A. monophyllum*. The spathe blade is glossy green outside and typically has a dark purple stripe at the base inside.

III. 日本産テンナンショウ属の図鑑

←図3 仏炎苞舷部に斑紋がないヒトツバテンナンショウ（上高地 1979/6/9）．最初秋田県で発見され，アキタテンナンショウと名付けられた．A pistillate inflorescence of *A. monophyllum* without a purple stripe at the inside of the spathe, in Kamikochi, Nagano prefecture.

でいったん細まり，上部でや や前に曲がる．1子房中に6 〜8個の胚珠がある．果実は 秋に赤熟する．

　仏炎苞舷部の内面全体が紫 褐色となるものをクロハシテ ンナンショウ，稀にまったく 無斑のものがありアキタテン ナンショウと呼ぶ．

■染色体数：2n = 28．

■分布：本州（東北，関東， 中部地方）．大阪府産と書か れた標本があるが，それ以外 には関西で採集された標本や 観察の記録がなく，データの 間違いではないかと考えられ る．

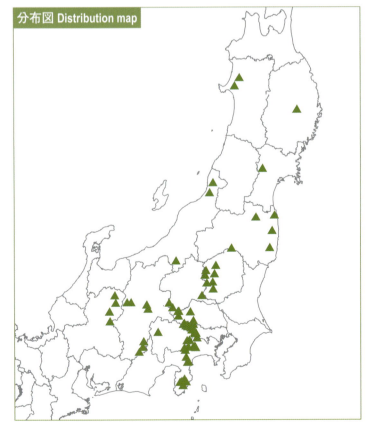

分布図 Distribution map

272

マムシグサ節 Arisaema sect. Pistillata

43. スルガテンナンショウ

Arisaema sugimotoi Nakai in Bot. Mag. Tokyo 49: 424 (1935).

Arisaema sugimotoi Nakai f. *integrifolium* Nakai, Iconogr. Pl. As. Orient. 2(2): 128, pl. 52 (1937).

Arisaema sugimotoi Nakai f. *variegatum* Honda in Bot. Mag. Tokyo 54: 4 (1940).

Arisaema yamatense (Nakai) Nakai var. *sugimotoi* (Nakai) Kitam. in Yagai-hakubutsu 4: 1 (1942).

図1　スルガテンナンショウ（山梨県身延 2006/4/18）．全体がムロウテンナンショウによく似るが，仏炎苞は明るい緑色．2葉のうちの1枚が他の1枚に比べてより小さい．
Arisaema sugimotoi growing a sunny open habitat.

273

III. 日本産テンナンショウ属の図鑑

図2 花序付属体の先端のふくらみを欠くスルガテンナンショウ（大野：袋井市 2016/3/8）．付属体がムロウテンナンショウのような形になっているが，先が白いことで異なっている．An unusual inflorescence of *A. sugimotoi* lacking a swollen apex in the spadix appendage.

←図3 スルガテンナンショウの花序（大野：浜松市 2017/4/6）．ムロウテンナンショウと同様に，仏炎苞の舷部内面は細乳頭状突起に被われる．花序付属体の先には大豆ほどの丸いふくらみができる．An inflorescence of *A. sugimotoi*. The spathe blade is hold up to show the velvety surface of the spathe blade and the typical swollen apex of the spadix appendage.

マムシグサ節 *Arisaema* sect. *Pistillata*

Arisaema yamatense (Nakai) Nakai var. *intermedium* Sugim., Shizuoka-ken Shokubutsu-shi: 488 (1967).

[*Arisaema yamatense* (Nakai) Nakai var. *sugimotoi* (Nakai) Kitam. f. *variegatum* (Honda) Sugim., Shizuoka-ken Shokubutsu-shi: 488 (1967), comb. nud., Keys Herb. Pl. Jap. 2. Monocotyl.: 246 (1973), comb. nud.]

Arisaema yamatense (Nakai) Nakai subsp. *sugimotoi* (Nakai) H. Ohashi & J. Murata in J. Fac. Sci. Univ. Tokyo, sect. 3, Bot. 12: 295 (1980).

　中部地方に分布する多年草。高さ70 cmに達する。雌雄偽異株で雄株から雌株に完全に転換する。4月頃地上に葉と花序を出す。全体がホソバテンナンショウに似ており，鞘状葉や偽茎部の斑はやや赤味が強い。葉は通常2個で，上位のものは下位のものに比べ明らかに小さい。葉柄は偽茎部よりはるかに短く，葉身は鳥足状に分裂し，小葉間に葉軸が発達する。小葉は9〜15個，しばしば細鋸歯があり，中脈に沿って白斑を持つものがある。花序柄は葉柄部とほぼ同長か短く，仏炎苞は葉身とほぼ同時に展開し明るい緑色，筒部は円筒形で口辺部は狭く開出し，舷部は筒部より長く，狭卵形〜卵形で鋭尖頭，内面およびふちに多数の乳頭状突起があり，肉眼では白っぽく見える。花序付属体は有柄で下部はやや太く，上に向かって細まり，上部でやや前に曲がり，先にダイズほどの球状のふくらみがある。果実は秋に赤熟する。

■染色体数: 2n = 28.
■分布: 本州（中部地方）

〔付記〕本種は従来ムロウテンナンショウの亜種とされていたが，核DNA ITS領域の解析で明らかに区別できることが明らかとなったため別種とした。

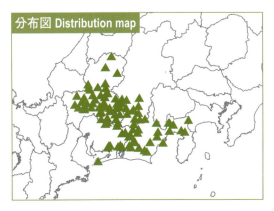
分布図 Distribution map

図4　スルガテンナンショウ（山梨県身延 2006/4/18）．小葉にはしばしば中脈に沿って白斑がある．この株の花序付属体は先が球状にふくらんでおらず，他種との雑種かもしれない．
Arisaema sugimotoi with white-variegate leaflets and a spadix appendage without swollen apex in Ymanashi prefecture.

44. カントウマムシグサ

Arisaema serratum (Thunb.) Schott in Schott & Endlicher, Melet. Bot.: 17 (1832).

Arum serratum Thunb. in Trans. Linn. Soc. London 2: 338 (1794).

Arisaema japonicum Blume [unranked] *serratum* (Thunb.) Engl. in Candolle & Candolle, Monogr. Phan. 2: 549 (1879).

[*Arisaema serratum* (Thunb.) Schott f. *thunbergii* Makino in Bot. Mag. Tokyo 15: 128--130 (1901), nom. nud.]

Arisaema capitellatum Nakai in Bot. Mag. Tokyo 32: 220 (1918).

[*Arisaema serratum* (Thunb.) Schott var. *euserratum* Engl. in Pflanzenr. 73(IV-23F): 205 (1920), nom. illeg.]

Arisaema niveum Nakai in Bot. Mag. Tokyo 48: 780 (1934).

Arisaema niveum Nakai var. *viridescens* Nakai in Bot. Mag. Tokyo 48: 781 (1934).

[*Arisaema serratum* (Thunb.) Schott var. *ionochlamys* Nakai, Iconogr. Pl. As. Orient. 2(2): 135 (1937), nom. illeg.]

[*Arisaema serratum* (Thunb.) Schott var. *ionochlamys* Nakai f. *serrulatum* Nakai, Iconogr. Pl. As. Orient. 2(2): 136 (1937), nom. illeg.]

Arisaema serratum (Thunb.) Schott [var. *ionochlamys* Nakai, nom. illeg.] f. *integrum* Nakai, Iconogr. Pl. As. Orient. 2(2): 136 (1937).

図1 カントウマムシグサ（遠藤泰彦：水戸市御前山 2004/4/1）. 仏炎苞が紫色で花序付属体の先がやや膨らんでおり, *A. serratum* の基準標本に似ている. *Arisaema serratum* in Ibaraki prefecture, showing purple spathe and clavate spadix appendage similar to the type specimen.

マムシグサ節 Arisaema sect. Pistillata

Arisaema serratum (Thunb.) Schott var. *viridescens* Nakai, Iconogr. Pl. As. Orient. 2(2): 139, pl. 55 (1937).

[*Arisaema serratum* (Thunb.) Schott f. *viridescens* (Nakai) T. Koyama in Hokuriku J. Bot. 4: 61 (1955), comb. nud.]

[*Arisaema serratum* (Thunb.) Schott f. *capitellatum* (Nakai) T. Koyama in Ohwi, Fl. Jap. Engl. ed.: 262 (1965), comb. nud.]

Arisaema serratum (Thunb.) Schott f. *niveovariegatum* Sugim., Shizuoka-ken Shokubutsu-shi: 486 (1967).

　日本および韓国（済州島）に分布し，きわめて変異に富む多年草。東北地方から九州の林下に生え，高さ 120 cm に達する。雌雄偽異株で雄株から雌株に完全に転換する。4 〜 6 月頃地上に葉と花序を出す。葉は 1 個または 2 個つき，偽茎部は長く，葉柄部ははるかに短く，葉身は鳥足状に分裂し，小葉間には葉軸が発達する。小葉は 7 〜 17 枚，長楕円形で両端が尖り，ときに鋸歯がある。花序

図2　カントウマムシグサ（広島県）．西日本によく見られる仏炎苞が緑色のもの．花序付属体が太いことを除けばコウライテンナンショウにも似ている．*A. serratum* in Hiroshima prefecture. Plants with green spathe are common in western Japan. This type of plants are similar to *A. peninsulae*.

277

III. 日本産テンナンショウ属の図鑑

図3 カントウマムシグサ（大分県 2010/5/6）．九州にも様々な型が見られるが，これは図2の型に近いものである．*Arisaema serratum* in Oita prefecture similar to the plants in Fig. 2.

柄は葉柄部とほぼ同長または長く，仏炎苞は葉と同時または遅れて開き，主に紫褐色または緑色で白筋があり，筒部の口辺はやや開出し，舷部は内面に隆起する細脈が著しく，卵形で先が次第に細まる．花序付属体は有柄で棒状，ときに太い棍棒状〜頭状となる．1子房中に4〜10個の胚珠がある．果実は秋に赤熟する．

■染色体数：2n = 28．
■分布：本州，四国，九州，韓国（済州島）．

〔付記〕カントウマムシグサ *A. serratum* (Thunb.) Schott は日本産のテンナンショウ属では最も早く *Arum serratum* Thunb. として1794年に記載された．基準標本産地は箱根とされている．基準標本の特徴は，小葉の辺縁に細鋸歯があること，花序付属体の先が棍棒状に肥大することである．このような特徴を含め，基準標本によく一致するような個体は関東平野の山林を中心に関東地方各

マムシグサ節 *Arisaema* sect. *Pistillata*

図4 カントウマムシグサ（大野：1996/6/1）。山口県ではこのような，仏炎苞舷部が長く伸び，花序柄も長くなる点で，ヤマトテンナンショウに似るものが見られる。ヤマトテンナンショウに比べて仏炎苞舷部の幅は広い。山口県山口市産，静岡県栽培. *Arisaema serratum* that have a dark purple and white striped spathe long caudate to the top. This type of plants are found in Yamaguchi prefecture. →

地で採集されている。しかし，現地集団を観察すると，細鋸歯の有無，花序付属体の肥大の程度には大きな個体変異が認められ，付属体の先が肥大しない個体ばかりの集団もある。芹沢（1988a, 1988b）はカントウマムシグサによく似ているが花序付属体が肥大せず円柱状であり，仏炎苞が葉よりもやや早く展開するという特徴でトウゴクマムシグサを区別したが，花序展開のタイミングは南にいくにつれて次第に早くなる傾向があり，花序付属体の形状にも大きな変異があることから，トウゴクマムシグサを区別しない。また，コウライテンナンショウの付記で述べるように，コウライテンナンショウにも似て，かつ仏炎苞が紫褐色であるものの所属が定まっていないが，本書ではカントウマムシグサに含めておく。

九州にもカントウマムシグサが生育することは十分認識されていないが，花序と葉の展開のタイミングに注目すればマムシグサから容易に識別できる。沢沿いなど，土壌が発達しない所に花序が先に展開するマムシグサが生育し，竹薮や平坦な林床など土壌が発達する所には花序が遅れて展開するカントウマムシグサあるいはコウライテンナンショウが生育する傾向が強い。ほぼ同

279

III. 日本産テンナンショウ属の図鑑

図5 関東地方でよく見られるカントウマムシグサ（日光市 2017/5/22）．仏炎苞が紫褐色で，花序付属体が棒状であるこのような型は東日本の山林でもっとも普通に見られる．
Arisaema serratum most frequently found in Kanto district.

マムシグサ節 *Arisaema* sect. Pistillata

図6　韓国済州島のカントウマムシグサ（済州島 2007/6/7）．島内でも個体変異が大きいが，この株は東日本でよく見られるカントウマムシグサに似ている．*Arisaema serratum* in Cheju-do, Korea. Plants on the island are variable in morphology but generally similar to the *A. serratum* in eastern Japan.

国内分布図 Distribution range in Japan

所的に生育する場合にはマムシグサのほうが1～3週間ほど早く出現する．四国には，瀬戸内海沿海地を除き，カントウマムシグサが分布していないようである．なお，韓国済州島内でも大きな変異があり，花序付属体が肥大するものを見たことはないが，様々な形態のカントウマムシグサが生育している．

281

45. ヤマジノテンナンショウ

Arisaema solenochlamys Nakai ex F. Maek. in Bot. Mag. Tokyo 46: 565 (1932).
[*Arisaema japonicum* Blume var. *solenochlamys* (F. Maek.) Sugim., Keys Herb. Pl. Jap. 2. Monocotyl.: 242 (1973), comb. inval.]

　本州の栃木県から長野県にかけての内陸地に点々と分布する多年草。高さ70 cmに達する。雌雄偽異株で雄株から雌株に完全に転換する。5〜6月頃地上に葉と花序を出す。偽茎は植物体の全高に対して変異が大きく、しばしば全高の2分の1程度まで短くなる。鞘状葉や偽茎部は淡緑色〜淡紫褐色で斑がある。葉は2個、形状はカントウマムシグサに似るが、小葉は長楕円形で不ぞろいな鋸歯があることが多い。花序柄は通常葉柄部より長く、または同長、仏炎苞は葉に遅れ

図1　明るい林床に咲くヤマジノテンナンショウ（大野：長野県北佐久郡 2017/6/14）. *Arisaema solenochlamys* in the natural habitat in Nagano prefecture.

マムシグサ節 *Arisaema* sect. *Pistillata*

図3 ヤマジノテンナンショウ（軽井沢 2005/5/13）．全体が緑色の株． A totally green individual of *A. solenochlamys* at the early flowering stage.

←図2 軽井沢のヤマジノテンナンショウ（山口幸恵：軽井沢）．仏炎苞は少し盛りを過ぎている． *Arisaema solenochlamys* at the late flowering stage in Karuizawa, Nagano prefecture.

図4 コウライテンナンショウ（右側3個体）と混生するヤマジノテンナンショウ（大野：長野県北佐久郡 2017/6/14）． *Arisaema solenochlamys* growing together with *A. peninsulae* in Nagano prefecture.

III. 日本産テンナンショウ属の図鑑

図5 ヤマジノテンナンショウ．仏炎苞舷部内外の色の対比が明らかである．栃木県足尾産，小石川植物園栽培．*Arisaema solenochlamys* from Tochigi prefecture. The spathe blade is inflated and the color contrast between inside and outside is clear.

て開く．仏炎苞の筒部はやや太い筒状で淡色，口辺部はほとんど開出せず，舷部は光沢がなく通常外面が緑色，内面が紫褐色で白条があり，三角状広卵形でドーム状に盛り上がり，先は短く尖る．花序付属体は有柄，棒状，仏炎苞舷部に隠れ，目立たない．
■染色体数：2n = 28．
■分布：本州（中部，北関東地方）．

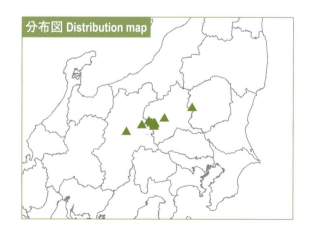

分布図 Distribution map

284

マムシグサ節 Arisaema sect. Pistillata

46. ミクニテンナンショウ

Arisaema planilaminum J. Murata in J. Jap. Bot. 53: 84 (1978).

関東山地と茨城県・愛知県に分布する多年草。高さ70 cmに達する。雌雄偽異株で雄株から雌株に完全に転換する。4〜5月頃地上に葉と花序を出す。全体がカントウマムシグサに似る。葉は通常2個で，偽茎部は葉柄よりはるかに長く，開口部は襟状に広がり，葉身は鳥足状に分裂し，小葉間に

図1 ミクニテンナンショウ雄株（群馬県十石峠付近 1976/6/21）．群馬県から埼玉県にかけての石灰岩地に点々と見られる．*Arisaema planilaminum* in Gunma prefecture. The spathe blade is widely ovate and flat.

図2 ミクニテンナンショウ（大野：愛知県豊田市 2004/5/8）．愛知県のミクニテンナンショウは，舷部から筒部にかけて白く明るい色をしている．*Arisaema planilaminum* in Aichi prefecture.

Ⅲ. 日本産テンナンショウ属の図鑑

図3 ミクニテンナンショウの大きな雌株（大野：愛知県豊田市 2004/5/8）. *Arisaema planilaminum* in Aichi prefecture. The spathe blade is widely ovate and flat.

図4 開花前のミクニテンナンショウ（大野：愛知県豊田市 2017/4/19）*Arisaema planilaminum* before flowering.

分布図 Distribution map

葉軸が発達する．小葉は7〜15個，披針形〜楕円形，両端尖り，しばしば細鋸歯がある．花序柄は葉柄部とほぼ同長または短く，仏炎苞は葉身よりやや遅く展開し，筒部は淡色で縦筋はなく，円筒形で上に向かってやや開き，口辺部は耳状に開出し，舷部とともに緑色，舷部は広卵形，ときに卵形，基部から中央脈に沿って淡色でその他は緑色，内面には隆起する細脈があり，ドーム状とならず，

286

マムシグサ節 *Arisaema* sect. *Pistillata*

平らに前曲する。花序付属体は淡緑色，有柄で棒状，直立し，仏炎苞筒口部からほとんど上に出ない。1子房中に5〜8個の胚珠がある。果実は赤く熟す。
■分布：本州（関東および中部地方）。

図6　茨城県のミクニテンナンショウ（遠藤泰彦：水戸市）．
Arisaema planilaminum in Mito, Ibaraki prefecture.

↑図5　ミクニテンナンショウの花序．仏炎苞を持ち上げて内面をみたところ．隆起脈が認められる（大野：愛知県豊田市 2004/5/8）．An inflorescence of *A. planilaminum*.

図7　愛知県豊田市におけるミクニテンナンショウの花序の変異．花序付属体が仏炎苞筒部からほとんど出ないこと，仏炎苞舷部が平らで白筋がないことなど，共通の特徴が見られる．
The variation of the spathe shape of *A. planilaminum* in a population in Aichi prefecture. The spathe blades are variously shaped but commonly have many longitudinal veins and the spadix appendages are scarcely exeeding the pathe tubes. ➡

287

III. 日本産テンナンショウ属の図鑑

 47. オオマムシグサ

Arisaema takedae Makino in Bot. Mag. Tokyo 24: 73 (1910).
    Arisaema serratum (Thunb.) Schott var. *atropurpureum* Engl. in Pfl.-reich IV-23F (Ht. 73): 206 (1920).
    Arisaema japonicum Blume var. *atropurpureum* (Engl.) Kitam [in Colour. Illust. Herb Pl. Jap. 3: 206 (1964), comb. nud.] in Acta Phytotax. Geobot. 22: 73 (1966).

図1　オオマムシグサ（南軽井沢 1990/6/3）．典型的なオオマムシグサの雌株で，鳥足状葉の葉軸が斜め上に立ち上がり，先が巻き上がっている．Two pistillate individuals of *A. takedae* growing in humid grass field in Karuizawa, Nagano prefecture. It is characteristic of this species that the divaricate lathis of the pedate leaves spiral up.

マムシグサ節 *Arisaema* sect. *Pistillata*

図2 オオマムシグサ（大野：長野県北佐久郡 2017/6/14）．まだ展開途中の雌株．川の近くの日当たりの良い草地に生えていた．*Arisaema takedae* at the early flowering stage in Nagano prefecture.

図3 オオマムシグサの花序（雌株）．図1の株の花序を拡大したもの．まだ十分に開ききっていないが，仏炎苞舷部がドーム状に盛り上がり，その部分に太い花序付属体の頭部が見える特徴が明らかである．A close view of a pistillate inflorescence of *A. takedae*. The top part of the thick and white spadix appendage is visible under the dome shaped spathe blade.

　北海道および本州に点々と分布する多年草．カントウマムシグサに比べ，より明るい湿った草原を好む．高さ 70 cm に達する．雌雄偽異株で雄株から雌株に完全に転換する．5〜6月頃地上に葉と花序を出す．偽茎は植物体の全高に対して変異が大きく，しばしば全高の2分の1程度まで短くなる（とくに小型の雄個体ではこの傾向がある）．

289

III. 日本産テンナンショウ属の図鑑

←図4　南軽井沢の湿地に生えるオオマムシグサ．手前2つの開花状態の雄株は典型的なオオマムシグサで，後方の未開花の1個体はヤマトテンナンショウ（＝カルイザワテンナンショウ）と交雑した株かもしれない．オオマムシグサは本来，このような半湿地の草原に生える性質を持っており，他の草本に混じって狭く立ち上がる．Two staminate individual of *A. takedae* at the mid flowering stage (front) in their natural habitat. Unflowered individual behind may be a hybrid between this species and *A. longilaminum*.

分布図 Distribution map

鞘状葉や偽茎部は淡緑色でほとんど斑がないのがふつう。葉は1または2個，形状はカントウマムシグサに似るが，小葉は全縁で数が多く，葉軸の先が上方に巻き上がる傾向がある。花序柄は通常葉柄部より短く，または同長，仏炎苞は葉に遅れて開く。仏炎苞の筒部は太い筒状で淡色，口辺部はやや広く開出し，時に耳状となり，舷部は通常黒紫色から紫褐色で白条があり，内面に著しい隆起脈があり，卵形から長卵形で前に曲がり，先は次第に細まりやや外曲し，垂れ下がる。花序付属体は有柄，太棒状〜棍棒状で紫褐色の斑があるか，しばしば白緑色となる。果実は秋に赤熟する。

■染色体数：$2n = 28$.
■分布：北海道南部，本州。

マムシグサ節 *Arisaema* sect. *Pistillata*

 48. ヤマトテンナンショウ（カルイザワテンナンショウ）

Arisaema longilaminum Nakai in Bot. Mag. Tokyo 31: 285 (1917).
Arisaema sinanoense Nakai in Bot. Mag. Tokyo 43: 540 (1929).

図1　ヤマトテンナンショウ（郡上市 2006/6/26）．花序柄が葉柄部より長く，花序が高くつくのが普通．*Arisaema longilaminum* in Gifu prefecture. The inflorescence is usually situated above leaves.

III. 日本産テンナンショウ属の図鑑

図2 ヤマトテンナンショウの雌花序．付属体は細く，時に前に曲がる．図1と同時に撮影． A pistillate inflorescence of *A. longilaminum*.

図3 ヤマトテンナンショウ（奈良県宇陀郡）． *Arisaema longilaminum* in Nara prefecture.

←図4 斑入り葉を持つヤマトテンナンショウ雄個体（大野：長野県北佐久郡 2017/6/14）．オオマムシグサの生育地より暗い，やや日陰になる林縁や林内に生育する． A staminate individual of *A. longilaminum* in Nagano prefecture.

　奈良県および中部地方に点々と分布する多年草。落葉樹の林床に生え，半湿地にも見られる。高さ 70 cm に達する。雌雄偽異株で雄株から雌株に完全に転換する。6月頃地上に葉と花序を出す。偽茎は長い。鞘状葉や偽茎部は淡緑色で時に紫色をおび，ほとんど斑がないのがふつう。葉は2個，形状はカントウマムシグサに似る。花序柄は通常葉柄部より長く，仏炎苞は葉に遅れて開く。仏炎苞の筒部は筒状で淡色，口辺部は狭く反曲し，舷部は通常黒紫色から紫褐色，稀に緑色で白条があり，内面に著しい隆起脈があり，狭三角形〜三角状狭卵形で前方に伸びるか，やや垂れる。花序付属体は有柄，細棒状で時に上部が前に曲がり，

マムシグサ節 *Arisaema* sect. *Pistillata*

図5　群生するヤマトテンナンショウ（東馬：2008/6/29）．A dense population of *A. longilaminum*.

紫褐色の斑がある。果実は秋に赤熟する。
■染色体数：2n = 28.
■分布：本州（中部地方および三重，奈良県）。

〔付記〕ヤマトテンナンショウは仏炎苞の舷部が狭三角形で細長く，口辺部がほとんど反曲しないこと，花序付属体が細いことが特徴で，それ以外の性質はオオマムシグサやヤマザトマムシグサに似ている。基準標本は奈良県で採集された。関西では奈良県宇陀郡を中心に比較的狭い範囲に分布しており，変異は少ない。一方，カルイザワテンナンショウ *A. sinanoense* Nakai (1929) は長野県軽井沢で採集された基準標本にもとづいている。軽井沢周辺に普通で個体数が多く，また，仏炎苞の舷部の長さや色に大きな変異がある（しかしこの見かけ上の変異の一部はヤマザトマムシグサなどとの交雑による可能性もある）。軽井沢での変異域を考慮すれば，ヤマトテンナンショウとカルイザワテンナンショウは同一の分類群として認められる。また長野県から岐阜県にも点々と分布する。

分布図 Distribution map

III. 日本産テンナンショウ属の図鑑

49. ヤマグチテンナンショウ

Arisaema suwoense Nakai in Bot. Mag. Tokyo 43: 539 (1929), Iconogr. Pl. As. Orient. 2(3): 149 (1937), pro parte, excl. tab. 57.

Arisaema izuense Nakai in J. Jap. Bot. 15: 414 (1939).

Arisaema serratum (Thunb.) Schott var. *suwoense* (Nakai) H. Ohashi & J. Murata in J. Fac. Sci. Univ. Tokyo, sect. 3, Bot. 12: 306 (1980).

図1　ヤマグチテンナンショウの小型の雄株．山口県産．日光植物園栽培．A small staminate individual of *A. suwoense* from Yamaguchi prefecture. The inflorescence is similar to *A. takedae*.

伊豆半島および山口県に分布する多年草。オオマムシグサと性質が似ており，湿った草原を好む。高さ70 cmに達する。雌雄偽異株で雄株から雌株に完全に転換する。5〜6月頃地上に葉と花序を出す。偽茎は葉柄より短く。鞘状葉や偽茎部は淡緑色または淡紫褐色でほとんど斑がないのがふつう。葉は1個，ときに2個，形状はオオマムシグサに似て，小葉は全縁，葉軸の先が上方に巻き上がる傾向がある。花序柄は通常葉柄部よりはるかに短く，仏炎苞は葉に遅れて開く。仏炎

マムシグサ節 Arisaema sect. Pistillata

図2 ヤマグチテンナンショウ．伊豆半島大室山付近で撮影．ホソバテンナンショウと交雑している可能性もある．*Arisaema suwoense* in Izu peninsula, Shizuoka prefecture. This type of plants were first described as *A. izuense* Nakai. It has been revealed that this species makes an extensive introgression with *A. angustatum*.

苞の筒部は太い筒状で淡色，口辺部はやや広く開出し，時に耳状となり，舷部は通常黒紫色から紫褐色，稀に緑色をおび，白条があり，内面に著しい隆起脈があり，卵形から長卵形で前に曲がり，先は次第に細まりやや外曲し，垂れ下がる．花序付属体は有柄，太棒状〜棍棒状で紫褐色の斑があるか，しばしば白緑色となる．
■染色体数：2n = 28.
■分布：本州（伊豆半島，山口県）．

〔付記〕山口県産のヤマグチテンナンショウは，発表のもとになった基準標本のみで知られていたが，1987年になって山口県吉敷郡（現在は山口市）でこの分類群に相当する植物が見つかった．しかし個体数が少なく，形態変化の範囲が明らかではない．一方，伊豆半島産のものはイズテンナンショウ *A. izuense* として発表され，オオマムシグサの1葉型とされることが多かった．こちらはホソバテンナンショウとの間で大規模な交雑がおこっていることが明らかとなっており，見かけ上の変異が非常に大きくなっている．ここでは同一種とみなしておく．

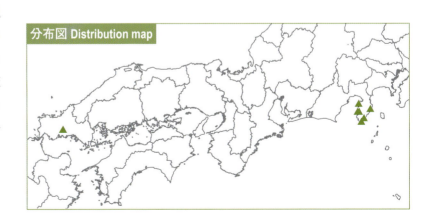

分布図 Distribution map

295

50. ヤマザトマムシグサ

Arisaema galeiforme Seriz. in Shidekobushi 1: 49 (2008).

　本州の北関東から中部地方にかけての内陸地に分布する多年草。高さ 70 cm に達する。雌雄偽異株で雄株から雌株に完全に転換する。5 月頃地上に葉と花序を出す。偽茎は長く，開口部は襟

図 1　スギ林下に生えるヤマザトマムシグサ（大野：愛知県豊田市 2004/5/8）. *Arisaema galeiforme* growing under *Cryptomeria japonica* forest in Aichi prefecture.

マムシグサ節 *Arisaema* sect. *Pistillata*

状に開出し，鞘状葉や偽茎部は淡緑色〜淡紫褐色で斑がある．葉は2個，形状はカントウマムシグサに似て7〜17小葉がある．花序柄は通常葉柄部とほぼ同長，仏炎苞は葉と同時に開く．仏炎苞の

図2　ヤマザトマムシグサの花序（大野：愛知県豊田市 2004/5/8）．仏炎苞舷部は三角形でドーム状に盛り上がり，筒口部を覆っているため，花序付属体は見えない．The spathe blade of *A. galeiforme* is dome-like inflated and covers the mouth part of the spathe tube so that the spadix appendage cannot be seen from outside. ➡

図3　林縁に生えるヤマザトマムシグサ（大野：長野県南信濃 2016/4/30）．*Arisaema galeiforme* growing on the forest margin in Nagano prefecture.

III. 日本産テンナンショウ属の図鑑

図4 ヤマザトマムシグサ（群馬県碓氷峠 2005/5/13）。*Arisaema galeiforme* at the early flowering stage in Gunma prefecture.

図5 ヤマザトマムシグサの花序（群馬県碓氷峠 2005/5/13）．仏炎苞を上げて舷部内面を見たところ．隆起する細脈が著しいことは，オオマムシグサやカントウマムシグサと共通である．The inflorescence of *A. galeiforme* in Fig. 1. The spathe blade is hold up to show the inner surface with many longitudinal veins.

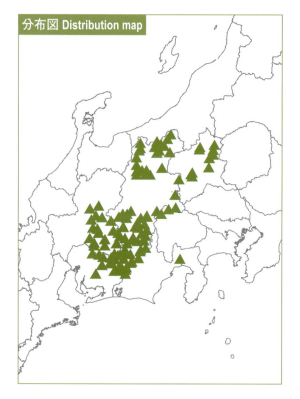

分布図 Distribution map

筒部は筒状で白筋があり，口辺部は側面が急に広がり，三角状卵形〜広三角形の舷部に続く．舷部は通常紫褐色で，基部で白筋が広がりドーム状に盛り上がり，先は長く尖って前方に伸びる．花序付属体は有柄，棒状，仏炎苞舷部に隠れ，目立たない．1子房中に5〜8個の胚珠がある．

■染色体数：$2n = 28$．
■分布：本州（関東および中部地方）．

298

マムシグサ節 Arisaema sect. Pistillata

51. エヒメテンナンショウ

Arisaema ehimense J. Murata & J. Ohno in J. Jap. Bot. 64: 348 (1989).

図1　エヒメテンナンショウ雌株（大野：愛媛県大洲市 2017/4/29）．仏炎苞や葉の先が長く伸びる．仏炎苞はアオテンナンショウのように半透明にならない．花序付属体の上部が紫になる株が多いが，まれに緑の株もある．A pistillate individual of *A. ehimense* in Ozu, Ehime prefecture.

Ⅲ．日本産テンナンショウ属の図鑑

図2　斜面に生えるエヒメテンナンショウ（大野：松山市 2017/5/4）．アオテンナンショウに比べ偽茎が長い．*Arisaema ehimense* growing on a slope in shade in Ehime prefecture.

　愛媛県に分布する多年草。高さ 110 cm に達する。雌雄偽異株で雄株から雌株に完全に転換する。5 月頃地上に葉と花序を出す。葉は通常 2 個で偽茎部は葉柄部の 3 倍ぐらい長く 20 〜 75 cm，葉身は鳥足状に分裂し，小葉間の葉軸は発達する。小葉は 7 〜 13（〜 17）枚，全縁，ときに鋸歯縁，長楕円形で先が尾状に細まり，やや糸状に伸びる。花序柄は葉柄部より短く，仏炎苞は葉に遅れて開き淡緑色，まれに紫色を帯び，不透明で白条があり，筒部は上に開き口辺部は狭く反曲または開出し，舷部は卵形〜狭卵形で，先は狭三角状に細長く伸び，ときに 25 cm に達し，斜下する。

マムシグサ節 *Arisaema* sect. *Pistillata*

図3　エヒメテンナンショウ（松山市北部 1987/5/18）．形態的にアオテンナンショウとカントウマムシグサの中間的であり，両種間の交雑起源の種であると考えられる．アオテンナンショウとは生育地が接しているが，カントウマムシグサと混生する場所は見つかっていない．*Arisaema ehimense* in Ehime prefecture. This species is morphologically intermediate between *A. tosaense* and *A. serratum* and considered to have been originated by a hybridization between them. It sometimes occurs together with *A. tosaense* but rarely found with *A. serratum*.

図4　大分県のアオテンナンショウ（大分県 2010/5/6）．大分県の国東半島周辺にアオテンナンショウに類似する植物が分布することが最近明らかとなった．これらは仏炎苞や小葉の先が尖るというアオテンナンショウの特徴を持っているが，仏炎苞があまり透明ではなく，白筋が目立つものが多い．混生するカントウマムシグサとの間で様々な形態変異を示すことから大規模な交雑がおこっていると見られるが，四国のエヒメテンナンショウとは異なり，花序付属体が一般に太棒状から棍棒状である点で異なっている．
Arisaema tosaense recently found in Oita prefecture. In this region the distribution of *A. tosaense* and *A. serratum* are intermixed and the morphology is rather continuous between them. An extensive hybridization is expected.

III. 日本産テンナンショウ属の図鑑

◀図5 アオテンナンショウ（左）とエヒメテンナンショウ（右）の花序．テンナンショウ属の雑種では花序付属体の色や質が下部と上部ではっきり異なっているものが多く，エヒメテンナンショウでも付属体上部だけが紫褐色のものがよく見られる． The inflorescences of *A. tosaense* (left) and *A. ehimense* (right). The spathe of *A. ehimense* is not so translucent as *A. tosaense*. The two colored spadix appendage of *A. ehimense* may indicate the hybrid origin of this species.

花序付属体は有柄で棒状，しばしば上部が紫褐色となる．1子房中に4〜9個の胚珠がある．果実は秋に赤熟する．
■染色体数：$2n = 28$．
■分布：四国（愛媛県）．
〔付記〕著者らの最近の調査により，愛媛県西部に広く分布していること，アオテンナンショウよりも海抜の低い所に分布し，すみ分けの傾向が強いことがわかってきた．

マムシグサ節 Arisaema sect. Pistillata

52. コウライテンナンショウ

Arisaema peninsulae Nakai in Bot. Mag. Tokyo 43: 537 (1929).

図1 戦場ヶ原のコウライテンナンショウ．キタマムシグサと呼ばれる北日本に多いタイプ（日光戦場ヶ原 2014/6/25）．
Arisaema peninsulae in Senjogahara, Tochigi prefecture. This species is weakly differentiated into two types in Japan in the shape and color of the spathe. In the plants in northern regions and higher places the spathe blade is inflated and has longitudinal clear white stripes (Fig. 1, 3, and 4) while in the plants in western Japan the spathe blade is flat and without white stripes (Fig. 5 right).

303

Ⅲ. 日本産テンナンショウ属の図鑑

図2 韓国のコウライテンナンショウ（韓国北部）．西日本のものと似ている．*A. peninsulae* in Korean peninsula. It is similar to the plants in western Japan.

マムシグサ節 *Arisaema* sect. *Pistillata*

図3 コウライテンナンショウ（南三陸町 2008/5）．キタマムシグサと呼ばれる型で，仏炎苞に白筋が明らかである．
Arisaema peninsulae at the early flowering stage in Iwate prefecture. ➡

Arisaema peninsulae Nakai f. *variegatum* Nakai in Bot. Mag. Tokyo 43: 537 (1929).

Arisaema convolutum Nakai in Bot. Mag. Tokyo 43: 534 (1929).

Arisaema angustatum Franch. & Sav. var. *peninsulae* (Nakai) Nakai ex Miyabe & Kudo in J. Fac. Agric. Hokkaido Imp. Univ. 26: 283 (1933).

Arisaema angustatum Franch. & Sav. var. *peninsulae* (Nakai) Nakai ex Miyabe & Kudo f. *variegatum* (Nakai) Miyabe & Kudo in J. Fac. Agric. Hokkaido Imp. Univ. 26: 283 (1933).

Arisaema peninsulae Nakai var. *attenuatum* Nakai ex F. Maek. in Bot. Mag. Tokyo 48: 49 (1934).

Arisaema boreale Nakai, Iconogr. Pl. As. Orient. 3(1): 196, pl. 72 (1939).

Arisaema proliferum Nakai in J. Jap. Bot. 15: 415 (1939).

Arisaema speirophyllum Nakai, Iconogr. Pl. As. Orient. 3(4): 266, pl. 95 (1940).

Arisaema koidzumianum Kitam. in Acta Phytotax. Geobot. 10: 190 (1941).

[*Arisaema serratum* (Thunb.) Schott f. *ionochlamys* (Nakai) T. Koyama in Hokuriku J. Bot. 4: 61 (1955), comb. nud.]

Arisaema angustatum Franch. & Sav. var. *peninsulae* (Nakai) Nakai f. *rubricinctum* Sasam. in J. Geobot. (Kanazawa) 12: 87 (1963).

Arisaema angustatum Franch. & Sav. var. *peninsulae* (Nakai) Nakai f. *variegatum* (Nakai) Sasam. in J. Geobot. (Kanazawa) 12: 87 (1963).

[*Arisaema japonicum* Blume var. *atropurpureum* (Engl.) Kitam. f. *rubricinctum* (Sasam.) Sugim., Keys Herb. Pl. Jap. 2. Monocotyl.: 242 (1973), comb. nud.]

図4 コウライテンナンショウの花序．典型的なキタマムシグサ型で，仏炎苞舷部は基部が狭まり，中央部はドーム状に盛り上がって半透明の白筋が広がる．また，花序付属体は淡黄色となる．佐渡島産，小石川植物園栽培．An inflorescence of *A. peninsulae* (northern type). The spathe blade is inflated and has longitudinal clear white stripes.

北海道から本州，九州に分布する多年草。高さ100 cmに達する。雌雄偽異株で雄株から雌株に完全に転換する。5～6月頃地上に葉と花序を出す。鞘状葉や偽茎部の斑は目立たない。葉は通常2個で，偽茎部は葉柄よりはるかに長く，開口部は襟状に広がり，葉身は鳥足状に分裂し，小葉間に葉軸が発達する。小葉は9～17個，披針形～狭楕円形，両端尖り，通常全縁。花序柄は葉柄部とほぼ同長または長く，仏炎苞は葉身より遅く展開し全体緑色，縦の白筋があるかまたは不明，筒部は円筒形で口辺部は狭く開出し，または開出せずに舷部の基部に向かって狭まり，舷部は筒部より短く，ときに長く，卵形～狭卵形，しばしばドーム状に盛り上がり，その部分で白筋が広がって半透明となり，鋭頭～鋭尖頭で，内面に隆起する細脈がある。花序付属体は淡緑色から淡黄色，有柄で細棒状，直立，あるいは上部でやや前に曲がる。1子房中に5～10個の胚珠がある。果実は秋に赤く熟す。

■染色体数：$2n = 28, 42$．
■分布：北海道（南千島を含む），本州，九州（朝鮮，中国，ロシア）。

〔付記〕日本産テンナンショウ属のうち国外の標本に基づいて発表されたのはカラフトヒロハテンナンショウとコウライテンナンショウだけである。コウライテンナンショウ *A. peninsulae* Nakai (1929) は朝鮮半島中部（京畿道）で採集された基準標本にもとづいて発表された。その後，

マムシグサ節 *Arisaema* sect. *Pistillata*

図5　近畿〜中国地方のウメガシマテンナンショウ（左）とコウライテンナンショウ（右）（兵庫県氷ノ山山麓）．花期にずれがあり，左の株の花序は枯れかけているが，右の株の花序は開いたばかりである．
Two species of *Arisaema* in the Mt. Hyonosen, Hyogo prefecture. *Arisaema maekawae* (left) is at the late flowering stage and the spathe is almost over, while *A. peninsulae* (right) is at the mid flowering stage.

ヨウトクテンナンショウ *A. peninsulae* var. *attenuatum* Nakai ex F. Maek. (1934) が朝鮮半島北部で採集された基準標本にもとづいて発表された．これらは，葉柄部や花序柄が長く，偽茎部の2分の1ぐらいあること，仏炎苞が緑色で舷部の横幅が狭く，花序付属体が細く，先に向かってややふくらむことでも共通しており，ほとんど区別点がない．

　日本国内については従来，コウライテンナンショウが北陸から東北地方および北海道に広く分布すると考えられてきた．しかし，芹沢（1988b など）は分布域の北部（本州中部山岳地帯から北の北陸，東北および北海道以北）のものは仏炎苞の舷部が盛り上がり，それにともなって半透明の白条が舷部中央で膨らむとし，キタマムシグサという別の形態群として区別することを提案した（長野県上高地や軽井沢には典型的な集団がある：図1，3，4）が正式には発表されていない．そして，分布域の西部（北陸地方の低地から近畿地方および中国地方）の，仏炎苞の舷部が中央で盛り上がらず，半透明の白条が舷部中央で膨らまないものをコウライテンナンショウにあてている．中国地

307

方に分布する類似の植物を観察すると，性質の違う2つの種類が同所的に分布することがわかる（図5）。ひとつは，やや早く出現し，花序が葉よりも早く展開するもので，偽茎などに赤みを帯びた斑が目立つ（図5の左側の個体）。本書ではこれをウメガシマテンナンショウに含めている。もう一方は，ウメガシマテンナンショウより遅く出現し，花序が葉よりも明らかに遅く展開し，偽茎などにほとんど斑がない（図5の右側の個体）もので，こちらをコウライテンナンショウとしている。九州にも，普通ではないが，コウライテンナンショウに相当するものがある。コウライテンナンショウとキタマムシグサはキタマムシグサの範囲を厳密にとれば区別できるかもしれないが，日本各地域での変異は十分検討されておらず，また朝鮮半島での変異も十分検討されていないので，本書では同一のものとして扱う。

　コウライテンナンショウの花序は基本的に緑色であり，ホソバテンナンショウやムロウテンナンショウ，アオテンナンショウと同様である。しかし，紫褐色の集団がないとは言えない。疑わしいものは各地にあるが，本書では東北地方に分布し，仏炎苞が紫褐色のものを，カントウマムシグサに含めている。近畿地方から中国地方にかけて分布する仏炎苞が紫褐色のものは仏炎苞舷部が細長くなる傾向があり，独特である（279頁図4）が，本書では同じくカントウマムシグサに含めている。

国内分布図 Distribution range in Japan

マムシグサ節 Arisaema sect. Pistillata

53. ウンゼンマムシグサ

Arisaema unzenense Seriz. in J. Jap. Bot. 57: 88 (1982).

図1　ウンゼンマムシグサ（東馬：雲仙岳 2009/5/11）．葉が細長く，尾状に尖るもの．*Arisaema unzenense* in Mt. Unzendake, Nagasaki prefecture. The filiform spadix appendage is a characteristic of this species. In this individual the apices of leaflets are also filiform-caudate.

　長崎県雲仙岳に分布する多年草。高さ70 cm に達する。雌雄偽異株で雄株から雌株に完全に転換する。4～5月頃地上に葉と花序を出す。葉は通常2個で、偽茎部は葉柄より長く、斑は目立たず、開口部は襟状に広がり、葉身は鳥足状に分裂し、小葉間に葉軸が発達する。小葉は7～15個、披針形～狭楕円形、両端尖り、しばしば細鋸歯がある。花序柄は葉柄部とほぼ同長または長く、仏炎苞は葉身よりやや早く展開し全体緑色、縦の細い白筋があり、筒部は円筒形で口辺部はわずかに開出し、舷部は筒部と同長、またはより短く、卵形～長卵形、鋭尖頭でやや尾状に尖る。花序付属体は緑色、有柄で、上部はごく細く糸状、上部でやや前に曲がる。
■分布：九州（長崎県雲仙岳）。

III. 日本産テンナンショウ属の図鑑

図2　ウンゼンマムシグサ（東馬：雲仙岳 2009/5/11）．*Arisaema unzenense* in Mt. Unzendake.

←図3　ウンゼンマムシグサの花序（東馬：雲仙岳 2009/5/11）．An inflorescence of *A. unzenense*.

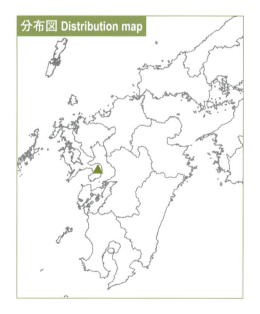

Ⅳ. テンナンショウ属の仲間
Allied genera

Ⅳ. テンナンショウ属の仲間

近縁属の分類

最近の分子系統解析によるサトイモ科の系統関係（Cabrera et al. 2008）（12頁図5）においてテンナンショウ属は，ハンゲ属やリュウキュウハンゲ属などとともに，クワズイモ属の姉妹群となる末端の系統群を構成している。テンナンショウ属とハンゲ属はその中で，信頼度は低いが姉妹群にまとまり，残りの属よりも早く分岐している。この末端の系統群に含まれる属は，伝統的なサトイモ科の分類（Engler 1920）ではテンナンショウ属からなるテンナンショウ亜連 Arisaematinae，ハンゲ属からなるハンゲ亜連 Pinellinae とその他の属を含むアルム亜連 Arinae に分類されている。また Mayo et al.（1997）ではテンナンショウ属とハ

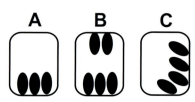

図1　胎座の模式図．枠は子房室を表し，黒楕円は胚珠を表す．A: 基底胎座（テンナンショウ属，ハンゲ属，リュウキュウハンゲ属など）．B: 基底胎座＋懸垂胎座（ドラクンクルス属，セリオフォヌム属など），C: 側膜胎座の変形（アルム属，エミニウム属）．Schematic diagrams of placentation. A: Basal placentation found in *Arisaema*, *Pinellia* and *Typhonium*. B: Basal + apical placentation found in *Dracunculus* and *Theriophonum*. C: Parietal placentation found in *Arum* and *Eminium*.

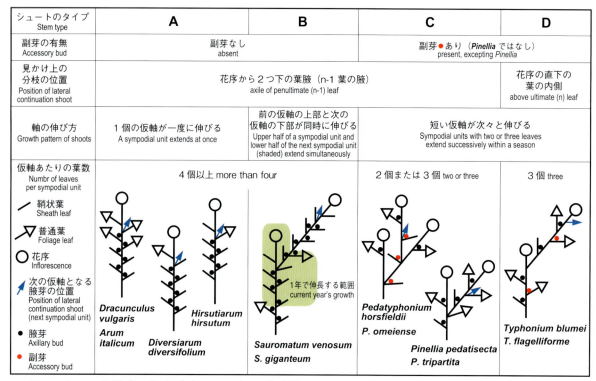

図2　シュート構成のタイプ（Stem type）の模式図．Schematic diagrams of the four stem types (A~D) found in *Typhonium* and allied genera. The stem types of *Arisaema* (page 38, Fig. 17) basically correspond to the type A.

近縁属の分類

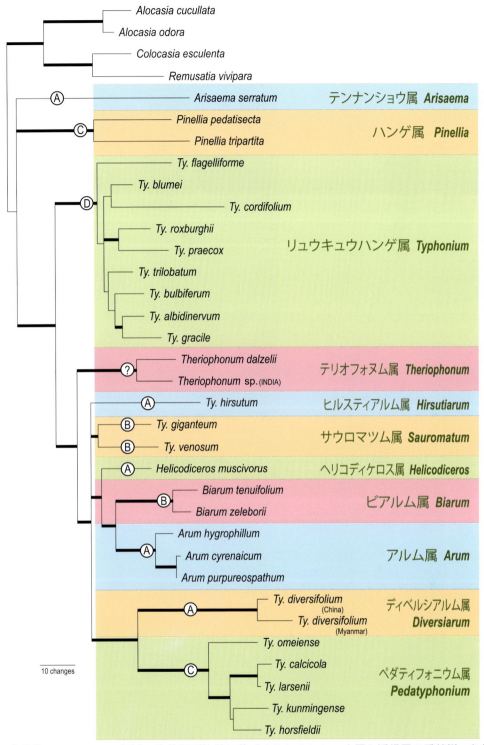

図 3 葉緑体 DNA の 6 つの領域の塩基配列比較に基づくテンナンショウ属と近縁属の系統樹．色帯は本書で認める属の範囲．太線は信頼度が高い枝，○で囲んだ A〜D はシュート構成のタイプ（Stem type）を表す．（Ohi-Toma et al. 2010 から改変．資料の学名は従前のもの．*Ty.* = *Typhonium*）A phylogenetic tree for *Arisaema* and allied genera based on the cpDNA analysis (modified from Ohi-Toma et al. 2010). Colored circumscriptions were proposed in Ohi-Toma et al. (2010) and are applied in this book. Circled alphabets A~D on the branches indicate stem types recognized in Fig. 2.

Ⅳ. テンナンショウ属の仲間

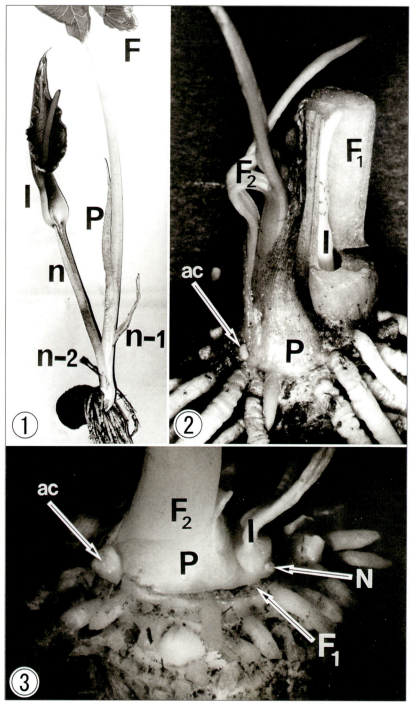

図4 シュート構成（仮軸の構成）と分枝の位置．①：*Sauromatum giganteum*（Stem type B），②：*Pedatyphonium larsenii*（Stem type C），③：*Typhonium flagelliforme*（Stem type D）．I＝花序，F＝普通葉（あるいはその痕跡），N＝花序の直下の葉（n葉）の腋芽，ac＝副芽，P＝前出葉（分枝した枝の最初の葉）．記号は図5に対応している．（Murata 1990e から改変）Photographs showing placement of inflorescences, leaves and axillary buds. Abbreviations and numbers correspond to Fig. 5. I = inflorescence, F = foliage leaf, P = prophyll. ac = accessory bud, n = ultimate leaf, n-1 = penultimate leaf.

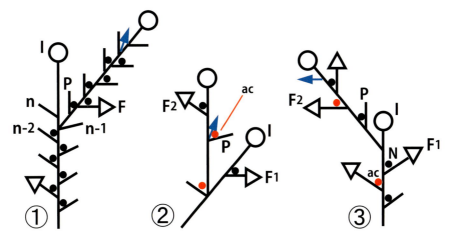

図5　シュート構成の説明模式図．①：*Sauromatum giganteum*（Stem type B），②：*Pedatyphonium larsenii*（Stem type C），③：*Typhonium flagelliforme*（Stem type D）．記号は図4に対応している．Schematic diagrams for the three photographs in Fig. 4. Abbreviations and numbers correspond to Fig. 4.

ンゲ属からなるテンナンショウ連 Arisaemateae とその他の属からなるアルム連 Areae に分類されており，このレベルの分類には問題がなかったといえる．しかし，アルム亜連に含まれる属については系統分類がまだ不完全な状態であったので，Murata（1990e），Sriboonma et al.（1994）などの形態的比較検討を踏まえ，分子系統解析（図3）の結果に基づいて新たな分類体系を発表した（Ohi-Toma et al. 2010, 2011）．なお，Cusimano et al.（2010）の分子系統解析により，Ohi-Toma et al.（2010）の解析に含まれていなかったオーストラリア地域の *Typhonium* 属植物は，その他の地域の *Typhonium* 属植物とは単系統にならず，*Theriophonum* 属に次いで分化した独立の系統群であることが明らかにされているが，分類群としてはまだ名付けられていない．

　各属の最も顕著な形態的特徴は，胚珠のつき方（胎座，図1），退化花の位置と形状，およびシュート構成である．シュート構成はテンナンショウ属内よりもさらに多様であり，4つのタイプ（Stem type A〜D，図2）に区別することができる．これらは系統樹とよく一致する分類形質であるが，観察のためには開花状態の生株を解剖することが必要であり（図4, 5），確認は容易ではない．

● テンナンショウ属に近縁な属の検索表

1. 肉穂花序の軸は仏炎苞と合着する .... 1. ハンゲ属 *Pinellia*
1. 肉穂花序の軸は仏炎苞と合着しない .... 2.
　2. 性転換する．肉穂花序の雌花群と雄花群は接する .... テンナンショウ属 *Arisaema*
　2. 性転換しない．肉穂花序の雌花群と雄花群の間は退化花（角状突起）群によって隔てられている（ドラクンクルス属 *Dracunculus* は例外） .... 3.
　　3. 胚珠は側膜胎座からやや基底胎座につく .... 4.
　　　4. 葉身は分裂しない．胚珠は子房あたり3個以上，果実は赤く熟す
　　　　　... 10. アルム属 *Arum*

4. 葉身は不完全に鳥足状に分裂する。胚珠は子房あたり 2 個，果実は白色から薄紫色
　　　　　　　　　　　　　　　　　　　　　　　　　　　　　　　　 2. エミニウム属 *Eminium*

3. 胚珠は懸垂胎座および基底胎座，または基底胎座につく ・・・・・・・・・・・・・・・・・・・・・・・・・・・・ 5.

　　5. 胚珠は懸垂胎座および基底胎座につく ・・・・・・・・・・・・・・・・・・・・・・・・・・・・・・・・・・・・・・・ 6.

　　　　6. 偽茎がある。肉穂花序の雌花群と雄花群は接する
　　　　　　　　　　　　　　　　　　　　　　　　　 8. ドラクンクルス属 *Dracunculus*

　　　　6. 偽茎は不明。肉穂花序の雌花群と雄花群の間に退化花（角状突起）群がある ・・・・・・ 7.

　　　　　7. 花序付属体に毛状突起が密生する ・・・・・・・・・・ **7. ヘリコディケロス属 *Helicodiceros***

　　　　　7. 花序付属体は平滑 ・・・・・・・・・・・・・・・ **4. セリオフォヌム属 *Theriophonum***

　　5. 胚珠は基底胎座につく ・・ 8.

　　　　8. 仮軸（単軸的に伸長して花序を頂生する 1 個のシュート）には 4 個以上の葉が
　　　　　あり，1 シーズンに 1 個分伸びる（*Sauromatum brevipes* では複数個伸びるかも
　　　　　しれない）・・・ 9.

　　　　　9. 1 シーズンに仮軸の上部と次の仮軸の下部が伸長する（Stem type B）。花序の
　　　　　　下には数枚の鞘状葉がつく ・・・・・・・・・・・・・・・・・・・・・・・・・・・・・・・・・・・・・・・ 10.

　　　　　　10. 普通葉は分裂せず，シュートあたり 2 個以上 ・・・・・・・・・ **9. ビアルム属 *Biarum***

　　　　　　10. 普通葉は分裂しないか，鳥足状に分裂し，シュートあたり 1 個
　　　　　　　　　　　　　　　　　　　　　　　　　　 6. サウロマツム属 *Sauromatum*

　　　　　9. 1 シーズンに 1 個の仮軸全体が伸長する（Stem type A）。花序の直下には葉身
　　　　　　のある普通葉がつく ・・・ 11.

　　　　　　11. 植物体は無毛。ヒマラヤ地域および中国西部の温帯に分布する
　　　　　　　　　　　　　　　　　　　　　 11. ディベルシアルム属 *Diversiarum*

　　　　　　11. 植物体は毛に覆われる．東南アジアの熱帯域に分布する
　　　　　　　　　　　　　　　　　　　　　 5. ヒルスティアルム属 *Hirsutiarum*

　　　　8. 仮軸には 2 個または 3 個の葉があり，1 シーズンに数個の仮軸が伸びる。花序
　　　　　から 2 つ下の葉腋に副芽がある

　　　　　　12. 仮軸に 2 個の葉があり，花序から 2 つ下の葉腋から分枝する（Stem
　　　　　　　type C）・・・・・・・・・・・・・・・・・ **12. ペダティフォニウム属 *Pedatyphonium***

　　　　　　12. 仮軸に 3 個の葉があり，見かけ上，花序のすぐ下の葉の内側から分
　　　　　　　枝する（Stem type D）・・・・・・・・・・・・・ **3. リュウキュウハンゲ属 *Typhonium***

🔵 Key to the genera allied to *Arisaema*

1. Female zone of spadix adnate to spathe ・・・・・・・・・・・・・・・・・・・・・・・・・・・・・・・・ **1. *Pinellia***

1. Female zone of spadix free from spathe ・・・・・・・・・・・・・・・・・・・・・・・・・・・・・・・・・・・ 2.

　　2. Pseudostem distinct or lacking. Male zone of spadix contiguous with female zone ・・・・・・・・・・ 3.

3. Placenta basal and apical ·· 8. *Dracunculus*

3. Placenta basal ··· *Arisaema*

2. Pseudostem indistinct or lacking. Male zone of spadix basically separated from female zone by subulate to filiform sterile organs ··· 4.

    4. Placenta parietal to sub-basal ··· 5.

        5. Leaf blade sagittate or hastate. Ovules more than three. Fruits red ············ 10. *Arum*

        5. Leaf imperfectly pedate. Ovules 2. Fruits white to pale lilac ················· 2. *Eminium*

    4. Placenta basal and apical, or basal ·· 6.

        6. Placenta basal and apical ·· 7.

            7. Spadix appendage with many hair-like filiform projections ··········· 7. *Helicodiceros*

            7. Spadix appendage smooth ···································· 4. *Theriophonum*

        6. Placenta basal ··· 8.

            8. A single sympodium (lateral continuation of shoot) baring more than 4 leaves. Accessory buds lacking ··· 9.

                9. Upper part of previous sympodium and lower part of the next sympodium extending simultaneously within a growing season (= Stem type B). Peduncle directly surrounded by sheath-like leaves ·· 10.

                    10. Normal leaves simple, more than 2 per shoot ··························· 9. *Biarum*

                    10. Normal leaf pedate or simple, usually 1 per shoot (per growing season) ·· 6. *Sauromatum*

                9. Whole sympodium extending within a growing season. Peduncle usually surrounded by normal leaves (= Stem type A) ·· 11.

                    11. Leaves glabrous. Distribution in temperate to subalpine regions in the Himalayas and southwestern China ························· 11. *Diversiarum*

                    11. Leaves hirsute. Distribution in tropical southeastern Asia ······· 5. *Hirsutiarum*

            8. Some sympodial baring 2 or 3 leaves successively extending in a growing season. Accessory buds present ·· 12.

                12. Sympodial unit triphyllous. Sympodium arising above (and opposite to) ultimate leaf (= Stem type D) ································· 3. *Typhonium*

                12. Sympodial unit diphyllous. Sympodium arising at axil of penultimate leaf (= Stem type C) ··· 12. *Pedatyphonium*

Ⅳ. テンナンショウ属の仲間

近縁属の特徴

1. ハンゲ属 *Pinellia* Ten.（図 6）

　地下に球茎を持つ多年草で，日本全土，朝鮮半島，台湾，中国にかけて約 7 種が分布する。地下茎に子球をつけ，葉柄の途中や先端に不定芽を生ずる種もある。一般に休眠期があるが，成長期には，3 個の葉（うち 2 個が普通葉）と 1 個の花序をつける短いシュートが仮軸分枝を繰り返して次々と伸長する（本書ではこれを Stem type C に含めている）。葉柄は長く，葉身は単一または 3 裂，あるいは鳥足状に切れ込む。花茎の先に両性の肉穂花序が 1 個つき，花序軸の基部の雌花群がつく部分は仏炎苞と合着し，その上の仏炎苞から離れた部分に雄花群がつき，先は鞭状となって仏炎苞から伸び出す。仏炎苞の筒部は雌花群を囲み，その上でいったん隔壁状に閉じ，ボート状の舷部に移行する。雄花は無柄で花序軸上に密集する。雌花は 1 個の雌しべからなり，卵形でやや尖り，子房は 1 室，直立する数個の胚珠を底着し，花柱は短い。果実はスポンジ状の果皮に包まれ，淡緑色に熟す。

> 所属種 Species included：約 7 種。日本には野生種オオハンゲ *Pinellia tripartita* (Blume) Schott，カラスビシャク *P. ternata* (Thunb.) Makino があるほか，最近逸出した中国産の *P. pedatisecta* Schott が急速に広がっている。スイハンゲ（ニオイハンゲ）*P. cordata* N.E. Br. は園芸植物となっている。

2. エミニウム属 *Eminium* (Blume) Schott

　地下に球茎を持つ多年草で，約 8 種があり，分布域は南西アジア（アフガニスタン）から地中海東部に達する。休眠期があり，成長期には複数の鞘状葉および普通葉と 1 個の花序をつけるシュート（Stem type A）を地上に出す。葉柄は長く，葉身は不完全な鳥足状に切れ込み，中央の裂片が大きく，側裂辺は中央裂辺と平行に巻く。短い花茎の先に両性の肉穂花序が 1 個つき，花序軸の基部に雌花群，その上に退化花群，その上に雄花群があり，先は棒状の花序付属体となる。仏炎苞の下部は巻いてカップ状の筒部となり，開いた舷部に移行する。雄花は無柄で花序軸上に密集する。雌花は 1 個の雌しべからなり，卵形で，平らな柱頭があり，子房は 1 室，2 個の胚珠をやや側膜胎座に（斜めに）つける。

> 所属種 Species included：*Eminium spiculatum* (Blume) Schott など約 8 種。

3. リュウキュウハンゲ属 *Typhonium* Schott（図 7-1~3）

　地下に球茎を持つ多年草で，約 40 種があり，アジアの熱帯・亜熱帯からニューギニアおよびオーストラリア北東部まで広く分布する。成長期に 3 個の葉（うち 2 個が普通葉）と 1 個の花序をつける短いシュートが仮軸分枝を繰り返すことはハンゲ属と同じであるが，仮軸が分枝する位置が

近縁属の特徴

図6　ハンゲ属 Pinellia．A: *P. pedatisecta*．B: オオハンゲ *P. tripartita*（右は仏炎苞を切り取って肉穂花序を示す）．C: スイハンゲ *P. cordata*．D: カラスビシャク *P. ternata*．

まったく異なっている．本来，花序から2つ下の葉（n-1葉）に生ずる，仮軸となる腋芽が，主軸と合着して花序の直下の葉（n葉）の内側まで持ち上がっている（Stem type D: 図2）．葉柄は長く，葉は単葉で葉身は楕円形からほこ形，あるいは不完全〜完全な鳥足状複葉となる．短い花序柄の先に両性の肉穂花序が1個つき，花序軸の基部に雌花群，その上に退化花群，その上に少し離れて雄花群があり，先は棒状〜細長い円錐形の花序付属体となる．仏炎苞の下部は巻いて楕円状の筒部となり，上部はいったん緊縮し，開いた舷部に移行する．雄花は無柄で花序軸上に密集する．

319

Ⅳ. テンナンショウ属の仲間

図 7-1　リュウキュウハンゲ属 *Typhonium*（1）．A: *T. flagelliforme*．B: *T. trilobatum*．C: *T. blumei*．
D: *T. roxburghii*．E: *T. varians*．いずれも仏炎苞の一部または全部を切り取って肉穂花序を示す．

近縁属の特徴

図 7-2　リュウキュウハンゲ属 *Typhonium* (2)．F: *T. praecox*．G: *T. cordifolium*．いずれも右は仏炎苞の一部または全部を切り取って肉穂花序を示す．

雌花は1個の雌しべからなり，卵形で，平らな柱頭があり，子房は1室，数個の胚珠を底着する．果序は一般に宿存する仏炎苞筒部に囲まれる．

所属種 Species included：*Typhonium albidinervum* C.Z. Tang & H. Li, *T. cordifolium* S.Y. Hu, *T. flagelliforme* (Lodd.) Blume, *T. neogracile* J. Murata, *T. praecox* J. Murata, *T. roxburghii* Schott, *T. trilobatum* (L.) Schott, *T. varians* Hett. & Sookch. など約40種．日本にはリュウキュウハンゲ *Typhonium blumei* Nicolson & Sivad. がある．

Ⅳ. テンナンショウ属の仲間

図 7-3　リュウキュウハンゲ属 *Typhonium* (3). H: *T. neogracile*. I: *T. albidinervum*. いずれも右は仏炎苞を切り取って肉穂花序を示す.

🔵 4. セリオフォヌム属 *Theriophonum* Blume

　地下に球茎を持つ多年草で，約5種があり，インド南部およびスリランカに分布する。外部形態はリュウキュウハンゲ属によく似ているがシュート構成は不明。肉穂花序は花序軸の基部に雌花群，その上に指状の退化花群，その上に雄花群があり，その上にさらに退化花がつくこともあり，先は棒状の花序付属体となる。雌花は1個の雌しべからなり，卵形で平らな柱頭がある。子房は1室，胚珠は一部が底着し，一部は懸垂する。

> 所属種 Species included：*Theriophonum minutum* (Willd.) Baill. など約5種がある。

🔵 5. ヒルスティアルム属 *Hirsutiarum* J. Murata & Ohi-Toma （図8）

　地下に球茎を持つ多年草で，2種があり，中国南部からタイ北部にかけて，およびスマトラに分布する。植物体全体が直立する細毛に覆われることはサトイモ科でもごく稀な特徴である。テンナンショウ属と同様，シュートには数枚の鞘状葉と1～2枚の普通葉があり1個の花序を頂生する（Stem type A）。葉柄は長く，葉は完全な鳥足状複葉となる。花茎はごく短く，花序は地面に接して立ち上がる。肉穂花序は花序軸の基部に雌花群，その上に棍棒状の退化花群，その上に少し離れて雄花群があり，先は棒状の花序付属体となる。仏炎苞の下部は巻いて筒部となり，基部はやや合着してカップ状，上部はやや狭まり，開いた舷部に移行する。雄花は無柄で花序軸上に密集する。雌花は1個の雌しべからなり，卵形で，平らな柱頭があり，子房は1室，1～3個の胚珠を底着する。果実には稜があり，半球状にまとまる。

> 所属種 Species included：*Hirsutiarum hirsutum* (S.Y. Hu) J. Murata & Ohi-Toma, *H. brevipilosum* (Hett. & Sizemore) J. Murata & Ohi-Toma

🔵 6. サウロマツム属 *Sauromatum* Schott （図9）

　地下に偏球状〜卵状の球茎を持つ多年草で，3種があり，アジアの温帯からヒマラヤ地域，インドにかけて分布し，熱帯アフリカおよび隣接地域（アラビア半島の一部を含む）に達する。シュート構成はテンナンショウ属と同様であるが，伸び方が異なり，仮軸が半分まで伸びて普通葉が展開したところで休眠する。翌年は仮軸の残りが伸長して鞘状葉と花序を展開するが，ほぼ同時にその花序から2番目の鞘状葉（n-1葉）の腋芽が仮軸となって伸長し，鞘状葉と普通葉を展開する（Stem type B）。葉は単葉ほこ形かまたは鳥足状複葉となる。花茎はごく短く，またはやや短く，花序は地面に接して立ち上がるかやや離れてつく。肉穂花序は花序軸の基部に雌花群，その上に棍棒状の退化花群，その上に少し離れて雄花群があり，先は棒状の花序付属体となる。仏炎苞の下部は巻いて筒部となり，あるいは合着してカップ状となり，上部はやや狭まり，開いた舷部に移行する。雄花は無柄で花序軸上に密集する。雌花は1個の雌しべからなり，卵形で，平らな柱

Ⅳ. テンナンショウ属の仲間

図8 ヒルスティアルム属 *Hirsutiarum*. *H. hirsutum*. 右は仏炎苞を切り開いて内部の肉穂花序を示す.

図9 サウロマツム属 *Sauromatum*. A: *S. venosum*. B: *S. giganteum*. 拡大図は仏炎苞の一部または全部を切り取って肉穂花序を示す.

頭があり，子房は 1 室，数個の胚珠を基底胎座につける。

> 所属種 Species included：*Sauromatum brevipes* (Hook.f.) N.E. Br.，　*S. giganteum* (Engl.) Cusimano
> & Hett.，　*S. venosum* (Dryand. ex Aiton) Kunth

7. ヘリコディケロス属 *Helicodiceros* Schott ex K. Koch（図 10）

　偏長卵形の地下茎を持つ多年草で，1 種が地中海の島に分布する。休眠期があり，成長期には複数の普通葉と 1 個の花序をつけるシュート（Stem type A）を地上に出す。葉柄は長く，葉身は不完全な鳥足状に切れ込み，中央の裂片が大きく，側裂辺は中央裂辺と平行に巻く。短い花茎の先に両性の肉穂花序がやや傾いて 1 個つき，花序軸の基部に雌花群，その上に少数の退化花がつき，さらにその上に雄花群があり，先は棒状の花序付属体となり，全体に毛髪状の突起を密生する。仏炎苞は厚く，下部は巻いてカップ状の筒部となり，開いた舷部に移行する。雄花は無柄で花序軸上に密集する。雌花は 1 個の雌しべからなり，卵形で，平らな柱頭があり，子房は 1 室，胚珠は基底胎座および懸垂胎座にそれぞれ数個ずつつく。果実はオレンジ色に熟す。

> 所属種 Species included：*Helicodiceros muscivorus* (L.f.) Engl.

8. ドラクンクルス属 *Dracunculus* Mill.（図 11）

　地下に球茎を持つ多年草で，2 種があり，分布域はイタリアから東の地中海地域に分布する。休眠期があり，成長期には複数の普通葉と 1 個の花序をつけるシュート（Stem type A）を地上に出す。葉柄は下部が筒状に巻いて明らかな偽茎をなし，葉身は不完全な鳥足状に切れ込む。花茎は直立し，先に両性の肉穂花序が 1 個つく。花序軸の基部に雌花群，その上に雄花群が接してつき，退化花はほとんど発達せず，先は細長い円錐状の花序付属体となる。仏炎苞はスポンジ状で厚く，下部は巻いてカップ状の筒部となり，開いた舷部に移行する。雄花は無柄で花序軸上に密集する。雌花は 1 個の雌しべからなり，卵形で，平らな柱頭があり，子房は 1 室，胚珠は基底胎座および懸垂胎座にそれぞれ少数ずつつく。果実は朱赤色に熟す。

> 所属種 Species included：*Dracunculus vulgaris* Schott，　*D. canariensis* Kunth

9. ビアルム属 *Biarum* Schott（図 12）

　地下に球茎を持つ多年草で，21 種があり（Boyce 2008），中東地域から地中海沿岸地域まで帯状に広く分布する。サウロマツム属 *Sauromatum* と同様に，花序を含む仮軸の上半部と，普通葉をつける次の仮軸の下半部があいついで伸長する（Stem type B）が，成長期が逆で，夏（乾期）に休眠し，秋に開花した後葉を展開して冬（雨期）に成長する。また，サウロマツム属に比べ普通葉の数が多い。葉柄は長く，葉は単葉で葉身は長楕円形から線形。短い花序柄の先に両性の肉穂花

Ⅳ. テンナンショウ属の仲間

図10 ヘリコディケロス属 *Helicodiceros*. *H. muscivorus*. 花序付属体に毛状の突起が密生する. (邑田裕子)

図11 ドラクンクルス属 *Dracunculus*. *D. vulgaris*. 右は仏炎苞を取り外して肉穂花序を見たところで, 白いのは花序付属体に産みつけられたハエの卵. (邑田裕子)

近縁属の特徴

図12　ビアルム属 *Biarum*. *B. zeleborii*. 右は仏炎苞を切り開いて肉穂花序を示す．（邑田裕子）

図13　アルム属 *Arum*. *A. italicum*. 右は仏炎苞を切り開いて肉穂花序を示す．（邑田裕子）

Ⅳ. テンナンショウ属の仲間

序が1個つき，基部はふつう地面に埋まる．肉穂花序はリュウキュウハンゲ属に似て，花序軸の基部に雌花群，その上に退化花群，その上に少し離れて雄花群があり，先は棒状〜細長い円錐形の花序付属体となる．仏炎苞の下部は筒状に合着し楕円状〜円筒状の筒部となり，上部はやや緊縮し，開いた舷部に移行する．雄花は無柄で花序軸上に密集する．雌花は1個の雌しべからなり，卵形で，先がくちばし状に突出し，盤状の柱頭をつける．子房は1室，胚珠を1個基底胎座につける．果序は地面に埋まるか，やや露出し，果実は白色〜紫色をおびる．

> **所属種 Species included**：*Biarum tenuifolium* (L.) Schott, *B. pyrami* (Schott) Engl. など21種がある．

● 10. アルム属 *Arum* L.（図13）

地下に根茎状の地下茎を持つ多年草で，25種があり（Boyce 1993），西ヒマラヤ地域から中東地域を経て，北部を除くヨーロッパほぼ全域，アフリカの地中海沿岸部の一部まで広く分布する．テンナンショウ属と同様に，複数の鞘状葉および普通葉と1個の花序をつけるシュート（Stem type A）をもち，大部分の種は普通葉を秋に展開し，春になってから花序を出して開花する．その後葉が枯れ，果実をつけた花序柄だけが残る（秋咲きの *Arum pictum* は例外）．葉柄は長く，葉は単葉で葉身はほこ形．花序柄は短いかまたは長い．肉穂花序はセリオフォヌム属 *Theriophonum*

図14　ディベルシアルム属 *Diversiarum*. *D. diversifolium*. 右は仏炎苞を切り開いて内部の肉穂花序を示す．

近縁属の特徴

図15 ペダティフォニウム属 *Pedatyphonium*. A: *P. kunmingense*. B: *P. larsenii*. いずれも右は仏炎苞を切り取って肉穂花序および果序を示す.

IV. テンナンショウ属の仲間

に似て，花序軸の基部に雌花群，その上に退化花群，その上に雄花群があり，その上にもさらに
退化花群があるが，稀に退化花が発達しない種がある。花序付属体は棒状。仏炎苞の下部は巻い
て楕円状〜円筒状の筒部となり，上部はやや緊縮し，開いた舷部に移行する。雄花は無柄で花序
軸上に密集する。雌花は 1 個の雌しべからなり，卵形で，点状の柱頭があり，子房は 1 室，数個
の胚珠を側膜胎座につける。果実は朱赤色。

所属種 Species included：*Arum italicum* Mill.，*A. pictum* L.f. など 25 種がある。

11. ディベルシアルム属 *Diversiarum* J. Murata & Ohi-Toma（図 14）

地下に球茎を持つ多年草で，2 種があり，雲南省，四川省からヒマラヤ地域の山地に分布する。
複数の鞘状葉および少数の普通葉と 1 個の花序をつけるシュート（Stem type A）をもち，初夏に成
長・開花する。葉は長い柄があり，葉身はほこ形から不完全あるいはほぼ完全な鳥足状に分裂する。
花序柄はやや短い。肉穂花序は花序軸の基部に雌花群，その上に棍棒状の退化花群，間をおいてそ
の上に雄花群があり，花序付属体は円錐状の太棒状。雄花は無柄で花序軸上に密集する。雌花は 1
個の雌しべからなり，卵形で，平らな柱頭があり，子房は 1 室，少数の胚珠を基底胎座につける。

所属種 Species included：*Diversiarum diversifolium* (Wall. ex Schott) J. Murata & Ohi-Toma，*D. alpinum* (C.Y. Wu ex H. Li, Y. Shiao & S.L. Tseng) J. Murata & Ohi-Toma

12. ペダティフォニウム属 *Pedatyphonium* J. Murata & Ohi-Toma（図 15）

地下に球茎を持つ多年草で，約 5 種があり，ミャンマー北部および中国西南部からインドシナ
半島を経てジャワ島（インドネシア）まで広く分布する。1 個の鞘状葉と 1 個の普通葉をつけ花
序を頂生する短い仮軸を，成長期に繰り返し伸長する。花序から 2 つ下の葉が前出葉に当たるため，
仮軸分枝が前出葉の葉腋からおこる（図 4，5 の②）。前出葉の葉腋には次の仮軸となる腋芽のほ
かに 1 個の副芽がある（Stem type C）。肉穂花序はディベルシアルム属 *Diversiarum* によく似ており，
花序軸の基部に雌花群，その上に棍棒状の退化花群，間をおいてその上に雄花群があり，花序付
属体は円錐状の太棒状。雄花は無柄で花序軸上に密集する。雌花は 1 個の雌しべからなり，卵形で，
平らな柱頭があり，子房は 1 室，少数の胚珠を基底胎座につける。

所属種 Species included：*Pedatyphonium horsfieldii* (Miq.) J. Murata & Ohi-Toma，*P. larsenii* (S.Y. Hu) J. Murata & Ohi-Toma，*P. kunmingense* (H. Li) J. Murata & Ohi-Toma，*P. calcicola* (C.Y. Wu ex H. Li, Y. Shiao & S.L. Tseng) J. Murata & Ohi-Toma，*P. omeiense* (H. Li) J. Murata & Ohi-Toma

文　献
References

欧文文献

Asana JJ, Sutaria RN (1935) On the number of chromosomes of some Indian Araceae. I. Chromosomes of *Arisaema murrayi* (Graham) Hook. *Journal of University of Bombay* 3(5): 24–31.

Atkinson GF (1898) Experiments on the morphology of *Arisaema triphyllum. Botanical Gazette* 25: 114.

Barnes E (1934) Some observations on the genus *Arisaema* on the Nilgiri Hills, South India. Journal of Bombay Natural History Society 37: 629–639.

Bhattacharya GN (1978) Evolutionary role of B-chromosomes of *Arisaema* (Araceae). *Proceedings of Indian Science Congress Association* 65(4): 127.

Bierzychudek P (1981a) The demography of jack-in-the-pulpit, a forest perennial that changes sex. Ph.D. thesis, Cornell University. 145pp

Bierzychudek P (1981b) Pollinator limitation of plant reproductive effort. *The American Naturalist* 117: 838–840.

Bierzychudek P (1982) The demography of jack-in-the-pulpit, a forest perennial that changes sex. *Ecological Monographs* 52: 335–351.

Bierzychudek P (1984a) Determinants of gender in jack-in-the-pulpit: the influence of plant size and reproductive history. *Oecologia* 65: 14–18.

Bierzychudek P (1984b) Assessing "optimal" life histories in a fluctuating environment: the ecolution of sex-changing in jack-in-the-pulpit. *The American Naturalist* 123: 829–480.

Bierzychudek P (1999) Looking backwards: assessing the projections of a transition matrix model. *Ecological Applications* 9: 1278–1287.

Bierzychudek P, Eckhart V (1988) Spatial segregation of the sexes of dioecious plants. *The American Naturalist* 132: 34–43.

Boles RL, Lovett-Doust J, Lovett-Doust L (1999) Population genetic structure in green dragon (*Arisaema dracontium*, Araceae). *Canadian Journal of Botany* 77: 1401–1410.

Bowden WM (1940) Diploidy, polyploidy and winter hardiness relationship in the flowering plants. *American Journal of Botany* 27: 357–370.

Bowden WM (1945) A list of chromosome numbers in higher plants. I. Acanthaceae to Myrtaceae. *American Journal of Botany* 32: 81–92.

Bown D (1988) Aroids. Plants of the *Arum* family. Century, London. 256pp.

Boyce P (1993) The Genus *Arum*. Royal Botanic Gardens, Kew. 196pp.

Boyce P (2008) A taxonomic revision of *Biarum. Curtis's Botanical Magazine* 25(1): 1–119.

Buchet S (1911) Nouvelles espèces d'*Arisaema* Mart. *Notulae Systematicae (Paris)* 1: 366–375, 2: 120–128.

Cabrera LI, Salazar GA, Chase MW, Mayo SJ, Bogner J, Dávila P (2008) Phylogenetic relationships of aroids and duckweeds (Araceae) inferred from coding and noncoding plastid DNA. *American Journal of Botany*

95: 1153–1165.

Camp WH (1932) Sex in *Arisaema triphyllum*. *Ohio Journal of Science* 32: 147–151.

Chatterjee D (1954(1955)) Indian and Burmese species of *Arisaema*. *Bulletin of Botanical Society of Bengal* 8: 118–139.

Clay K (1993a) Size-dependent gender change in green dragon (*Arisaema dracontium*; Araceae). *American Journal of Botany* 80: 769–777.

Clay K (1993b) Size dependence of gender in *A. dracontium*. *American Journal of Entomology* 7: 1–93.

Crawford DJ (1983) Phylogenetic and systematic interferences from electrophoretic studies. *In:* Taksley SO, Orton TJ (eds.), Isozyme in plant genetics and breeding, Part A, pp. 257–287. Elsevier, Amsterdam.

Crawford DJ, Ornduff R, Vasey MC (1985) Allozyme variation within and between *Lasthenia minor* and its derivative species, *L. maritima* (Asteraceae). *American Journal of Bototany* 72: 1177–1184.

Cusimano N, Barrett MD, Hetterscheid WLA, Renner SS (2010) A phylogeny of the Areae (Araceae) implies that *Typhonium*, *Sauromatum*, and the Australian species of *Typhonium* are distinct clades. *Taxon* 59: 439–447.

Cusimano N, Bogner J, Mayo SJ, Boyce PC, Wong SY, Hesse M, Hetterscheid WLA, Keating RC, French JC (2011) Relationship within the Araceae: Comparison of morphological patterns with molecular phylogenies. *American Journal of Botany* 98: 654–668.

Dieringer G, Cabrera LR (2000) A comparison of size and sexual expression in populations of *Arisaema macrospathum* Benth. and *A. dracontium* (L.) Schott (Araceae). *Aroideana* 23: 31–35.

Engler A (1879) Araceae. *In:* Candolle ALP & Candolle ACP, Monographiae Phanerogamarum 2: 1–681. Masson, Paris.

Engler A (1920) *Arisaema*. *In:* Engler A (ed.), Das Pflanzenreich Ht 73 (4–23F): 149–220.

Ewing JW, Klein RM (1982) Sex expression in jack-in-the-pulpit. *Bulletin of the Torrey Botanical Club* 109: 47–50.

Franchet AR, Savatier PAL (1877–1878) *Arisaema*. *In:* Enumeratio Plantarum in Japonia sponte crescentium. 2: 4–6, 507–508. Paris.

French JC, Chung MG, Hur YK (1995) Chloroplast DNA phylogeny of the Ariflorae. *In:* Rudall PJ, Cribb PJ, Cutler DF, Humpheries CJ (ed.), Monocotyledons: Systematics and Evolution 1: 255–275, Royal Botanic Gardens, Kew.

Gagnepain F (1941) Aracèes nouvelles Indochinoses *Notulae Systematicae (Paris)* 9: 116–140.

Gagnepain F (1942) *Arisaema*. *In:* Lecomte H (ed.), Flore gènèrale de l'Indochine 6: 1182–1191. Masson Paris.

Govaers R, Frodin DG (2002) World checklist and bibliography of Araceae and Acoroideae. Royal Botanic Gardens Kew. 560pp.

Gow JE (1915) Observations on the morphology of the aroids. *Botanical Gazette* 56: 127–142.

Gu ZJ, Sun H (1998) The chromosome report of some plants from Motuo, Xizang (Tibet). *Acta Botanica Yunnanica* 20(2): 207–210.

Gu ZJ, Wang L, Li H (1992) Karyomorphological studies of some monocots in Dulongjiang area. *Acta Botanica Yunnanica* Suppl. 5: 77–90.

Gusman G, Gusman L (2002) The genus *Arisaema*. A monograph for botanists and nature lovers. A.R.G. Gantner Verag KG, Ruggell/Lichtenstein. 438pp.

Gusman G, Gusman L (2006) The genus *Arisaema*. A monograph for botanists and nature lovers. Second Revised and Enlarged Edition. A.R.G. Gantner Verag KG, Ruggell/Lichtenstein. 474pp.

Hara H (1971) A revision of the eastern Himalayan species of the genus *Arisaema* (Araceae). *In:* Hara H (ed.), Flora of Eastern Himalaya. Second report. 321–354. University of Tokyo Press, Tokyo.

Hayakawa H, Hamachi H, Muramatsu Y, Hirata A, Minamiya Y, Matsuyama K, Ito K, Yokoyama J, Fukuda T. (2010) Interspecific hybridization between *Arisaema sikokianum* and *A. tosaense* (Araceae) confirmed through nuclear and chloroplast DNA comparisons. *Acta Phytotaxonomica et Geobototanica* 61: 57–63.

Hayakawa H, Hamachi H, Matsuyama K, Muramatsu Y, Minamiya Y, Ito K, Yokoyama J. Fukuda T (2011) Introgressive hybrids of *Arisaema sikokianum* and *A. tosaense* (Araceae) confirmed through nuclear and chloroplast DNA comparisons. *American Journal of Plant Science* 2: 303–307.

Hayakawa H, Matsuyama K, Nozaki-Maeda A, Hamachi H, Minamiya Y, Ito K, Yokoyama J, Arakawa R, Fukuda T. (2013) New natural hybrid of *Arisaema* (Araceae), distributed around Mt. Yatsuzura in Shikoku, western Japan. *Acta Phytotaxonomica et Geobototanica* 61(2): 77–86.

Hong, DY, Zhang SZ (1990) Observations on chromosomes of some plants from western Sichuan. *Cathaya* 2: 191–197.

Hotta M (1963) A new species of *Arisaema* from Japan. *Acta Phytotaxonomica et Geobotanica* 19: 158–160.

Hotta M (1971) Study of the family Araceae, general remarks. *Japanese Journal of Botany* 20: 269–310.

Hu SY (1968) Study in the flora of Thailand 41–48: Araceae. *Dansk Botanisk Arikiv* 23: 409–457.

Huang TC (1960) Notes on the *Arisaema* of Taiwan. *Taiwania* 7: 93–103.

Huang TC, Wu MJ (1997) Notes on the Flora of Taiwan (30)–*Arisaema nanjenense* T.-C. Huang & M.-J. Wu sp. nov. (Araceae). *Taiwania* 42(3): 165–173.

Huttleston DG (1949) The three subspecies of *Arisaema triphyllum*. *Bulletin of Torrey Botanical Club* 76: 407–413.

Ikeda H, Yamamoto N, Kobayashi T, Murata J (2012) A new form of *Arisaema nambae* Kitam. (Araceae), an endangered aroid in western Japan. *Journal of Japanese Botany* 87(6): 398–401.

Ito T (1942) Chromosomen und Sexualität der Araceae. *Cytologia* 12: 313–325.

Kakehashi M, Kinoshita E (1990) An application of the sex allocation theory to *Arisaema serratum*. *Plant Species Biology* 5: 121–129.

Kapoor BM, Gervais C (1982) Liste annotèe de nombre chromosomiques de la vasculaire de Nord-est de l' Amerique. III. *Naturaliste Canadian* 109: 91–101.

Kinoshita E (1986) Size-sex relationship and sexual dimorphism in Japanese *Arisaema* (Araceae). *Ecological Research* 1: 157–171.

Kinoshita E (1987) Sex change and population dynamics in *Ariseama* (Araceae). I. *Arisaema serratum* (Thunb.) Schott. *Plant Species Biology* 2: 15–28.

Kinoshita E, Harada Y (1990) Sex change and population dynamics in *Arisaema* II. An examination on the evolutionary stability of sex changing schedule of *A. serratum* (Thunb.) Schott. *Plant Species Biology* 5: 225–234.

Kishimoto E (1941) Chromosomenzhalen einiger Arten von *Amorphophallus* und *Arisaema*. *Botany and Zoology* 9: 433–434.

Ko SC, Kim YS (1985) A taxonomic study on genus *Arisaema* in Korea. *Korean Journal of Plant Taxonomy* 15(2): 67–109.

Ko SC, Tae KH, Kwon TO, Kim YS (1987) A cytotaxonomic study on some species of *Arisaema*. *Korean Journal of Plant Taxononomy* 17: 189–205.

Kobayashi T, Murata J, Watanabe K (1999) Taxonomic Notes on *Arisaema seppikoense* Kitam. (Araceae). *Acta Phytotaxonomica et Geobotanica* 50: 221–224.

Kobayashi T, Murata J, Watanabe K (2000) The distribution of five taxa of the *Arisaema undulatifolium* group (Araceae) in western Japan. *Acta Phytotaxonomica et Geobotanica* 51: 57–66.

Kobayashi T, Murata J, Suzuki T, Watanabe K (2003) Taxonomic revision on the *Arisaema undulatifolium* Group (Araceae). *Acta Phytotaxonomica et Geobotanica* 54: 1–17.

Kobayashi T, Murata J, Watanabe K (2005) Two new putative natural hybrids in Japanese *Arisaema* (Araceae). *Acta Phytotaxonomica et Geobotanica* 56: 105–110.

Kobayashi T, Sasamura K, Watanabe K, Murata J (2008) *Arisaema inaense* and *A. nagiense*, two diploid species of *Arisaema ovale* group (Araceae). *Acta Phytotaxonomica et Geobotanica* 59: 37–43.

Kobayashi T, Ohno J, Murata J (2014) Morphological patterns in the plumular leaf of Japanese *Arisaema* (Araceae). *Acta Phytotaxonomica et Geobototanica* 65(1): 29–36.

Kurakubo Y (1940) Über die chromosomenzhalen von Araceae-Arten. *Botany and Zoology* 8: 1492.

Kurosawa S (1966) Cytological studies on some eastern Himalayan plants. *In:* Hara H (ed.), Flora of Eastern Himalaya: 658–670. University of Tokyo Press, Tokyo.

Kurosawa S (1971) Cytological studies on some eastern Himalayan plants and their related species. *In:* Hara H (ed.), Flora of eastern Himalaya. Second report: 355–364. University of Tokyo Press. Tokyo.

Larsen K (1969) Cytology of vascular plants: III. A study of Thai Aroids. *Dansk Botanisk Arkiv* 27: 39–59.

Li H (1980) Himalayas-Hengduan mountains- The centre of distribution and differentiation of the genus *Arisaema*. *Acta Botanica Yunnanica* 2: 402–416 (in Chinese with English summary).

Li H (1988) Notes on the genus *Arisaema* from Yunnan. *Bulletin of Botanical Research of North-East Forest Institute* 8(3): 99–105.

Li H (2000) New Species of *Arisaema* from China (Araceae: Arisaemateae). *Kew Bulletin* 55(2): 417–426.

Li H, Shiao Y, Tseng SL (1977) Claves diagnosis et taxa nova Aracearum Sinicarum. *Acta Phytotaxonomica Sinica* 15: 105–109.

Li H, Wang ZL, Long CL (1999) Notes on the genus *Arisaema* (Araceae) in Gaoligong Mountains. *Acta Botanica Yunnanica*, Suppl 11: 55–60.

Lovett-Doust L, Cavers PB (1982a) Resource allocation and gender in the green dragon, *Arisaema dracontium* (Araceae). *American Midland Naturalist* 108: 144–148.

Lovett-Doust L, Cavers PB (1982b) Sex and gender dynamics in jack-in-the-pulpit, *Arisaema triphyllum* (Araceae). *Ecology* 63: 797–808.

Lovett-Doust L, Lovett-Doust JN, Turi K (1986) Fecundity and size relationships in jack-in-the-pulpit, *Arisaema triphyllum* (Araceae). *American Journal of Botany* 73: 489–494.

Lowrey TK, Crawford DJ (1985) Allozyme divergence and evolution in *Tetramolopium* (Compositae: Asteraceae) on the Hawaiian Islands. *Systematic Botany* 10: 64–72.

Maekawa T (1924) On the phenomena of sex transition in *Arisaema japonica* Bl. *Journal of the College of Agriculture, Hokkaido Imperial University* 13: 217–305.

Maekawa T (1927) On intersexualism in *Arisaema japonica* Bl. *Japanese Journal of Botany* 3: 205–216, 2 plates.

Maki M, Murata J (2001) Allozyme analysis of the hybrid origin of *Arisaema ehimense* (Araceae). *Heredity* 86: 87–93.

Malik CP (1961) Chromosome numbers in some Indian Angiosperms: Monocotyledons. *Science and Culture* 27: 260–261.

Marchant CJ (1972) Chromosome variation in Araceae: 4. Areae. *Kew Bulletin* 26(3): 395–404.

Mayo S, Bogner J. Boyce P (1997) The genera of Araceae. Royal Botanic Gardens, Kew. 370pp.

Mayo SJ, Gilbert MG (1986) A preliminary revision of *Arisaema* (Araceae) in tropical Africa and Arabia. *Kew Bulletin* 41: 261–278.

Mehra PN, Pandita TK (1979) *In:* Löve A; IOPB chromosome number reports: 64.

Mehra PN, Sachdeva SK (1976) Cytological observation on some East-Himalayan Monocots. *Cytologia* 44: 233–240.

Muraoka H, Takenaka A, Tang Y, Koizumi H, Washitani I (1998a) Flexible leaf orientations of *Arisaema heterophyllum* maximize light capture in a forest understorey and avoid excess irradiance at a deforested site. *Annales of Botany* 82: 297–307.

Muraoka H, Tang Y, Kodzumi H, Washitani I (1998b) Combined effects of light and water availability on photosynthesis and growth of *Arisaema heterophyllum* in the forest understory and an open site. *Oecologia* 114: 292.

Murata J (1978) A new species of *Arisaema* (Araceae) from Honshu, Japan. *Journal of Japanese Botany* 53: 84–86.

Murata J (1983) *Arisaema aprile* (Araceae), a new species from Honshu, Japan. *Journal of Japanese Botany* 58: 29–32.

Murata J (1984) An attempt at an infrageneric classification of the genus *Arisaema* (Araceae). *Journal of the*

Faculty of Science, the University of Tokyo III, 13: 431–482.

Murata J (1985) *Arisaema taiwanense* J. Murata (Araceae), a new species from Taiwan. *Journal of Japanese Botany* 60: 353–360.

Murata J (1986) A revision of the *Arisaema amurense* group (Araceae). *Journal of Faculty of Science, University of Tokyo* III, 14: 49–68.

Murata J (1988) Diversity in the stem morphology of *Arisaema* (Araceae). *Plant Species Biology* 2: 57–66.

Murata J (1990a) Three subspecies of *Arisaema flavum* (Forssk.) Schott (Araceae). *Journal of Japanese Botany* 65: 65–73.

Murata J (1990b) New or noteworthy chromosome records in *Arisaema* (Araceae) (2). *Journal of Japanese Botany* 65: 225–232.

Murata J (1990c) Development patterns of pedate leaves in tribe Areae (Araceae- Aroideae) and their systematic implication. *Botanical Magazine, Tokyo* 103: 339–343.

Murata J (1990d) Present status of *Arisaema* systematics. *Botanical Magazine, Tokyo* 103: 371–382.

Murata J (1990e) Diversity of shoot morphology in *Typhonium* (Araceae). *American Journal of Botany* 77(11): 1475–1481.

Murata J (1991) The systematic position of *Arisaema nepenthoides* (Wall.) Mart. and *A. wattii* Hook. f. (Araceae). *Kew Bulletin* 46: 119–128.

Murata J (1992) Inroduction to the plants of *Arisaema* recently recognized from Japan. *Aroideana* 13: 34–43.

Murata J (2016a) Acoraceae, Araceae. *In* Iwatsuki et al. (ed.), Flora of Japan IVb: 5–31, Kodansha, Tokyo.

Murata J (2016b) ARISAEMA HETEROCEPHALUM subsp. HETEROCEPHALUM. *Curtis's Botanical Magazine* 33: 254–260. DOI: 10.1111/curt.12156

Murata J, Iijima M (1983) New or noteworthy chromosome records in *Arisaema* (Araceae). *Journal of Japanese Botany* 58: 270–280.

Murata J, Kakishima S (2008) *Arisaema maekawae*, a new species of the *A. serratum* Group (Araceae) from Japan. *Acta Phytotaxonomica et Geobotanica* 59: 45–50.

Murata J, Kawahara T (1994) Allozyme differentiation in *Arisaema* (Araceae) (1). Sections *Tortuosa* and *Clavata*, with special reference to the systematic position of *A. negishii*. *Journal of Phytogeography and Taxonomy* 42: 11–16.

Murata J, Kawahara T (1995) Allozyme Differentiation in *Arisaema* (Araceae) (3) *Arisaema serratum* group (sect. *Pedatisecta*). *Journal of Phytogeography and Taxonomy* 42: 99–109.

Murata J, Ohashi H (1980) Taxonomic notes on *Arisaema heterocephalum* Koidzumi (Araceae). *Journal of Japanese Botany* 55: 161–170.

Murata J, Ohno J (1989) *Arisaema ehimense* J. Murata et Ohno (Araceae), a new species from Shikoku, Japan, of putative hybrid origin. *Journal of Japanese Botany* 64: 341–351.

Murata J, Ren C, Murata H, Ogawa S (1993) *Arisaema flavum*, a honey-producing Araceae. Abstract 1203, The

15th International Botanical Congress, Yokohama.

Murata J, Wu SK, Yang YP (1994) *Arisaema odoratum* J. Murata et S. K. Wu, A new species from Yunnan, China. *Journal of Japanese Botany* 69: 153–156.

Murata J, Murata H, Sugawara T, Yang YP, Wu SG (2006) New or noteworthy chromosome records in *Arisaema* (Araceae) (3). *Journal of Japanese Botany* 81: 20–25.

Murata J, Nagamasu H, Ohashi H. (2013) A nomenclatural review on the infrageneric classifications of *Arisaema* (Araceae). *Journal of Japanese Botany* 88(1): 36 – 45.

Murata J, Wu SG. Sasamura K, Ohi-Toma T (2014) Comments on the taxonomic treatments of *Arisaema* (Araceae) proposed in Flora of China. *Acta Phytotaxonomica et Geobotanica* 65(3): 161–176.

Nakai T (1929) Conspectus specierum Arisaematis Japano-Koreanarum. *Botanical Magazine, Tokyo* 48: 524–540, 563–572.

Nakai T (1935) Notulae ad Plantas Japonicae & Koreae XLVI. *Botanical Magazine, Tokyo* 49: 417–424.

Nakai T (1937) *Arisaema japonicum*. Iconographia Plantarum Asiae Orientalis 2(2): 117–120.

Nakai T (1939) Notulae ad Plantas Asiae Orientalis (VIII). *Journal of Japanese Botany* 15: 1–421.

Nakai T (1950) Classes, ordines, familiae, subfamiliae, tribus, genera nova quae attinent ad plantas Koreanas (supplimentum). *Journal of Japanese Botany* 25: 5–7.

Nei M (1972) Genetic distance between populations. *American Naturalist* 106: 283–292.

Nguyen VD (2000) Two new species of Araceae from Vietnam. *Aroideana* 23: 36–40.

Nishikawa T (1985) Chromosome counts of flowering plants of Hokkaido (Japan): 8. *Journal of Hokkaido University of Education* sect. II B 35(2): 97–112.

Nishizawa T, Watano Y, Kinoshita E, Kawahara T, Ueda K (2005) Pollen movement in a natural population of *Arisaema serratum* (Araceae), a plant with a pitfall-trap flower pollination system 1. *American Journal of Botany* 92: 1114–1123.

Ohashi H (1963) Notes on *Arisaema robustum* (Engler) Nakai, a species of the Araceae in Japan. *Science Report, the Tohoku University* 4th ser. Biol. 29: 431–435.

Ohashi H, Murata J (1980) Taxonomy of the Japanese *Arisaema*. *Journal of the Faculty of Science, the University of Tokyo* III, 12: 281–336.

Ohashi H, Murata J, Takahashi H (1983) Pollen morphology of the Japanese *Arisaema* (Araceae). *Science Report, the Tohoku University* 4th ser. Biol. 38: 219–251.

Ohi-Toma T, Wu SG, Yadav SR, Murata H, Murata J (2010) Molecular phylogeny of *Typhonium* sensu lato and its allied genera in the tribe Areae of the subfamily Aroideae (Araceae) based on sequences of six chloroplast regions. *Systematic Botany*. 35(2): 244–251.

Ohi-Toma T, Wu SG, Yadav SR, Murata H, Murata J (2011) Validation of new combinations of three genera in the tribe Areae. *Systematic Botany* 36(1): 254.

Ohi-Toma T, Wu SG, Murata H, Murata J (2016) An updated genus-wide phylogenetic analysis of *Arisaema*

(Araceae) with reference to sections. *Botanical Journal of the Linnean Society* 182:100–114.

Omori T, Wang JC, Murata J (2004) Morphological differentiations between subspecies in *Arisaema thunbergii* (Araceae) with special reference to sexual dimorphism. *Journal of Japanese Botany* 79: 247–254.

Pancho JV (1971) *In:* Löve A: IOPB chromosome number reports XXXIV. *Taxon* 20(5/6): 785–795.

Parker MA (1987) Pathogen impact on sexual vs. asexual reproductive success in *Arisaema triphyllum*. *American Journal of Botany* 74: 1758–1763.

Patil KS, Dixit GB (1995) Cytological studies in Araceae Part-I. *Aroideana* 18: 40–45.

Petersen G (1989) Cytology and systematics of Araceae. *Nordic Journal of Botany* 9: 119–166.

Petersen G (1993) Chromosome numbers of the genera of Araceae. *Aroideana* 16: 37–46.

Pickett FL (1913) The germination of seeds of *Arisaema*. *Proceeding of the Indiana Academy of Science* 1913: 125–128.

Pickett FL (1915) A contribution to our knowledge of *Arisaema triphyllum*. *Memoirs of the Torrey Botanical Club* 16: 1–55.

Pijl L van der (1953) On the flower biology of some plants from Java, with general remarks on fly-traps (species of *Annona, Artocarpus, Typhonium, Gnetum, Arisaema,* and *Abroma*). *Annales Bogorienses* 1: 77–99.

Policansky D (1981) Sex choice and the size advantage model in jack-in-the-pulpit (*Arisaema triphyllum*). *Proceedings of the National Academy of Sciences of the United States of America* 78: 1306–1308.

Policansky D (1982) Sex change in plants and animals. *Annual Review of Ecology and Systematics* 13: 471–495.

Policansky D (1987) Sex choice and reproductive costs in jack-in-the-pulpit. *BioScience* 37: 476–481.

Pradhan UC (1997) Himalayan cobra-lilies (*Arisaema*): their botany and culture, 2nd edn. Primulaceae Books. Kalimpong. 100pp.

Pringle JS (1979) Documented plant chromosome numbers 1979:1 *Sida* 8(1): 119–120.

Punekar SA, Kumaran KPN 2009. Two New Combinations in *Arisaema* (Araceae) from India. *Novon* 19(3): 391–396.

Ramachandran K (1978) Cytological studies on South Indian Araceae. *Cytologia* 43(2): 289–303.

Ray TS (1987) Diversity of shoot organization in the Araceae, *American Journal of Botany* 74: 1373–1387.

Renner SS, Zhang LB, Murata J (2004) A chloroplast phylogeny of *Arisaema* (Araceae) illustrates Tertiary floristic links between Asia, North America, and East Africa. *American Journal of Botany* 91: 881–888.

Rennert RJ (1902) Seeds and seedlings of *A. triphyllum* and *A. dracontium*. *Bulletin of the Torrey Botanical Club* 19: 37–54.

Richardson C, Clay K (1995a) The selective effect of infection by *Uromyces aritriphylli* on *Arisaema triphyllum*. *American Journal of Botany* Suppl. 82(6): 62.

Richardson C, Clay K (1995b) The evolution and maintenance of sex change in *Arisaema triphyllum*. *American Journal of Botany* Suppl. 82(6): 55.

Rust RW (1980) Pollen movement and reproduction in *Arisaema triphyllum*. *Bulletin of the Torrey Botanical*

Club 107: 539–542.

Sakamoto S (1961) *Arisaema triphyllum*, jack-in-the-pulpit, in Minnesota, especially at the Cedar Creek Natural History area. *Proceedings of the Minnesota Academy of Science* 29: 153–168.

Sanders LL, Burk CJ (1992) A naturally occurring population of putative *Arisaema triphyllum* subsp. *stewardsonii* × *A. dracontium* hybrids in Massachusetts. *Rhodora* 94: 340–347.

Sasakawa M (1993) Fungus gnats associated with flowers of the genus *Arisaema* (Araceae), part I. Mycetophilidae. *Japanese Journal of Entomology* 61: 783–786.

Sasakawa M (1994a) Fungus gnats associated with flowers of the genus *Arisaema* (Araceae), part II. Keroplatidae and Mycetophilidae (Diptera). *Transactions of the Shikoku Entomological Society* 20: 293–306.

Sasakawa M (1994b) Fungus gnats associated with flowers of the genus *Arisamea* (Araceae), part III. Sciaridae (Diptera). *Japanese Journal of Entomology* 62: 667–681.

Schaffner JH (1922) Control of the sexual state in *Arisaema triphyllum* and *Arisaema dracontium*. *American Journal of Botany* 9: 72–78.

Schaffner JH (1925) Experiments with various plants to produce change of sex in the individual. *Bulletin of the Torrey Botanical Club* 52: 35–47.

Schaffner JH (1926) Siamese twins of *Arisaema triphyllum* of opposite sex experimentally induced. *Ohio Journal of Science* 26: 276–280.

Schott HW (1860) *Arisaema. In:* Prodromus systematis aroidearum 24–60. Vienna.

Sharma AK (1970) Annual report. 1967–1968. *Research Bulletin of University of Culcutta* 2: 1–50.

Sharma AK, Sarkar AK (1967/68) Chromosome number reports of plants. *In: Annual report. Cytogenetic Laboratory, Department of Botany, University of Culcutta, Research Bulletin* 2: 38–48.

Sriboonma D, Murata J, Iwatsuki K (1994) A revision of *Typhonium* (Araceae). *Journal of the Faculty of Science, the University of Tokyo* III, 14(4): 255–313.

Steenis CGGJ van (1948) The genus *Arisaema* in Java (Araceae). *Bulletin of Botanical Garden Buitenzorg* III 17: 447–456.

Stutz HC (1978) Explosive evolution of perrenial *Atriplex* in Western North America. *In:* Herper KT, Reveal JL (eds.), Intermountain Biogeography: a symposium. Great Basin Naturalist memories No. 2, pp. 161–168.

Takasu H (1987) Life history studies on *Arisaema* (Araceae). I. Growth and reproductive biology of *Arisaema urashima* Hara. *Plant Species Biology* 2: 29–56.

Tanaka Nor, Sasakawa M, Murata J. (2013) Pollinators of *Arisaema thunbergii* subsp. *urashima* (Araceae) in Japan. *Bulletin of the Natural Museum of Nature and Science, Series B (Botany)* 39(1): 21–24.

Thorpe JP (1982) The molecular clock hypothesis: biochemical evolution, genetic differentiation, and systematics. *Annual Review of Ecology and Systematics* 13: 136–168.

Thunberg CP (1792) Botanical observations on the Flora Japonica. *Transaction of the Linnean Society* 2: 326–342.

Toh CA (1975) Cytotaxonomic studies on *Arisaema*. *Journal of Korean Research Institute for Better Living* 14: 165–174.

Treiber M (1980) Biosystematics of the *Arisaema triphyllum* complex. University of North Carolina, Chapel Hill.

Vogel S (1965) Kesselfallen-Blumen. *Umschau Wisssenschaftliche und Technische* 65: 12–17.

Vogel S (1973) Fungus gnat flowers and fungus mimesis. pp. 13–18 *In:* Brantjes NB, Linskens HF (eds.), Pollination and Dispersal, University of Nijmegen, Department of Botany.

Vogel S (1978a) Pilzmu ckenblumen als Pilzmimeten. *Flora* 167: 329–366.

Vogel S (1978b) Pilzmu ckenblumen als Pilzmimetenl. *Flora* 167: 367–398.

Vogel S, Martens J (2000a) A survey of the function of the lethal kettle traps of *Arisaema* (Araceae), with records of pollinating fungus gnats from Nepal. *Botanical Journal of Linnean Society* 133: 61–100.

Vogel S, Martens J (2000b) Die tödlichen Kesselfallen von *Arisaema* (Araceae). *Linzer Biologische Beiträge* 32: 715–716.

Wang JC (1996) The systematic study of Taiwanese *Arisaema* (Araceae). *Botanical Bulletin of Academia Sinica* 37(1): 61–87.

Watanabe K, Kobayashi T, Murata J (1998) Cytology and Systematics in Japanese *Arisaema* (Araceae). *Journal of Plant Research* 111: 509–521.

Watanabe K, Kobayashi T, Murata J (2008) New and further chromosome number determination in Japanese *Arisaema* (Araceae). *Acta Pytotaxonomica et Geobotanica* 59: 175–178.

Wurdack J (1983) Sex and size in *Arisaema*. *American Rock Garden Society* 41: 9–10.

Yang J, Lovett-Doust J, and Lovett-Doust L (1999) Seed germination patterns in green dragon (*Arisaema dracontium*, Araceae). *American Journal of Botany* 86: 1160–1167.

Yin JT, Li H, Xu ZF (2004) *Arisaema menghaiense* (Araceae), a new epiphyte species from south Yunnan, China. *Novon* 14: 372–374.

和文文献

日野　巖（1953）ムサシアブミの性と球茎の大きさ．植物研究雑誌 28: 28.

堀田　満（1964）テンナンショウ属の芽ばえについて．植物分類・地理 20: 30–32.

堀田　満（1966）原色日本植物図鑑草本編Ⅲ（単子葉類）に発表した新名および新見解．植物分類・
地理 22: 65–74.

堀田　満（1968）植物地理にまつわるいろいろな問題（Ⅰ）表日本におけるテンナンショウ属の分化．
Nature Study 14(8): 100–104.

堀田　満（1970a）植物地理にまつわるいろいろな問題（Ⅴ）テンナンショウ属の進化 1．Nature
Study 16: 69–72

堀田　満（1970b）植物地理にまつわるいろいろな問題（Ⅵ）テンナンショウ属の進化 2．Nature
Study 16: 78–81

堀田　満（1970c）植物地理にまつわるいろいろな問題（Ⅶ）テンナンショウ属の進化 3．Nature
Study 16(8): 90–92.

堀田　満（1974）植物の分布と分化．三省堂．東京．400pp.

飯嶋美代子（1982）八丈島のマムシグサの染色体数について．植物研究雑誌 57: 317.

柿嶋　聡（2008）伊豆半島におけるホソバテンナンショウとイズテンナンショウの交雑現象の解析（東
京大学　修士論文）．

柿嶋　聡（2012）日本列島におけるテンナンショウ属の交雑研究．分類 12: 21–29.

木下栄一郎（1994）金沢大学理学部附属植物園内のマムシグサの開花日等に見られる性差．植物地理・
分類研究 42: 73–74.

小林禧樹（1993）兵庫県産テンナンショウ属植物（2）．兵庫の植物 3: 21–28.

小林禧樹（1995）兵庫県産テンナンショウ属の開花・生長特性．兵庫の植物 5: 19–26.

小林禧樹（2016）テンナンショウ属の研究ノート —発芽第 1 葉，胚珠数，染色体数と分類—．植物研
究雑誌 91 Suppl.: 128–137.

小林禧樹・池田　博・渡邊邦秋・山本伸子・邑田　仁（2008）中国地方におけるナガバマムシグサ群
（サトイモ科）の地理的分布 —広島県内でみられるヒガンマムシグサとタカハシテンナンショウ
の棲み分け—．分類 8: 149–156.

小林禧樹・荒金正憲・平野修生・渡邊邦秋・邑田　仁（2010）大分県新産のオガタテンナンショウ
Arisaema ogatae Koidz.（サトイモ科）．分類 10: 49–55.

小林禧樹・北村俊平・邑田　仁（2017）日本産テンナンショウ属（サトイモ科）の果実熟期の分化と
鳥類による種子散布．植物研究雑誌 92: 199–213.

小島圭三・和田豊洲（1967）高知県産の鳥類の食性について．高知大学学術研究報告 16: 51–77.

和文文献

李　時珍（1596）本草綱目．南京．

増田理子・泉　勝也・西村文武（2004）交雑域保全の重要性に関する考察 ―エヒメテンナンショウ雑
　　種起源の可能性の検討を基として―．土木学会論文集 755: 67–73.

松本哲也・佐粰信也・邑田　仁（2018a）岡山県新産のホソバテンナンショウとミヤママムシグサ（サ
　　トイモ科）．植物研究雑誌 93（印刷中）．

松本哲也・佐粰信也・邑田　仁（2018b）岡山県北部に産するマムシグサ群（サトイモ科）の分類学的検討．
　　植物研究雑誌 93（印刷中）．

村田　源（1962）植物分類雑記 7．植物分類・地理 19: 67–72.

邑田　仁（1985）日本産テンナンショウ属植物の分類形質と分類(1)．植物分類・地理 36: 129–138.

邑田　仁（1986a）日本産テンナンショウ属植物の分類形質と分類(2)，花茎の長さと胚珠数 ―特にキ
　　シダマムシグサとヒガンマムシグサに関連して．植物分類・地理 37: 27–41.

邑田　仁（1986b）オオアマミテンナンショウの芽生え第一葉について．植物研究雑誌 61(8): 247–248.

邑田　仁（1988）世界のテンナンショウ属．植物の世界（Newton Special Issue）2: 80–85（植物の世界
　　草本編上 : 96–101（2001）に再録）．

邑田　仁（1993）ヒロハテンナンショウの地理的分化と分類．山梨植物研究 6: 2–8.

邑田　仁（1995）マムシグサ群の多様性．植物分類・地理 46: 185–208.

邑田　仁（監修）(1996)　ショウブ科，サトイモ科，ウキクサ科．週刊朝日百科　植物の世界 11(123):
　　66–93.

邑田　仁（1996）福井県の貴重種アシュウテンナンショウ．福井総合植物園紀要 1: 13–17.

邑田　仁（2002）早咲きのテンナンショウ．プランタ 82: 30–36.

邑田　仁（2003a）マムシグサは 1 種か 30 種か ―これから始まる種の構造解析―．生物科学 55(2):
　　87–94.

邑田　仁（2003b）素直に学ぶ．プランタ 86: 12–18.

邑田　仁（2005）テンナンショウ属分類の最近の進展（要旨）．植物地理・分類研究 52: 123–126.

邑田　仁（2011）日本のテンナンショウ．265pp. 北隆館，東京．

邑田　仁（2012）サトイモ科研究の流れ―テンナンショウ属からリュウキュウハンゲ属へ．日本植物
　　分類学会（監修）戸部　博・田村　実（編）新しい植物分類学 I．129–142．講談社，東京．

邑田　仁（2014）*Arisaema lackneri* の再発見．みねはな 61: 14–15.

邑田　仁・黒田萌子（2012）［虎掌］*Typhonium pedatisecta* の展葉パターンと地下茎の形状．植物研究
　　雑誌 87(6): 412–414.

邑田　仁・邑田裕子（2010）蘭山の視点 ―『本草綱目啓蒙』の植物解説について―．小野蘭山没後
　　二百年記念誌編集委員会（編）小野蘭山 267–286.

邑田　仁・大橋広好（2009）牧野富太郎とマムシグサの分類．分類 9: 37–45.

和文文献

大橋広好（1982）サトイモ科．日本の野生植物　草本Ⅰ：127–139．平凡社，東京．

大野順一・塚田睦夫（1986）日本産テンナンショウ属（サトイモ科）の1新自然雑種ムロウユキモチソウ．植物研究雑誌 61: 89–90．

芹沢俊介（1975）東京都のテンナンショウ類．東京都の自然 No.3: 1–7．

芹沢俊介（1980a）日本産テンナンショウ属の再検討（1）ナガバマムシグサ群．植物研究雑誌 55: 148–155．

芹沢俊介（1980b）日本産テンナンショウ属の再検討（2）ムロウテンナンショウ群．植物研究雑誌 55: 353–357．

芹沢俊介（1981a）日本産テンナンショウ属の再検討（3）ユモトマムシグサ群．植物研究雑誌 56: 90–96．

芹沢俊介（1981b）日本産テンナンショウ属の再検討（4）ヒロハテンナンショウ群とシコクヒロハテンナンショウ群．植物分類地理 32: 22–30．

芹沢俊介（1982a）日本産テンナンショウ属の再検討（5）アマミテンナンショウ．植物研究雑誌 57: 41–46．

芹沢俊介（1982b）日本産テンナンショウ属の再検討（6）ツクシマムシグサ群．植物研究雑誌 57: 85–90．

芹沢俊介（1986）ユモトマムシグサ（広義）の分類．植物研究雑誌 61: 22–29．

芹沢俊介（1988a）日本のマムシグサの形態と分布．植物の世界（Newton Special Issue）2: 78–79（植物の世界　草本編上：94–95（2001）に再録）．

芹沢俊介（1988b）岐阜県のテンナンショウ属．岐阜県植物研究会誌 5: 1–14．

芹沢俊介（1997）長野県のテンナンショウ属．長野県植物研究会誌 30: 1–15．

芹沢俊介（2009）本州中部産マムシグサ類の1新種．シデコブシ 1: 45–50．

芹沢俊介（2013）日本産マムシグサ群の分類（1）ミヤママムシグサ．シデコブシ 2: 99–109．

杉本順一（1973）日本草本植物総検索誌Ⅱ単子葉編．井上書店，東京．630pp．

高須英樹（監修）（1988）ホソバテンナンショウの生活史．植物の世界（Newton Special Issue）2: 54–75．

東條一史・中村秀哉（1999）ソウシチョウ *Leiothrix lutea* の糞中に見出された植物の種子．Japanese Journal of Ornithology 47: 115–117．

山口幸恵（2008）同所的に生育するマムシグサ群の種間の相互関係に関する研究 —特にヤマトテンナンショウに注目して—（東京大学　修士論文）

索 引
Index

和名索引〔アオオニテンナンショウーオガタテンナンショウ〕

和名索引

1. 本索引は本書に出てくる生物和名（分類群名）の五十音順索引である。
2. 和名の後にカッコで記された数字はそれぞれ ［ ］ 内が本書第II章，（ ）内が第III章，〈 〉内が第IV章における分類群の整理番号である。
3. それぞれの分類群の詳しい解説頁については頁数を太字で示した。

ア

アオオニテンナンショウ　21

アオテンナンショウ（38）　13，17，21，22，25〜29，31，47，50，53，55，62，94，101，189，197，**257–259**，299〜302，308

アキタテンナンショウ　272

アグラオネマ属　12

アシウテンナンショウ　151，152

アマギテンナンショウ（17）　21，31，45，61，94，101，111，**185–187**

アマギミヤママムシグサ（33c）　103，**240–241**

アマギユキモチソウ　189

アマミテンナンショウ（5a）　13，17，21，28，30，39，45，47，50，58，60，85，98，111，**129–131**，132，133，135，143

アマミテンナンショウ節［10］　28，30，60，65，**84**，96，98，127

アムールテンナンショウ　61，148

アメリカミズバショウ　10

アルム亜連　312，315

アルム属〈10〉　9，11，12，27，57，312，313，315，327，**328**

アルム連　315

イ

イシヅチテンナンショウ（14）　21，26，31，50，61，94，99，111，167，**176–177**

イズテンナンショウ　19，27，31，295

イナヒロハテンナンショウ（10）　21，31，61，94，99，111，**153–154**

インドマムシグサ節［3］　28，30，60，65，**70**，71，78，86，95，115

ウ

ウキクサ亜科　12

ウキクサ属　12

ウメガシマテンナンショウ（36）　21，31，55，61，94，100，103，**248–247**，307，308

ウラシマソウ（2b）　8，19，21，23，28〜30，38，39，44，45，47，50，55，60，84，98，116〜118，**119–122**，123，125，127

ウラシマソウ節［9］　22，28，30，60，64，65，71，**83**，96，98，115

ウワジマテンナンショウ（26b）　21，22，27，31，50，62，100，**213–214**

ウンゼンマムシグサ（53）　31，94，103，**309–310**

ウンナンマムシグサ節［13］　31，60，65，66，**87**，88，89，96

エ

エヒメテンナンショウ（51）　21，24，25，27，31，61，94，101，**299–302**

エミニウム属〈2〉　312，316，**318**

オ

オオアマミテンナンショウ（5c）　17，30，45，49，58，60，98，111，129，**134–136**

オオハンゲ　44，318，319

オオマムシグサ（47）　13，21，24，28，29，31，32，55，62，94，104，**288–290**，292〜295，298

オオミネテンナンショウ（12c）　21，31，50，62，99，111，162，**164–166**，170

オガタテンナンショウ（15）　21，31，50，62，94，100，111，**178–180**

オキナワテンナンショウ（5b）　15, 17, 28, 30, 47, 58, 60, 98, 111, 129, **132–133**

オキノシマテンナンショウ　221

オドリコテンナンショウ（16）　21, 31, 45, 50, 61, 94, 100, 111, **181–184**

オモゴウテンナンショウ（37a）　24, 26, 28, 29, 31, 47, 50, 53, 61, 94, 102, 111, **252–254**

オランダカイウ属　12

カ

カスリソウ属　12

カミコウチテンナンショウ（12d）　31, 99, 111, **167–168**, 169

カラスビシャク　11, 44, 318, 319

カラフトヒロハテンナンショウ（8）　21, 31, 62, 94, 100, 101, 111, **145–148**, 306

カルイザワテンナンショウ　31, 290, 291, 293

カントウマムシグサ（44）　14, 21〜25, 27〜29, 31, 33, 34, 38, 44, 47, 48, 50, 55, 62, 94, 104, 217, 223, 251, 265, **276–281**, 282, 285, 289, 290, 292, 297, 298, 301, 308

キ

キシダマムシグサ（21）　17, 21, 24, 31, 47, 50, 53, 61, 94, 101, **196–198**

キタマムシグサ　31, 303, 305, 306, 308

キノコバエ　16〜18, 59, 117

キバナテンナンショウ　15, 53, 55, 64, 70

キバナテンナンショウ節［2］　30, 60, 65, **69**, 70, 95

キリシマテンナンショウ（19）　8, 17, 21, 31, 47, 50, 52, 53, 62, 94, 101, 187, 190, **191–193**

ク

クボタテンナンショウ　161

クルマバテンナンショウ節［14］　31, 60, 64, **89**, 90, 91, 96

クロハシテンナンショウ　31, 272

クワズイモ属　12, 312

コ

コウキクサ属　12

コウトウイモ属　12

コウライテンナンショウ（52）　21, 28, 29, 31, 43, 50, 62, 94, 104, 148, 251, 277, 279, 283, **303–308**

コシキジマテンナンショウ　266

コショウ属　12

コンニャク属　11, 12, 59

サ

サウロマツム属〈6〉　313, 316, **323**, 324, 325

ササウチワ属　12

サジオモダカ属　12

ザゼンソウ属　12

サトイモ亜科　9, 12, 27

サトイモ科　8〜12, 27, 44, 312, 323

サトイモ属　12

シ

シコクテンナンショウ（37b）　23, 26, 31, 47, 61, 102, 111, **255–256**

シコクヒロハテンナンショウ（13）　13, 14, 17, 21, 31, 47, 50, 55, 61, 94, 99, 111, **172–175**, 176

シバナ属　12

シマテンナンショウ（4）　17, 21, 28, 30, 34, 36, 39, 45, 47〜50, 55, 58〜60, 85, 98, **126–128**

ジョウビタキ　20

ショウブ属　12

シロハラ　20

ス

スイハンゲ　318, 319

スギ　296

スズカマムシグサ（33b）　103, **238–239**

スルガテンナンショウ（43）　21, 22, 26, 31, 55, 62, 94, 102, **273–275**

和名索引〔セッピコテンナンショウ―ヒガンマムシグサ〕

セ

セッピコテンナンショウ（22）　20, 21, 31, 47, 50, 62, 94, 102, 111, **199–201**, 203

セッピコテンナンショウ群　21

セリオフォヌム属〈4〉　312, 316, **323**, 328

センネンイモ属　12

タ

タイワンウラシマソウ　13, 30, 60, 64, 84, 120

タカネテンナンショウ　160

タカハシテンナンショウ（24）　15, 21, 23, 31, 50, 61, 94, 100, 111, **204–206**, 251

タケシママムシグサ　266

タコイモ属　12

タシロテンナンショウ（32）　17, 21, 31, 47, 62, 94, 101, **231–233**

チ

チシマゼキショウ属　12

ツ

ツクシテンナンショウ　111, 178

ツクシヒトツバテンナンショウ　231

ツクシマムシグサ（31）　17, 21, 28, 29, 31, 47, 53, 55, 61, 94, 101, **228–230**, 233

ツルギテンナンショウ（39）　21, 31, 45, 94, 102, 111, **260–262**

テ

ディベルシアルム属〈11〉　313, 316, 328, **330**

テリオフォヌム属　313

テンナンショウ　9

テンナンショウ亜連　312

テンナンショウ節［11］　31, 60, 65, **85**, 86, 89, 96

テンナンショウ属　7～, 63～, 97～, 312, 313, 315, 323, 328

テンナンショウ連　315

ト

トウゴクマムシグサ　279

トクノシマテンナンショウ（30）　31, 61, 94, 101, 111, **226–227**

ドラクンクルス属〈8〉　312, 315, 316, **325**, 326

ナ

ナガバマムシグサ（26a）　21, 31, 47, 50, 62, 94, 100, **210–212**, 214

ナガボテンナンショウ節［5］　30, 65, **76**, 79, 95

ナガボマムシグサ節　64

ナギヒロハテンナンショウ（11）　13, 21, 31, 50, 61, 94, 99, 111, **155–157**

ナンゴクウラシマソウ（2a）　16, 21, 28, 30, 47, 50, 60, 84, 98, **116–118**, 120

ニ

ニオイハンゲ　318

ニオイマムシグサ節［6］　30, 60, 65, 71, **76**, 77, 95, 115

ニシキイモ属　12

ハ

ハウチワテンナンショウ　216

ハチジョウテンナンショウ（29）　21, 28, 29, 31, 50, 61, 94, 100, **223–225**

ハブカズラ属　12

ハリノキテンナンショウ（12e）　21, 31, 99, 167, **169–171**

ハリママムシグサ（25）　19, 21, 31, 50, 61, 94, 100, 111, **207–209**, 220, 251

ハルユキソウ属　12

ハンゲ亜連　312

ハンゲ属〈1〉　9, 11, 12, 27, 44, 312, 313, 315, **318**, 319

ヒ

ビアルム属〈9〉　313, 316, **325**, 327

ヒガンマムシグサ（27）　13, 21, 28, 29, 31, 50,

〔ヒガンマムシグサ群―ムカシマムシグサ節〕和名索引

61, 94, 100, **215–218**, 225, 227, 251, 265

ヒガンマムシグサ群　20, 21, 100, 217, 225

ヒトツバテンナンショウ（42）　17, 21, 22, 24, 25, 31, 47, 49, 53, 55, 59, 61, 94, 102, **270–272**

ヒトヨシテンナンショウ（41）　15, 21, 28, 29, 31, 53, 94, 100, 103, **267–269**

ヒマラヤテンナンショウ節［4］　30, 61, 64〜66, 68, 69, **72**, 73〜75, 86, 89, 95

ヒメウキクサ属　12

ヒメウラシマソウ（3）　21, 30, 42, 47, 50, 55, 60, 62, 84, 98, 117, **123–125**

ヒメカイウ属　12

ヒメテンナンショウ　191

ヒメハブカズラ属　12

ヒュウガヒロハテンナンショウ（20）　21, 31, 45, 50, 61, 94, 102, 111, **194–195**

ヒヨドリ　20

ヒルスティアルム属〈5〉　313, 316, **323**, 324

ビロードカズラ属　12

ヒロハテンナンショウ（9）　17, 19, 21, 22, 25, 31, 39, 43, 47, 50, 53, 59, 62, 94, 99, 148, **149–152**, 160, 184

ヒロハテンナンショウ群　21, 99

フ

フデボテンナンショウ　15, 18, 49, 58, 61, 79, 81

フデボテンナンショウ節［8］　13, 30, 45, 61, 64, 76, 79, **80**, 81, 82, 96

ブナ　153

ヘ

ペダティフォニウム属〈12〉　313, 316, 329, **330**

ベニウチワ　10

ベニウチワ属　9, 10, 12

ヘリコディケロス属〈7〉　313, 316, **325**, 326

ヘンゴダマ　126

ホ

ホウライショウ亜科　12

ホウライショウ属　10, 12

ホソバテンナンショウ（35）　19, 20, 21, 23, 24, 27〜29, 31, 35, 50, 55, 61, 94, 100, 103, 228, 234, 235, 241, 242, **245–247**, 248, 249, 251, 261, 262, 275, 295, 308

ホソバテンナンショウ　22

ボタンウキクサ　11

ボタンウキクサ属　11, 12

ホロテンナンショウ（23）　21, 31, 47, 50, 53, 61, 94, 101, 111, **202–203**

マ

マイヅルテンナンショウ（1）　13, 15, 21, 23, 28, 30, 39, 47, 49, 50, 55, 59, 60, 65, 84, 98, 111, **112–115**

マムシグサ（40）　9, 13, 21, 28, 29, 31, 35, 45, 55, 61, 94, 100, 143, 191, 217, 253, 255, **263–266**, 279, 281

マムシグサ群　28, 29, 32, 225

マムシグサ節［15］　22, 29, 31, 61, 62, 64, 89, 90, **92**, 93, 96, 98

マムシソウ　9

ミ

ミクニテンナンショウ（46）　21, 31, 94, 103, **285–287**

ミジンコウキクサ属　12

ミズバショウ亜科　12

ミズバショウ属　9, 10, 12

ミツバテンナンショウ（6）　13, 21, 31, 49, 50, 62, 93, 94, 98, **137–140**

ミナミマムシグサ節［7］　30, 62〜65, 76, **78**, 79, 95

ミミガタテンナンショウ（28）　21, 22, 31, 50, 53, 61, 94, 100, 217, **219–222**, 227

ミヤママムシグサ（33a）　21, 31, 94, 103, **234–237**, 238, 241, 248, 251

ム

ムカシマムシグサ節［1］　30, 62, 64, 65, **68**, 75, 95

349

ムサシアブミ（7）　9, 21, 22, 31, 43, 47, 50, 53,
　　62, 94, 98, 140, **141–144**, 184
ムロウテンナンショウ（34）　19, 21, 22, 24, 28,
　　29, 31, 47, 55, 62, 94, 100, 102, 190,
　　242–244, 261, 273〜275, 308
ムロウマムシグサ　21, 32
ムロウユキモチソウ　190

モ

モエギタカハシテンナンショウ　205
モクレン属　12

ヤ

ヤクシマテンナンショウ　265, 266
ヤクシマヒロハテンナンショウ　111, 175
ヤマグチテンナンショウ（49）　19, 20, 27, 31, 62,
　　94, 102, **294–295**
ヤマザトマムシグサ（50）　19, 31, 53, 55, 61, 94,
　　104, 293, **296–298**
ヤマジノテンナンショウ（45）　28, 29, 31, 62, 94,
　　104, **282–284**
ヤマトテンナンショウ（48）　19, 21, 28, 29, 31,
　　32, 55, 61, 94, 104, 279, 290, **291–293**

ヤマドリ　20
ヤマナシテンナンショウ（12b）　21, 99, **162–163**

ユ

ユキミテンナンショウ節［12］　31, 45, 62, 64, 81,
　　87, 96
ユキモチアオテンナンショウ　22, 25, 190
ユキモチソウ（18）　17, 21〜24, 27, 31, 47, 50,
　　53, 55, 62, 94, 99, 101, 111, **188–190**,
　　198
ユズノハカズラ属　12
ユモトマムシグサ（12a）　13, 21, 28, 29, 31, 47,
　　50, 62, 94, 99, **158–161**, 162, 164, 166,
　　167, 171, 177, 180, 184
ユモトマムシグサ群　21

ヨ

ヨウトクテンナンショウ　307

リ

リュウキュウハンゲ　321
リュウキュウハンゲ属〈3〉　9, 11, 12, 27, 57, 59,
　　312, 313, 316, **318**, 320〜323, 328

〔Acorus–Arisaema〕学名索引

学名索引
Index to scientific names

1. カッコで記された数字はそれぞれ［ ］内が本書第Ⅱ章，（ ）内が第Ⅲ章，〈 〉内が第Ⅳ章における分類群の整理番号である。
2. それぞれの分類群の詳しい解説頁については頁数を太字で示した。

---

1. Numbers in parentheses ［ ］,（ ）and 〈 〉 indicate sequential numbers of taxa in the Chapter I, II, III of this book, respectively.
2. Page numbers in bold face indicate main description pages for the taxon.

A

Acorus　12

Aglaodorum　12

Aglaonema　12

Alisma　12

Alloschemone　12

Alocasia　12

　cucullata　313

　odora　313

Ambrosina　12

Amorphophallus　12, 59

Amorphphallus napalense　11

Amydrium　12

Anadendrum　12

Anaphyllopsis　12

Anchomanes　12

Anthurium　9, 12

　scherzerianum　10

Anubias　12

Araceae　8, 10〜12

Areae　315

Aridarum　12

Arinae　312

Ariopsis　12

Arisaema　7〜, 63〜, 97〜, 312, 313, 315, 317

　unranked *Abyssinica*　68

　sect. *Anomala*［8］　30, 61, 64, 66, 79, **80**, 81, 82, 96

　sect. *Arisaema*［4］　30, 61, 65〜67, **72**, 73〜75, 86, 95

　sect. *Attenuata*［7］　30, 62, 65, 66, **78**, 79, 95

　unranked *Attenuata*　78

　unranked *Auriculata*　85

unranked *Barbata*　78

unranked *Boreali-americana*　83, 92

sect. *Clavata*［10］　21, 28, 30, 60, 65, 66, **84**, 85, 96, 105

unranked *Clavata*　84

sect. *Colocasiarum*　92

sect. *Decipientia*［12］　31, 62, 64, 66, **87**, 96

unranked *Decipientia*　87

sect. *Dochafa*［2］　30, 60, 65, 67, **69**, 70, 95

sect. *Exappendiculata*　89

subsect. *Exappendiculata*　89

sect. *Fimbriata*［5］　30, 65, 66, **76**, 78, 79, 95

unranked *Fimbriata*　76

sect. *Flagellarisaema*［9］　21, 28, 30, 60, 65, 67, **83**, 96, 105

sect. *Franchetiana*［13］　31, 60, 66, 67, **87**, 88, 96

unranked *Franchetiana*　87

subsect. *Himalaiensia*　72

unranked *Indica*　70, 89

unranked *Indo-arabica*　69

subsect. *Japonica*　92

unranked *Japonica*　83, 92

subgen. *Koryphephore*　80

sect. *Lobata*　92, 93

unranked *Lunata*　72

sect. *Nepenthoidea*［11］　31, 60, 65, 67, **85**, 86, 96

unranked *Nepenthoidea*　85

sect. *Odorata*［6］　30, 60, 65, 67, **76**, 77, 95

sect. *Pedatisecta*　69, 70, 83, 92

subsect. *Pedatisecta*　21

unranked *Pedatisecta*　92

sect. *Peltatisecta*　89

351

学名索引〔Arisaema〕

sect. *Pistillata*[15] 21, 29, 31, 61, 62, 64, 66, **92**, 93, 96, 105

subsect. *Pistillata* 21

unranked *Pistillata* 92

sect. *Radiatisecta* 68, 70, 89

unranked *Radiatisecta* 89

sect. *Ringentia* 92

subsect. *Ringentia* 21

unranked *Ringentia* 92

sect. *Sinarisaema*[14] 31, 60, 64, 66, **89**, 90, 91, 96

sect. *Speciosa* 72

unranked *Sundaica* 78

sect. *Tenuipistillata*[1] 30, 62, 65, 67, **68**, 95

unranked *Tenuipistillata* 68

sect. *Tortuosa*[3] 27, 28, 30, 60, 65, 67, **70**, 71, 84, 95

unranked *Tortuosa* 70

sect. *Trisecta* 72, 74, 78, 92

unranked *Wallichiana* 72

abei(39) 21, 31, 45, 94, 103, 109, 111, **260–262**

addis-ababense 76

aequinoctiale(27) 21, 29, 31, 50, 61, 94, 100, 107, **215–218**

akiense var. nakaianum 255

akitense 271

  f. *variegatum* 271

album 30, 61, 79

alpestre 158, 160

ambiguum 113

amurense 31, 61, 93, 94, 148

  f. *denticulatum* 158

  var. *inaense* 153

  f. *integrifolium* 149

  var. *ovale* 149

  var. *robustum* 150

  var. *sachalinense* 145

  var. *sazensoo* 191

angustatum(35) 21〜24, 29, 31, 50, 61, 94, 100, 103, 107, 110, **245–247**, 295

  var. *integrum* 245

var. *peninsulae* 62, 305

f. *rubricinctum* 306

var. *typicum* 245

f. *typicum* 245

f. *variegatum* 305, 306

angustifoliolatum 228

  var. *holophyllum* 228

  var. *integrifolium* 228

  var. *serrulatifolium* 228

anomalum 30, 80, 82

aprile(16) 21, 31, 45, 50, 61, 94, 100, 106, 111, **181–184**

aridum 30, 60, 77, 78

arisanense 142

asperatum 30, 66, 67, 75

atrolinguum 271

atrorubens 61, 92

auriculatum 31, 36, 65, 67, 85, 86

austroyunnanense 79

balansae 30, 58, 61, 80, 82

bannaense 30, 80, 82

bannanense 61

barbatum 58, 78

barnesii 45, 92

bathycoleum 30, 77, 78

biauriculatum 60

bockii 31, 61, 93, 94, 190

bonatianum 75

boreale 305

bottae 76

brachyspathum 113

brinchangense 79, 82

burmaense 67, 75

burmanica 66

calcareum 31, 62, 66, 89, 90, 92

candidissimum 31, 56, 60, 88, 89

capitellatum 276

chauvanminhii 79

chumponense 82

ciliatum 92

  var. *ciliatum* 31

  var. *liubaense* 31

352

〔Arisaema〕学名索引

clavatum 30, 60, 84, 85, 131, 136

claviforme 82

concinnum 31, 43, 54, 60, 92

consanguineum 31, 34, 43, 48〜51, 60, 90
〜92

constrictum 92

convolutum 305

cordatum 30, 84

costatum 27, 30, 50, 56, 61, 68, 72, 75, 89

cucullatum（23） 21, 31, 47, 50, 61, 94, 101,
108, 111, **202–203**

cuspidatum 62

dahaiense 30, 61, 73, 75

decipiens 13, 31, 40, 42, 62, 87

dracontium 22, 30, 50, 58, 60, 65, 67, 84,
115

dulongense 61

echinatum 60, 92

echinoides 91, 92

ehimense（51） 21, 31, 61, 94, 101, 108,
299–302

elephas 30, 73, 75

ennaphyllum 76

erubescens 31, 60, 92

exappendiculatum 31, 55, 60, 89, 90, 91, 92

fargesii 31, 88, 89

filiforme 30, 33, 38, 40, 50, 52, 61, 80, 82

fimbriatum 58, 76, 79
　subsp. *bakerianum* 30
　subsp. *fimbriatum* 30

flavum 42, 49, 50, 53, 60, 69, 70
　subsp. *abbreviatum* 15, 60, 70
　subsp. *flavum* 30, 60, 69, 70
　subsp. *tibeticum* 30, 54, 60, 70

formosanum 31, 45, 50, 60, 89, 91

franchetianum 31, 34, 36, 42, 45, 49, 50,
54, 56〜58, 60, 87〜89

fraternum 92

galeatum 36, 61, 73, 75

galeiforme（50） 19, 31, 61, 94, 104, 110,
296–298

garetii 82

garrettii 30

glaucescens 142
　var. *viridiflorum* 142

gracilentum 75

grapsospadix 15, 18, 30, 37, 49, 50, 56,
59, 61, 79, 81, 82

griffithii 30, 36, 41, 50, 53, 55, 57, 61, 73, 75

hainanense 30, 81, 82

handelii 74, 75

harmandii 79

hatizyoense（29） 21, 29, 31, 50, 61, 94,
100, 107, **223–225**

heterocephalum 85, 129, 143
　subsp. *heterocephalum*（5a） 17, 28, 30, 47,
50, 60, 98, 105, 111, **129–131**, 135
　subsp. *majus*（5c） 17, 30, 45, 60, 98, 105,
111, **134–136**
　var. *majus* 134
　subsp. *okinawaense*（5b） 17, 28, 30, 47,
60, 98, 105, 111, **132–133**
　var. *okinawaense* 132

heterophyllum（1） 21, 23, 28, 30, 47, 49,
50, 57, 60, 66, 67, 83, 84, 98, 105,
111, **112–115**
　var. *nigropunctatum* 113
　f. *nigropunctatum* 114

hippocaudatum 82

honbaense 79

hunanense 30, 85, 127

ilanense 30, 85

inaense（10） 21, 31, 61, 94, 99, 106, 111,
153–154

inclusum 30, 62, 78, 79

intermedium 61, 74, 75

ishizuchiense（14） 21, 26, 31, 50, 61, 94,
99, 106, 111, **176–177**
　var. *alpicola* 169
　subsp. *brevicollum* 111, 167
　var. *brevicollum* 167
　subsp. *ishizuchiense* 111

iyoanum 94
　subsp. *iyoanum*（37a） 24, 26, 29, 31, 47,

学名索引〔Arisaema〕

50, 61, 102, 108, 111, **252–254**

subsp. *nakaianum*(37b) 23, 26, 31, 47, 61,
102, 108, 111, **255–256**

　var. *nakaianum* 255

　var. *viridescens* 252

　f. *viridescens* 252

izuense 62, 294, 295

jacquemontii 30, 62, 68, 69

japonicum(40) 21, 29, 31, 61, 92, 94, 100,
107, **263–266**

　var. *angustifoliolatum* 228

　var. *atropurpureum* 288

　var. *hatizyoense* 223

　var. *maximowiczii* 228

　f. *rubricinctum* 306

　var. *sazensoo* 191

　unranked *serratum* 276

　var. *solenochlamys* 282

　var. *yamatense* 242

　var. *yasuii* 223

jaquemontii 50

jesthompsonii 71

jingdongense 92

jinshajianense 90

kawashimae(30) 31, 61, 94, 101, 107, 111,
226–227

kerrii 92

kishidae(21) 17, 21, 24, 31, 47, 50, 56,
61, 94, 101, 108, **196–198**

　var. *minus* 207

kiushianum(3) 21, 30, 42, 47, 50, 60, 84,
98, 105, **123–125**

koidzumianum 306

koshikiense 263, 266

kunstleri 79

kuratae(17) 21, 31, 45, 61, 94, 101, 107,
111, **185–187**

kwangtungense 113

lackneri 13, 29

laminatum 30, 62, 78, 79

langbiangense 82

leschenaultii 60, 92

lichiangense 89

lidaense 30, 60, 77, 78

lihengianum 30, 37, 58, 61, 81, 82

limbatum(28) 21, 22, 31, 50, 61, 94, 100,
107, **219–222**

　var. *aequinoctiale* 215

　f. *angustifolium* 220

　var. *conspicuum* 220

　var. *ionostemma* 220

　f. *plagiostomum* 220

　var. *stenophyllum* 215

　f. *viridiflavum* 220

limprichtii 113

linearifolium 91, 92

lingyunense 72, 75

lobatum 31, 49, 61, 92~94

longilaminum(48) 19, 21, 29, 31, 61, 94,
104, 110, 290, **291–293**

longipedunculatum(13) 14, 21, 31, 47, 50,
61, 94, 99, 106, 111, **172–175**

　var. *longipedunculatum* 111

　var. *yakumontanum* 111, 172, 175

macrospathum 30, 60, 84

madhuanum 92

maekawae(36) 21, 31, 61, 94, 100, 103,
107, 110, **248–251**, 307

magnificum 188, 189

mairei 30, 60, 77, 78

manshuricum 114

matsudae 79

maximowiczii(31) 17, 21, 29, 31, 47, 61,
94, 101, 108, **228–230**

　f. *mayebarai* 228

　f. *toyamai* 228

maxwellii 30

mayebarae(41) 21, 29, 31, 94, 100, 103,
107, 109, **267–269**

meleagris 31, 86

menghaiense 13

menglaense 82

microspadix 30, 79

mildbraedii 76

〔Arisaema〕学名索引

minamitanii（20） 21, 31, 45, 50, 61, 94, 102, 109, 111, **194–195**

minus（25） 21, 31, 50, 61, 94, 100, 107, 111, **207–209**

monophyllum（42） 17, 21, 22, 24, 25, 31, 47, 49, 59, 61, 94, 102, 108, **270–272**

　var. *akitense* 271

　var. *atrolinguum* 271

　f. *atrolinguum* 271

　f. *integrum* 271

　f. *serrulatum* 271

　f. *variegatum* 271

mooneyanum 76

multisectum 113

muratae 31, 90, 92

muricaudatum 71

murrayi 30, 60, 71

nagiense（11） 21, 31, 50, 61, 94, 99, 106, 111, **155–157**

nakaianum 255

nambae（24） 21, 23, 31, 50, 61, 94, 100, 106, 111, **204–206**

　f. *viride* 204, 205

nanjenense 61

nanum 191

negishii（4） 17, 21, 28, 30, 34, 36, 39, 47 ～50, 60, 85, 98, 105, **126–128**

　f. *viridiappendiculatum* 126

nepenthoides 31, 36, 60, 85, 86

nikoense 94, 106

　var. *alpestre* 158

　f. *alpestre* 158

　subsp. *alpicola*（12e） 21, 31, 99, 106, **169–171**

　subsp. *australe*（12c） 21, 31, 50, 62, 99, 106, 111, **164–166**

　var. *australe* 164

　subsp. *brevicollum*（12d） 31, 99, 106, 111, **167–168**, 169

　var. *brevicollum* 167

　var. *kaimontanum*（12b） 21, 99, 106, **162–163**

　f. *kubotae* 158

　subsp. *nikoense* 31, 47, 50, 62

　var. *nikoense*（12a） 21, 29, 99, 106, **158–161**

　f. *purpureum* 164

　f. *variegatum* 158, 181

niveum 276

　var. *viridescens* 276

nonghinense 79

odoratum 60, 76～78

ogatae（15） 21, 31, 50, 62, 94, 100, 107, 111, **178–180**

omkoiense 30, 37, 38, 40, 57, 61

omogoense 252

ornatum 80

ostiolatum 61, 75

ovale（9） 17, 21, 22, 25, 31, 43, 47, 50, 59, 62, 94, 99, 106, **149–152**

　var. *inaense* 153

　var. *sadoense* 150

pallidum 79

parvum 75

pattaniense 82

peerumedense 92

penicillatum 30, 79

peninsulae（52） 21, 29, 31, 43, 50, 62, 94, 104, 110, 277, 283, **303–308**

　var. *attenuatum* 305, 307

　f. *variegatum* 305

petelotii 30, 37, 61, 82

petiolulatum 82

pianmaense 75

pingbianense 61, 82

planilaminum（46） 21, 31, 94, 103, 109, **285–287**

polyphyllum 29, 31, 57, 60, 91, 92

praecox 141

prazeri 30, 54, 60, 65, 67, 77, 78

proliferum 305

propinquum 30, 61, 75

pseudoangustatum 31, 94

　var. *amagiense*（33c） 103, 109, **240–241**

var. *pseudoangustatum*（33a） 21, 103, 109, **234–237**

var. *suzukaense*（33b） 103, 109, **238–239**

pseudo-japonicum 263

  f. *serratifolia* 263

psittacus 92

quinatum 92

quinquelobatum 30, 59, 60, 77, 78

ramurosum 79

rhizomatum 40, 62

ringens（7） 21, 22, 31, 43, 47, 50, 62, 92, 94, 98, 105, **141–144**

  var. *glaucescens* 142

  f. *glaucescens* 142

  var. *praecox* 141

  f. *praecox* 142

  var. *sieboldii* 141

  f. *sieboldii* 142

robustum var. abense 149

  f. *abense* 149

  var. *furusei* 149

  var. *ovale* 149

  var. *shikoku-montanum* 172

roxburghii 30, 57, 62, 78, 79

rubrirhizomatum 30, 82

ruwenzoricum 76

sachalinense（8） 21, 31, 62, 94, 100, 101, 107, 111, **145–148**

sadoense 149

sahyadricum 30, 60, 65, 71

saracenioides 92

saxatile 30, 77, 78

sazensoo（19） 8, 17, 21, 31, 47, 50, 52, 57, 62, 94, 101, 108, **191–193**

  f. *integrifolium* 191

  f. *serratum* 191

  f. *viride* 191

schimperianum 30, 36, 60, 75, 76

scortechinii 30, 51, 61, 82

seppikoense（22） 20, 21, 31, 47, 50, 62, 94, 102, 109, 111, **199–201**

serratum（44） 14, 21～24, 29, 31, 33, 34,

38, 44, 47, 48, 50, 62, 92, 94, 104, 110, **276–281**, 301, 313

  var. *atropurpureum* 288

  var. *blumei* 263

  f. *blumei* 263

  f. *capitellatum* 277

  var. *euserratum* 276

  f. *integrum* 276

  var. *ionochlamys* 276

  f. *ionochlamys* 306

  var. *japonicum* 263

  f. *japonicum* 263

  var. *mayebarae* 268

  f. *niveovariegatum* 277

  f. *serrulatum* 276

  var. *suwoense* 294

  f. *thunbergii* 276

  var. *viridescens* 277

  f. *viridescens* 277

shimienense 86

siamicum 79

sieboldii 141

sikkimense 61

sikokianum（18） 17, 21～25, 31, 47, 50, 62, 94, 99, 101, 105, 108, 111, **188–190**, 198

  var. *integrifolium* 188

  var. *serratum* 188

silvestrii 85

simense 228, 230

  var. *mayebarai* 228

  var. *toyamai* 228

sinanoense 291, 293

sinii 31, 49, 60, 65～67, 87～89

solenochlamys（45） 29, 31, 94, 104, 110, **282–284**

solenoclamys 62

somalense 76

sootepense 79

souliei 57, 68, 69

speciosum 40, 42, 45, 50, 54, 56, 61, 72～75, 86

  var. *mirabile* 61

var. *speciosum* 30

var. *ziroense* 30

speirophyllum 305

stenophyllum 215

stenospathum 114

sugimotoi(43) 21, 22, 26, 31, 62, 94, 102, 109, **273–275**

　f. *integrifolium* 273

　f. *variegatum* 273

sukotaiense 91, 92

suwoense(49) 31, 62, 94, 102, 109, **294–295**

taihokense 142

taiwanense 31, 92

　var. *brevicollum* 57, 60

　subsp. *taiwanense* 60

　var. *taiwanense* 91

takedae(47) 21, 24, 29, 31, 62, 94, 104, 110, **288–290**

takeoi 113

takeshimense 61, 263, 266

tashiroi(32) 17, 21, 31, 47, 62, 94, 101, 108, **231–233**

tengtsungense 75

ternatipartitum(6) 21, 31, 49, 50, 62, 92, 94, 98, 105, **137–140**

thunbergii 83, 84, 105

　subsp. *autumnale* 13, 30, 60, 66, 120

　f. *corniculatum* 116

　var. *heterophyllum* 113

　var. *monostachyum* 120

　var. *pictum* 116

　f. *pictum* 116

　subsp. *thunbergii*(2a) 21, 28, 30, 47, 50, 60, 98, 105, **116–118**

　subsp. *urashima*(2b) 21, 23, 28, 30, 47, 50, 60, 98, 105, 118, **119–122**

　var. *urashima* 120

tortuosum 27, 28, 30, 50, 56, 60, 62, 70, 71, 115

tosaense(38) 17, 21, 22, 25, 26, 29, 31, 47, 50, 62, 94, 101, 108, **257–259**, 301, 302

translucens 92

treubii 79

triphyllum 22, 31, 92, 93, 94

　subsp. *pusillum* 62

　subsp. *quinatum* 62

　subsp. *stewardsonii* 62

　subsp. *triphyllum* 62

tsangpoense 58, 82

tuberculatum 92

ulugurense 76

umbrinum 82

umegashimense 248

undulatifolium 62, 94, 106

　var. *ionostemma* 220

　f. *ionostemma* 220

　var. *limbatum* 221

　f. *limbatum* 221

　subsp. *nambae* 204

　f. *serrulatum* 210

　var. *stenophyllum* 215

　f. *typicum* 210

　subsp. *undulatifolium*(26a) 21, 31, 47, 50, 62, 100, 107, **210–212**, 214

　subsp. *uwajimense*(26b) 21, 22, 31, 50, 62, 100, 107, **213–214**

　f. *viridiflavum* 220

　f. *viridifolium* 210

　var. *yosinagae* 215

unzenense(53) 31, 94, 103, 110, **309–310**

urashima 120

　f. *alboflagellatum* 120

　var. *kashimense* 120

　var. *monostachyum* 120

　var. *pictum* 116

utile 30, 61, 74, 75

vexillatum 75

wallichiana 61

wallichianum 72

wangmoense 92

wardii 69

wattii 14, 31, 60, 86

wilsonii 30, 59, 61, 66, 67, 74, 76

wrayi 30, 45, 82

wumengense 60

xuanweiense 94

yakusimense 263, 266

yamatense〈34〉 19, 21, 22, 24, 29, 31, 47, 62, 94, 100, 102, 107, 109, **242–244**

  var. *integra* 242

  var. *intermedium* 275

  subsp. *sugimotoi* 275

  var. *sugimotoi* 273

  f. *variegatum* 275

yosinagae 215

yosiokai 228

yunnanense 30, 49, 58, 60, 77, 78, 115

zhui 92

Arisaemateae 315

Arisaematinae 312

Arisarum 12

Aroideae 9, 12

Arophyton 12

Arum〈10〉 9, 12, 27, 312, 313, 315, 317, 327, **328**

  cyrenaicum 313

  dracontium 83

  hygrophillum 313

  italicum 11, 312, 327, 330

  pictum 328, 330

  purpureospathum 313

  ringens 141

  serratum 276, 278

Asterostigma 12

B

Biarum〈9〉 12, 313, 316, 317, **325**, 327

  pyrami 328

  tenuifolium 313, 328

  zeleborii 313, 327

Bognera 12

Bucephalandra 12

C

Caladium 12

Calla 12

Calloideae 12

Callopsis 12

Carlephyton 12

Cercestis 12

Chlorospatha 12

Colletogyne 12

Colocasia 12

  esculenta 313

Cryptocoryne 12

Cryptomeria japonica 191, 296

Culcasia 12

Cyrtosperma 12

D

Dieffenbachia 12

Diversiarum〈11〉 313, 316, 317, 328, **330**

  alpinum 330

  diversifolium 312, 328, 330

Dochafa 69

  flava 69

Dracontioides 12

Dracontium 12

Dracunculus〈8〉 12, 312, 315～317, **325**, 326

  canariensis 325

  vulgaris 312, 325, 326

E

Eminium〈2〉 12, 312, 316, 317, **318**

  spiculatum 318

Epipremnum 12

F

Fagus crenata 153

Filarum 12

Flagellarisaema 83

  kiushianum 123

  thunbergii 83, 116

    var. *corniculatum* 116

  urashima 120

G

Gearum 12

Gonatopus 12

Gorgonidium 12

Gymnostachydoideae 12

Gymnostachys 12
   anceps 10

H

Hapaline 12

Hedyosmum 12

Helicodiceros〈7〉 12, 313, 316, 317, **325**, 326
   muscivorus 313, 325, 326

Heteroarisaema 83
   heterophyllum 83, 114
   koreanum 114
   manshuricum 114

Heteropsis 12

Hirsutiarum〈5〉 313, 316, 317, **323**, 324
   brevipilosum 323
   hirsutum 312, 323, 324

Holochlamys 12

Homalomena 12

Hypsipetes amaurotis 20

J

Jasarum 12

L

Lagenandra 12

Landoltia 12

Lasia 12

Lasimorpha 12

Lasioideae 12

Lemna 12

Lemnoideae 12

Lysichiton 9, 12
   americanum 10

M

Magnolia 12

Mangonia 12

Monstera 10, 12
   deliciosa 10

Monsteroideae 12

Montrichardia 12

Muricauda 83
   dracontium 83

N

Nephthytis 12

O

Orontioideae 12

Orontium 12

P

Pedatyphonium〈12〉 313, 316, 317, 329, **330**
   calcicola 330
   horsfieldii 312, 330
   kunmingense 329, 330
   larsenii 314, 315, 329, 330
   omeiense 312, 330

Pedicellarum 12

Peltandra 12

Philodendron 12

Phymatarum 12

Pinellia〈1〉 9, 12, 27, 44, 312, 313, 315, 316, **318**, 319
   cordata 318, 319
   pedatisecta 30, 312, 313, 318, 319
   ternata 318, 319
   tripartita 11, 30, 312, 313, 318, 319

Pinellinae 312

Piper 12

Piptospatha 12

Pistia 12
   stratiotes 11

Pleuriarum negishii 126

Podolasia 12

Pothoideae 12

Pothoidium 12

Pothos 12

Protarum 12

Pseudodracontium 12

Pseudohydrosme 12

Pycnospatha 12

R

Remusatia 12

  vivipara 313

Rhaphidophora 12

Rhodospatha 12

Ringentiarum 92

  glaucescens 142

  ringens 142

S

Sauromatum⟨6⟩ 313, 316, 317, **323**, 324, 325

  brevipes 316, 325

  giganteum 312, 314, 315, 324, 325

  venosum 312, 324, 325

Scaphispatha 12

Schismatoglottis 12

Scindapsus 12

Spathantheum 12

Spathicarpa 12

Spathiphyllum 12

Spirodela 12

Stenospermation 12

Steudnera 12

Stylochaeton 12

Symplocarpus 12

Synandrospadix 12

Syngonium 12

T

Taccarum 12

  weddelianum 11

Theriophonum⟨4⟩ 312, 313, 315~317, **323**, 328

  dalzelii 313

  minutum 323

Tofieldia 12

Triglochin 12

Typhonium⟨3⟩ 9, 12, 27, 312, 313, 315~317, **318**, 320~322

  albidinervum 313, 321, 322

  blumei 312, 313, 320, 321

  bulbiferum 313

  calcicola 313

  cordifolium 313, 321

  diversifolium 313

  flagelliforme 312~315, 320, 321

  giganteum 313

  gracile 313

  hirsutum 313

  horsfieldii 313

  kunmingense 313

  larsenii 313

  neogracile 321, 322

  omeiense 313

  praecox 313, 321

  roxburghii 313, 320, 321

  trilobatum 11, 313, 320, 321

  varians 320, 321

  venosum 313

Typhonodorum 12

U

Ulearum 12

Urospatha 12

W

Wolffia 12

Wolffiella 12

X

Xanthosoma 12

Z

Zamioculcas 12

Zantedeschia 12

Zomicarpella 12

〈著者略歴〉

邑田　仁（むらた　じん）

　東京大学大学院理学系研究科附属植物園教授。1952年埼玉県に生まれる。東京大学理学部，東京大学大学院理学系研究科出身，理学博士（東京大学）。専門は植物分類学。大学院の頃からテンナンショウ属の分類学的研究に取り組み，国内および中国，ミャンマーなどアジア地域で広くフィールド調査を行ってきた。ツルリンドウ属，ツチトリモチ属，サワギキョウ属などの分類にも取り組む。「日本のテンナンショウ」「維管束植物分類表」「新分類牧野日本植物図鑑」（北隆館），「日本の野生植物」（平凡社），「Flora of China」など多くの図鑑・植物誌に携わり，植物写真も多数提供している。

大野順一（おおの　じゅんいち）

　1956年大分県別府市生まれ，静岡県浜松市在住。京都薬科大学薬学部卒。京都北山でムロウテンナンショウを見たことがきっかけとなり，薬用植物としてのテンナンショウではなく系統分類に興味を持つ。偶然，大学の図書館で発表されたばかりのオキナワテンナンショウの論文を見かけ邑田先生を知る。たぶん最初のテンナンショウ門下生となる。1982年武田薬品工業株式会社に入社。休日を利用してテンナンショウ研究を続けていたが，年々多忙になったこともあり活動を縮小。

　2016年末の定年退職を機にテンナンショウ研究を再開していたこともあり，テンナンショウの写真を撮るために2016～17年には，多くの場所へ足を運んだが，盗掘の酷さに何度も目を疑う。本書で紹介した写真の中にも既に現地から姿を消した株がいくつもあり，ぜひ多くの皆様に野生で見る美しさに気づいていただきたいと願っている。近年注目しているのは「マイヅルテンナンショウの会」の活動で，同会は四万十川にあるマイヅルテンナンショウ自生地の保護活動を熱心にされており，自生地は「高知県希少野生動植物保護条例」で初の保護区指定を受けている。撮影のため一人で山へ入る機会が多いので，クマと遭遇してからは警戒を怠らないようにしている。最近では「日本の野生植物」（平凡社）に写真提供した。本書に多数の写真を紹介する機会をいただき大変感謝しています。

小林禧樹（こばやし　とみき）

　兵庫県植物誌研究会代表。1943年東京都生まれ。東京大学工学部卒。兵庫県立公害研究所に勤務の傍ら植物調査を行い，多くの標本を博物館に収めてきた。30年前にそれまで兵庫県佐用町にしか知られていなかったハリママムシグサを神戸市で見つけたことがきっかけでテンナンショウにハマり，邑田先生をはじめとする多くの研究仲間とも知り合った。以後，ヒガンマムシグサ群の分類の再検討をはじめ，染色体数・胚珠数・発芽第一葉を調べ，ヒガンマムシグサ群の特徴を明らかにしてきた。最近はテンナンショウの果実熟期や果実を食べる鳥類の調査を行った。果実が赤くなる時期が夏と秋以降のグループに大きく別れるのは興味深い。また，野生状態でハリママムシグサやセッピコテンナンショウの実を食するヒヨドリを撮影できたときの興奮は忘れられない。そのほか，環境省や兵庫県の調査・専門委員としてテンナンショウなどの絶滅危惧植物の調査をしている。著書：「改訂増補・淡路島の植物誌」，「六甲山地の植物誌」，「キヨスミウツボの生活」（以上，共著）など。

東馬哲雄（とうま　てつお）

　東京大学大学院理学系研究科附属植物園助教。1975年石川県に生まれる。東京都立大学理学部，東京大学大学院理学系研究科，理学博士（東京大学）。専門は植物系統分類学。大学院では邑田教授の指導のもとキブシやアオキの系統地理的研究に取り組み，その後は邑田教授の共同研究者としてミャンマーや中国などのフィールド調査に参加し，DNA系統解析を踏まえて，アオキ属，ウマノスズクサ属，リュウキュウハンゲ属，テンナンショウ属などの系統分類を進め，小笠原固有植物の多様性研究も行う。テンナンショウ属研究は聖域で手を出すべきではないと思っていたが，2004年にテンナンショウ属の系統を邑田教授と共著論文として発表したS.S. Renner博士からDNAサンプルが研究室に譲渡されたのをきっかけに，国内外のサンプルとDNA解析領域を増加した系統解析を担当することになる。本書前版では未発表であったが2016年に論文発表をし，section *Fimbriata* を復活させることにした。なお，この過程で近縁属リュウキュウハンゲ属の系統を発表することにもなった。「日本の野生植物」（平凡社）では複数分類群について執筆をしている。

The Genus *Arisaema* in Japan

© 2018 HOKURYUKAN

THE HOKURYUKAN CO., LTD.
3-17-8, Kamimeguro, Meguro-ku
Tokyo, Japan

日本産テンナンショウ属図鑑

平成 30 年 3 月 25 日　初版発行

〈図版の転載を禁ず〉

当社は,その理由の如何に係わらず,本書掲載の記事（図版・写真等を含む）について,当社の許諾なしにコピー機による複写,他の印刷物への転載等,複写・転載に係わる一切の行為,並びに翻訳,デジタルデータ化等を行うことを禁じます。無断でこれらの行為を行いますと損害賠償の対象となります。
　また,本書のコピー,スキャン,デジタル化等の無断複製は著作権法上での例外を除き禁じられています。本書を代行業者等の第三者に依頼してスキャンやデジタル化することは,たとえ個人や家庭内での利用であっても一切認められておりません。

連絡先：㈱北隆館　著作・出版権管理室
Tel. 03(5720)1162

JCOPY 〈(社)出版者著作権管理機構 委託出版物〉
本書の無断複写は著作権法上での例外を除き禁じられています。複写される場合は,そのつど事前に,（社）出版者著作権管理機構（電話：03-3513-6969,ＦＡＸ:03-3513-6979,e-mail: info@jcopy.or.jp）の許諾を得てください。

著　者	邑	田		仁
	大	野	順	一
	小	林	禧	樹
	東	馬	哲	雄

発行者　福　田　久　子

発行所　　株式会社 北 隆 館

〒153-0051　東京都目黒区上目黒3-17-8
電話03(5720)1161　振替00140-3-750
http://www.hokuryukan-ns.co.jp/
e-mail : hk-ns2@hokuryukan-ns.co.jp

印刷所　株式会社 東邦

ISBN978-4-8326-1005-7 C0645